Fische · Neunaugen · Flusskrebse · Großmuscheln

NATUR KÄRNTEN

Sonderreihe
des Naturwissenschaftlichen
Vereins für Kärnten

Fische

Neunaugen
Flusskrebse
Großmuscheln

Von Wolfgang Honsig-Erlenburg
und Werner Petutschnig

Mit Beiträgen von:
Thomas Friedl, Gerald Kerschbaumer,
Paul Mildner, Jürgen Petutschnig,
Franz Sturm und Markus Taurer

Klagenfurt, 2002

Titelbild Hintergrund: Laubenschwarm
Vorne: Bachforelle, Teichmuschel, Flusskrebs
Buchrücken: Wels
(Fotos: Werner Köstenberger)

Für den Inhalt der Beiträge sind die jeweiligen Verfasser verantwortlich.

Verlags- und Redaktionsadresse:
Naturwissenschaftlicher Verein für Kärnten,
A-9021 Klagenfurt, Museumsgasse 2, Österreich,
Telefon (0 463) 536/30 5 74
Telefax (0 463) 536/30 5 97
E-Mail: nwv@landesmuseum-ktn.at
Internet: http://www.naturwissenschaft-ktn.at

Sonderreihe Natur Kärnten Band 1

1. Auflage: 4000 Stück.
2. Unveränderte Auflage 2007: 2000 Stück.

ISBN 3-85328-029-3

Klagenfurt 2007

Schriftleitung: Werner Petutschnig

Druck: Carinthian Bogendruck GmbH

Verwendete Schriften:
Times roman, Univers condensed, Univers condensed bold, Greymantle MVB

Papier: Magno-Satin, 90 g

Inhaltsverzeichnis

Vorwort

Nach seinem attraktiven Jubiläumsband „Kärnten Natur", der anlässlich des 150-jährigen Bestehens des Naturwissenschaftlichen Vereines herausgegeben wurde, hat der Verein begonnen, die Fauna Kärntens in Einzeldarstellungen zu veröffentlichen. Mit dem vorliegenden Band über die Fische, Krebse und Großmuscheln wird eine Reihe begonnen, die den Artenbestand, die ökologischen Verhältnisse, die Geschichte der Erforschung der jeweiligen Gruppe und praxisbezogene Hinweise hinsichtlich Umwelt- und Naturschutz enthalten.

Der Naturwissenschaftliche Verein sieht es als eine seiner Hauptaufgaben an, die Natur Kärntens zu bearbeiten und die Ergebnisse zu veröffentlichen. Über die Fische, die in wirtschaftlicher Hinsicht oder für den Freizeitangelsport von Bedeutung sind, wissen wir in der Regel recht viel. Über die vielen kleinen unbekannten Arten ist hinsichtlich ihrer Biologie und ihrer ökologischen Ansprüche sowie ihrer Verbreitung in unserem Bundesland sehr wenig bekannt. Im Vergleich zum Band „Die Fische Kärntens" aus dem Jahre 1989 sind in den letzten Jahren viele Erstfunde für Kärnten hinzugekommen. Auch über das Vorkommen der Krebse war bisher recht wenig bekannt. Von dieser Tiergruppe findet man in diesem Band viel Neues und Interessantes. Es zeigt sich, dass zwar einerseits das Vorkommen der heimischen Arten auf die in vielen Bereichen noch recht intakten Gewässerabschnitte hinweist und andererseits war das Einbringen fremdländischer Arten verhängnisvoll für die ursprünglich bei uns beheimateten Krebse. Die falsch verstandene Besatzpolitik hat hier viel Schaden angerichtet. Über die Verbreitung der Großmuscheln in unserem Bundesland gibt es seit der letzten Zusammenstellung aus dem Jahre 1898 eine neue Bearbeitung, bei der sich gezeigt hat, dass der Bestand dieser Arten in vielen Gewässern deutlich abgenommen hat, wobei die Ursachen nicht immer erkennbar sind. Aber vielleicht kann das Aufzeigen dieser Probleme zum Schutz dieser Arten beitragen.

Ganz generell kann der Naturwissenschaftliche Verein für sich in Anspruch nehmen, durch seine Forschungs- und Publikationstätigkeit zur Erhaltung unserer heimischen Fauna und Flora ganz wesentliche Beiträge zu leisten. Vielleicht dient diese Veröffentlichung aber auch als Anregung zur Mitarbeit an der naturkundlichen Erforschung unseres mit Naturschätzen so reich gesegneten Landes. Wissenschaftliches Suchen entdeckt zugleich ungeahnte verborgene Schönheiten, auf die wir auch in diesem Band aufmerksam machen wollen.

Den Autoren sei für ihr Engagement und für ihre Mühe herzlichst gedankt.

Univ.-Prof. Dr. Hans Sampl
Vereinspräsident

Vorwort

Vorwort

„Nicht nur wegen seines ehrwürdigen Alters
verdient das Angeln gepriesen zu werden,
sondern auch, weil es eine Kunst ist - würdig,
dass auch weise Männer sie kennen und ausüben."
Izaak Walton (1593–1683)
in „Der vollkommene Angler"

Die Kunst des Angelns ist nicht nur eine Frage der richtigen Methoden, eine Frage der Strategie und Taktik; die Kunst des Angelns ist auch eine Philosophie, und zwar nicht nur *„die einzige Philosophie, von der man satt wird"*, wie es Peter Bamm, ein deutscher Essayist und Feuilletonist einmal formuliert hat, sondern eigentlich eine Lebenseinstellung, ein modus vivendi:

„Die Sorgen treibt es weg, bin ich am See zum Fischen,
am Strome oder Bach, mich köstlich zu erfrischen.
Der still bewegte Fluss mit seinem regen Leben
Möchte wohl uns Menschen auch ein rechtes Beispiel geben.
Geduld und Zuversicht enthüllen manche Nichtigkeit,
die uns zuerst erschien von großer Wichtigkeit."
(Izaak Walton, 1653)

Der Fisch selbst, der Umgang mit ihm und auch sein Fang haben den Menschen seit jeher fasziniert. Viele Bücher sind dazu geschrieben worden: historische, theoretische, praktische, langweilige, informative, aufregende und spannende Abhandlungen. Vor uns liegt nunmehr ein Buch, auf das wir Fischer in Kärnten schon lange gewartet haben. In mühseliger Kleinarbeit (Aktualisierung der Datenbanken, Beschaffung und Auswahl des Fotomaterials etc.) ist es den Autoren gelungen, ein Buch auf den Markt zu bringen, das die Fischerei in Kärnten in nahezu allen relevanten Facetten beleuchtet. Das ist für Kärnten in diesem Umfang, was jedenfalls die Fischerei betrifft, erstmalig und einmalig. Das Buch beschränkt sich nicht nur auf eine Präsentation der in unserem Bundesland vorkommenden Fischarten, Krebse und Großmuscheln, sondern beschäftigt sich auch mit den Gewässerlebensräumen, mit Fragen der Fischereiwirtschaft, mit der Beziehung zwischen Fischerei und Naturschutz sowie mit dem neuen Kärntner Fischereigesetz. Ein ausführliches Literaturverzeichnis regt jeden Interessierten zum weiterführenden Studium an. Alles in allem ein Buch jedenfalls, das einerseits als Grundlage der fischereilichen Ausbildungskurse gemäß dem Kärntner Fischereigesetz herangezogen wird, und andererseits hervorragend als Begleiter jedes Anglers im Sinne von Izaak Walton geeignet ist.

Ich hoffe und wünsche sehr, dass dieses Buch das Interesse und die Neugier möglichst vieler Angler und Angelfreunde findet, darüber hinaus aber auch vieler naturverbundener Leser, denn es ist nicht nur ein Buch über Fische, sondern auch ein Buch über die schöne Naturlandschaft Kärntens.

Mag. Eduard Blatnik
Kärntner Landesfischereivereinigung
Landesobmann

Einleitung

Wolfgang HONSIG-ERLENBURG

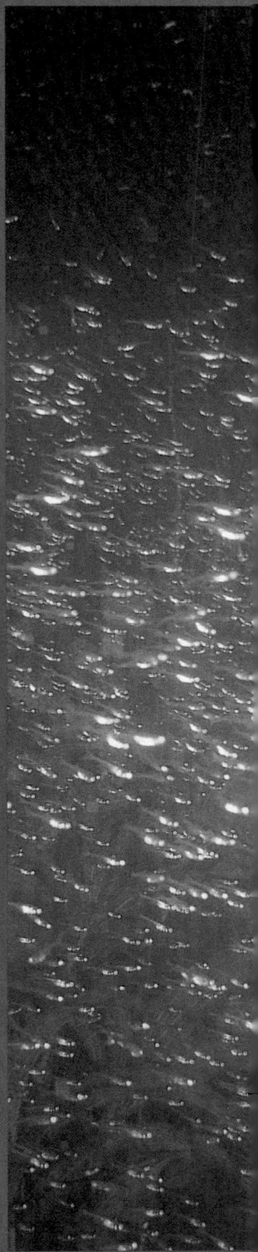

Wie Edelsteine funkeln die kleinen Fische
im sonnendurchfluteten See.
(Foto: W. Köstenberger)

Über das Vorkommen der Fische, Neunaugen, Flusskrebse und Großmuscheln in den Kärntner Gewässern gibt es aus früherer Zeit vereinzelte Angaben und auch Abbildungen. Vor allem in den Aufzeichnungen über Abgaben an Herrschaften sowie in den Buchführungen von Klöstern findet sich manches über Wirtschaftsfische.

In den Reisetagebüchern von Paolo Santonino, dem Reisebegleiter des Bischofs von Caorle aus den Jahren 1485 bis 1487 sind Angaben über das Vorkommen von Fischen und Flusskrebsen in Südkärnten, dem Landesteil, der damals zum Bistum Aquileia gehörte, vorhanden (EGGER 1947). Verschiedene Fische und der Edelkrebs wurden nämlich bei üppigen Mahlzeiten aufgetischt.

Ein bedeutendes Zeugnis der autochthonen Fischfauna Kärntens sind auch die Aufzeichnungen von Franz Xaver Freiherr von Wulfen (1728–1805). In den Beständen der Botanischen Abteilung des Joanneum Graz fand sich erst kürzlich ein Manuskript zur Fischfauna Kärntens (HONSIG-ERLENBURG & MILDNER 1996). In diesem, hauptsächlich in lateinischer Sprache verfassten Werk werden Salmoniden behandelt.

Das erste umfassende Werk über alle in Kärnten vorkommenden Fischarten verfasste Vinzenz HARTMANN im Jahre 1898. Von ihm werden 31 einheimische Fischarten sowie eine Neunaugenart angegeben, weiters werden fünf zur damaligen Zeit eingeführte Fischarten beschrieben. HAWLITSCHEK verfasste 1892 ein Buch über die Angelfischerei in Kärntner Seen.

Im 20. Jahrhundert haben sich unter anderem TSCHAUKO (1923), FINDENEGG (1948, 1953), REISINGER (1952), FINDENEGG & REISINGER (1950), STROUHAL (1934), WAGNER (1947, 1948) sowie SAMPL (1976a, 1976b) mit den Fischen in Kärnten beschäftigt. In weiterer Folge liegen einige genauere Detailuntersuchungen von Fischen in einzelnen Gewässern vor, die vom Amt der Ktn. Landesregierung, Uabt. Gewässerökologie und vom Kärntner Institut für Seenforschung durchgeführt wurden.

Im Jahre 1989 wurde vom Naturwissenschaftlichen Verein für Kärnten eine zusammenfassende Arbeit über alle in Kärnten vorkommenden Fischarten mit Fotos herausgegeben (HONSIG-ERLENBURG & SCHULZ 1989a). In dieser Arbeit werden 35 heimische Fischarten, eine Neunaugenart und 13 eingeschleppte bzw. eingesetzte fremdländische Fischarten beschrieben.

In der Zwischenzeit gelangen die Erstnachweise von mehreren bisher in Kärnten nicht bekannten heimischen Fischarten, wie z. B. die des Zingels (HONSIG-ERLENBURG & SCHULZ 1990), des Steingreßlings (HONSIG-ERLENBURG & FRIEDL 1995), des Weißflossengründlings (HONSIG-ERLENBURG et al. 1997) oder des Kessler-Gründlings (KERSCHBAUMER & PROCHINIG 1999). Weiters wurden nicht heimische Arten eingesetzt bzw. eingeschleppt (z. B. Moderlieschen, Rapfen). Erst kürzlich wurde der Semling, welcher über 50 Jahre lang für Kärnten als verschollen galt, wieder entdeckt (HONSIG-ERLENBURG 2001a).

Systematische Arbeiten über die Verbreitung von Flusskrebsen in Kärnten vor dem Auftreten der Krebspest (um 1880) existieren nicht. Dies ist nicht überraschend, da die Krebse ja früher allgegenwärtig waren und ihr Vorkommen aus diesem Grund nicht sonderlich erwähnenswert war. Dennoch sind in alten Aufzeichnungen aus den vergangenen Jahrhunderten Angaben über die Verbreitung und Bedeutung der Flusskrebse in Kärnten zu finden. Die meisten dieser Schriften beziehen sich auf rechtliche Bestimmungen bezüglich des Fanges und des Handels mit Krebsen (FISCHEREISECTION FÜR KÄRNTEN 1881; HAUSER 1882; FRESACHER 1968), auf abnorm gefärbte Krebse (LEON 1881; FRAUSCHER 1900), besonders dichte Krebsbestände (LATZEL 1876; HAWLITSCHEK 1892) und Beschreibung von Festmählern

(EGGER 1947), welche Hinweis darauf geben, dass die Flusskrebse nicht erst heute als Delikatesse hoch geschätzt waren.

Erst in jüngster Zeit wurden Untersuchungen über Vorkommen und Verbreitung von Flusskrebs-Arten in Kärnten durchgeführt. So wurde von ALBRECHT (1981) erstmals der Dohlenkrebs in Kärnten nachgewiesen. In der Arbeit von WINTERSTEIGER (1985) wurde der Versuch unternommen, einen ersten flächendeckenden Überblick über die aktuelle Verbreitung der Flusskrebsarten in Österreich zu vermitteln. SCHULZ & KIRCHLEHNER (1984) haben das Steinkrebsvorkommen im Spintikteich untersucht. Über die Verbreitung der Flusskrebse im Lavantal geben HONSIG-ERLENBURG & SCHULZ (1996) Auskunft.

Seit 1995 werden am Institut für Ökologie und Umweltplanung in Klagenfurt systematisch Daten über die historische und aktuelle Verbreitung der Flusskrebse in Kärnten gesammelt. Eine zusammenfassende Darstellung ist im Jahrbuch des Landesmuseums für Kärnten 2000 (J. PETUTSCHNIG 2001a) zu finden.

Derzeit sind in Kärnten 57 Fischarten, eine Neunaugenart, sechs Flusskrebsarten und vier Großmuschelarten nachgewiesen. Von den Fischen sind 39 Arten als heimisch einzustufen, sechs Arten wurden um die Jahrhundertwende eingeschleppt und 12 Arten nach dem Jahre 1970. Von den Flusskrebsarten sind drei als heimisch einzustufen, die anderen drei Arten wurden durch Besatz künstlich in die Gewässer Kärntens eingebracht. Alle vier im Buch beschriebenen Großmuschelarten gelten als heimisch.

Die besseren Kenntnisse über die Fischarten und -bestände in unseren Gewässern ergeben sich aufgrund technisch ausgereifterer Methoden, mit denen Fischbestandesaufnahmen durchgeführt werden können. Hierbei ist insbesondere die Elektrofischerei zu erwähnen, die eine gute Methode zur Erhebung von Fischbeständen vor allem in Fließgewässern darstellt (siehe Kapitel „Methodik der Fischbestandesaufnahme"). Die im zunehmenden Maße flächendeckende Erfassung erlaubt viel genauere Aussagen über das Vorkommen von Fischarten. Aber auch die Methoden zur Bestimmung von Fischarten haben sich in den letzten Jahren verfeinert. So konnten etwa erst kürzlich die bereits immer vorhanden gewesenen vier Gründlingsarten systematisch getrennt werden.

Aufgrund des neuen Kenntnisstandes hat nunmehr der Vorstand des Naturwissenschaftlichen Vereines den Beschluss gefasst, eine umfassende Neuauflage der „Fische Kärntens" mit den neuesten Daten und Erkenntnissen auszuarbeiten. Für jede Fisch-, Neunaugen-, Flusskrebs- und Großmuschelart werden erstmals Verbreitungskarten für Kärnten präsentiert. Die Abbildungen der einzelnen Arten zeigen diese überwiegend in ihrem Lebensraum.

Die Einstufung der einzelnen Arten im Bezug auf ihre Gefährdung wurde aus den folgenden **Roten Listen** übernommen:

Rote Liste	der Fische und Rundmäuler Kärntens (HONSIG-ERLENBURG & FRIEDL 1999b)
Rote Liste	der Großkrebse Kärntens (J. PETUTSCHNIG 1999)
Rote Liste	der Weichtiere Kärntens (MILDNER & RATHMAYER 1999)
Rote Liste	autochthoner Fischarten in Österreich (SPINDLER et al. 1997)
Rote Liste	der Fischarten Österreichs (SCHMUTZ et al. 2000)
Rote Liste	der Zehnfüßigen Krebse und Schwebegarnelen Österreichs (PRETZMANN 1994)
Rote Liste	gefährdeter Weichtiere Österreichs (FRANK & REISSCHÜTZ 1994)

Erklärung der Darstellungen im Text über Gefährdung, Schonzeiten, Schutzstatus und Nutzungseinschränkungen einzelner Arten.

Rote Liste Kärnten	*–*	*v*	*r/4*	*3*	*2*	*1*	*0*	*EU-Schutz*				
Rote Liste Österreich	*–*	*v*	*r/4*	*3*	*2*	*1*	*0*	*Anhang II*				
Laichzeit	*J*	*F*	*M*	*A*	*M*	*J*	*J*	*A*	*S*	*O*	*N*	*D*
Schonzeit/Fangverbot	*J*	*F*	*M*	*A*	*M*	*J*	*J*	*A*	*S*	*O*	*N*	*D*
Fischregionen	*OFR*		*UFR*		*ÄSR*		*BAR*		*BRR*		*SGW*	
Gewässertypen	*Fluss, Seeabfluss, Flussstau, See*											
Mindestfangmaß	*30*											

Erklärung der Gefährdungsstufen:
(**–**) nicht gefährdet; (***v***) Vorwarnstufe; (***r/4***) extrem selten, potentiell gefährdet; (***3***) gefährdet; (***2***) stark gefährdet; (***1***) vom Aussterben bedroht; (***0***) ausgestorben, ausgerottet oder verschollen.

EU-Schutz:
Gemäß der Naturschutzrichtlinie der Europäischen Union, **Fauna-Flora-Habitat-Richtlinie**, sind zahlreiche Arten in den Anhängen aufgenommen: **Anhang II** listet alle Arten auf für die Schutzgebiete von den einzelnen Mitgliedsstaaten eingerichtet werden müssen. Im **Anhang IV** findet man die streng zu schützenden Arten von gemeinschaftlichem Interesse und **Anhang V** hat Arten zum Gegenstand, deren Entnahme aus der Natur und Nutzung Gegenstand von Verwaltungsmaßnahmen sein können.

Laichzeit/Paarungszeit:
In der Tabelle wird die Dauer der Fortpflanzungsperiode anhand einer Monatseinteilung (Jänner bis Dezember) jeweils färbig dargestellt.

Schonzeit/Fangverbot:
Gemäß der Fischereiverordnung des Landes Kärnten (LGBl. Nr. 23/2001) sind die betroffenen Monate, in denen die Art geschont ist und nicht entnommen werden darf, färbig dargestellt (genauere Angaben werden als Fußnote angeführt). So sind die Arten der FFH-Richtlinie, Anhang II ganzjährig geschont.

Fischregionen:
Die von der jeweiligen Art als Lebensraum bevorzugten Gewässertypen sind in der Tabelle färbig dargestellt: (***OFR***) Obere Forellenregion; (***UFR***) Untere Forellenregion; (***ÄSR***) Äschenregion; (***BAR***) Barbenregion; (***BRR***) Brachsenregion; (***SGW***) stehende Gewässer.

Gewässertypen:
Ergänzend zu den Fischregionen wird für jede Art der Gewässertyp angeführt, den die Art in Kärnten normalerweise als Lebensraum bewohnt. Auf nicht heimische Arten, deren Vorkommen nur durch künstlichen Besatz aufrecht ist, wird hingewiesen.

Mindestfangmaß:
Die erforderliche Mindestgröße (in Zentimeter) beim Fang von Wassertieren ist in der Fischereiverordnung des Landes Kärnten (LGBl. Nr. 23/2001) festgelegt.

Gewässer-lebensräume

Wolfgang HONSIG-ERLENBURG
Werner PETUTSCHNIG

Kärnten ist reich an naturbelassenen Bächen.
(Foto: W. Honsig-Erlenburg)

Fließgewässer

Das Bundesland Kärnten ist ein gewässerreiches Land. Das Fließgewässernetz weist eine Gesamtlänge von ca. 8.000 km auf.
Bei natürlichen Fließgewässern ist nichts statisch; das Gewässerbett, das Umland und die Lebewelt befinden sich in einem ständigen Wechsel; sie sind einer ständigen Dynamik unterworfen. Diese Dynamik und Vielseitigkeit garantieren die Lebendigkeit von Fließgewässern (HONSIG-ERLENBURG et al. 1998a). Zum Fließgewässer gehören das Bachbett, die angrenzende Ufer- und Auenlandschaft und das begleitende Grundwasser.
Der Hauptfluss Kärntens ist die Drau, die vor Oberdrauburg in Kärnten eintritt und das Bundesland bei Lavamünd wieder verlässt. Beinahe alle Seitengewässer Kärntens entwässern in die Drau.

Die fließenden Gewässer Kärntens werden in drei Flusstypen eingeteilt:

- Die Wildflüsse Oberkärntens mit der Oberen Drau, Gail, Lieser, Malta und ihren Zubringern
- Die Mittelgebirgsflüsse von Mittel- und Unterkärnten mit Gurk, Glan, Lavant, Görtschitz, Metnitz und den jeweiligen Zubringerbächen
- Die torrenten Gewässer der Karawanken und Karnischen Alpen wie z. B. Vellach und Gailitz.

Das Wasser fließt in den Fließgewässern zwischen Sommer- und Winterhalbjahr unterschiedlich ab. Hochwässer treten vor allem während der Schneeschmelze im Frühjahr, bei starken Gewittern in den Sommermonaten und auch im Zuge von „Mittelmeertiefs“ im Herbst auf (siehe Abb. 3).

Abb. 3: Hochwasser an der Metnitzmündung im Oktober 1993.
(Foto: W. Honsig-Erlenburg)

Aufgrund der Ausbildung des Untergrundes teilt man ein Gewässer in verschiedene Teillebensräume ein. Folgende Typen werden unterschieden:

- Kolke sind tiefe Bereiche, die sich nach Hindernissen bilden.
- Furten sind Abschnitte, die eine geringere Wassertiefe und eine rasche Strömung aufweisen.
- Stillen sind tiefe und langsam fließende Bereiche.
- Rinner sind mitteltiefe bis tiefe, rasch fließende Gewässerabschnitte.
- Buchten sind Bereiche mit geringer bis mittlerer Tiefe, in denen das Wasser fast still steht.
- Rampen und Abstürze sind Bereiche mit hohem Gefälle, einer geringen Wassertiefe und rasch fließendem Wasser.

Die unterschiedlichen Teillebensräume sind bestimmende Faktoren zur Ausbildung einer artenreichen Lebensgemeinschaft. Während der verschiedenen Lebensstadien und auch innerhalb des Jahreszyklus benötigt ein und derselbe Fisch unterschiedliche Teillebensräume (junge Bachforellen z. B. leben in flachen Bereichen, größere Forellen hingegen in tieferen Kolken).

Abb. 4:
Der Kleinelendbach, ein typischer Gletscherbach.
(Foto: J. Petutschnig)

Fließgewässer weisen aufgrund ihrer geologischen Lage, des Gefälles und der Höhenlage große Unterschiede auf. Die Bäche und Flüsse Kärntens kann man in folgende Typen einteilen (J. PETUTSCHNIG et al. 1999c):

- Gletscherbach (siehe Abb. 4)
- Hochgebirgsbach
- Gebirgsbach
- Bach des Berg- und Hügellandes
- Fluss des Berg- und Hügellandes
- Bach der Talniederung
- Fluss der Talniederung
- Sondertypen (Warmwasserbach, Seeabfluss, Moorbach, Wasserfall)

In europäischen Fließgewässern leben tausende verschiedene Tier- und Pflanzenarten und auch in den heimischen Bächen ist die Vielgestaltigkeit der Lebewelt enorm hoch. Daher zählen Bäche und Flüsse mit den dazugehörigen Auwäldern zu den artenreichsten Lebensräumen Europas und unseres Landes. Die Lebewesen der Fließgewässer haben spezielle Strategien entwickelt, um mit der Strömung und den dadurch verursachten ständigen Änderungen mit möglichst wenig Energieaufwand fertig zu werden.
So leben etwa Insektenlarven unter jener Seite der Steine, die der Strömung abgewandt ist und Fische haben sich mit einer „stromlinienförmigen" Gestalt an die Strömung angepasst.

Abb. 5: Der Elbach am Lambrechtsberg im Lavanttal, ein typisches Bachforellengewässer. (Foto: W. Honsig-Erlenburg)

Der Sauerstoff wird durch die turbulente Strömung ins Gewässer eingebracht. Von großer Bedeutung für die Biozönose sind weiters die Pflanzennährstoffe: Wenn genügend Phosphor- und Stickstoffverbindungen vorhanden sind, kommt es zur Entwicklung von Algen und anderen Wasserpflanzen. Dieses hohe Angebot an organischen Stoffen fördert das Wachstum von Bakterien, die die Nahrungsgrundlage von bakterienfressenden Einzellern bilden, welche wiederum von Rädertierchen gefressen werden. Die Nahrungskette endet letztlich beim großen Raubfisch oder Menschen, der einen Fisch verspeist.

Viele Tierarten haben spezielle Strategien zum Nahrungserwerb entwickelt. Ein Großteil der Nahrung gelangt als sogenannte Drift mit der Strömung zu den Wasserbewohnern. Sie können sich daher festsetzen und mit ihren Sieb- und Netzeinrichtungen kleinste Lebewesen auffangen. Solche Netze bauen einige Arten von Köcherfliegenlarven.

Etwa ein Drittel der in Kärnten vorkommenden Fisch- und Neunaugenarten lebt in Fließgewässern, die Hälfte aller Fischarten sowie aller Flusskrebsarten kommen sowohl in fließenden als auch in stehenden Gewässern vor.

Die Artenvielfalt nimmt vom Quellbereich bis zum Unterlauf zu. Durch die regelmäßige Abfolge der verschiedensten Umweltfaktoren im Längsverlauf eines Fließgewässers ist eine Einteilung in verschiedene **Fischregionen** möglich (Abb. 5). Grundsätzlich kann man zwei Großregionen unterscheiden, nämlich die Salmonidenregion (Rhithral) und die Cyprinidenregion (Potamal). Die Salmonidenregion untergliedert sich wieder in eine Obere Forellenregion (Epirhithral), eine Untere Forellenregion (Metarhithral) und eine Äschenregion (Hyporhithral). Die Cyprinidenregion wird in eine Barbenregion (Epipotamal), eine Brachsenregion (Metapotamal) und eine Kaulbarsch-Flunderregion (Hypopotamal) unterteilt, letztere kommt in Kärnten nicht vor.

Forellenregion

Quellen sind die häufigste Entstehungsform von fließenden Gewässern. Sie treten meist an Anschnitten des Grundwassers zutage und beginnen dann zumeist schmal und unscheinbar in verschiedenster Form je nach Gelände ihren Lauf. Der Stein- und der Dohlenkrebs sind in der Lage, Quelltümpel und kleinste Quellgerinne zu besiedeln. Fische treten meist erst auf, nachdem sich mehrere Quellen zu einem Quellbach vereinigen. Das Wasser der Quellen und Quellbäche ist sehr sauerstoffreich und außerhalb der Schneeschmelze klar und rein. Die Temperaturen bleiben das ganze Jahr hindurch annähernd gleich; sie steigen im Sommer nur selten über 9° C. In der Umgebung von Quellen entwickeln sich häufig Sumpfflächen, die man auch als Quellfluren bezeichnet. Der Untergrund des Bachlaufes setzt sich aus feinerem oder gröberem Kies mit großen Felsblöcken dazwischen zusammen. Reißende, flache Stellen,

Abb. 6:
Kennzeichnend für Bäche der Oberen Forellenregion sind die hohe Fließgeschwindigkeit und grobkörniges Sediment wie z. B. der Seebach oberhalb von Mallnitz.
(Foto: J. Petutschnig)

Abb. 7:
In der Unteren Forellenregion verringert sich das Gefälle und die Korngrößen des Substrates wie z. B. an der Gail im Lesachtal bei Birnbaum.
(Foto: W. Honsig-Erlenburg)

Wasserfälle, tiefe Gumpen und Strudel wechseln einander ab (Abb. 6). Die Niedere Tierwelt setzt sich aus Spezialisten zusammen, die in Körperform und Lebensweise an die reißende Strömung angepasst sind (abgeflachte Körper, Schutzgehäuse, Ausbildung von Saugnäpfen usw.).

Der Hauptfisch dieser Region ist die Bachforelle, die hier als Standfisch lebt. Deshalb wird dieser Gewässerabschnitt auch als Forellenregion bezeichnet. Als Begleitfische der Bachforelle lebt in der Oberen Forellenregion in erster Linie die Koppe, in Bächen der tiefer gelegenen Unteren Forellenregion auch andere Arten wie Elritze und Ukr. Bachneunauge. Durch Besatz gelangen auch Regenbogenforellen und Bachsaiblinge in die Gewässer der Forellenregion.

Der Großteil der Fließgewässer Kärntens ist aufgrund der Höhenlage und der klimatischen Verhältnisse der Forellenregion zuzuordnen.

Abb. 8:
Die Möll kann im unteren Abschnitt bereits der Äschenregion zugeordnet werden.
(Foto: J. Petutschnig)

Äschenregion

Wird der Bach durch Vereinigung mit anderen Bächen breiter und tiefer und somit zu einem kleinen Fluss, wird die Strömung bzw. das Gefälle geringer und das Gesamtbild ausgeglichener. Dann befinden wir uns in der dritten Salmonidenregion, nämlich in der Äschenregion. In den größeren Tälern nimmt das Gefälle der Fließgewässer ab und der Oberlauf wird vom Mittellauf abgelöst. Die Täler werden breiter und die Aulandschaft benötigt mehr Raum. Es siedeln sich Wasserpflanzen an; typisch für unsere Gewässer sind Alpenlaichkraut, Wasserstern und Wasser-Hahnenfuß. Die vom Fluss mitgeschleppten Sedimente in Form von Sand und Schotter lassen Inseln und Bänke entstehen (Abb. 8). Neben Kies- und Sandbänken in starker Strömung finden wir hier größere, tief ausgewaschene Gumpen und Stellen mit weicherem Grund. Das Wasser ist immer noch sauerstoffgesättigt und kalt, weist aber schon höhere sommerliche Temperaturen auf, die jedoch im Jahresmittel höchstens zwischen 12° und 16° C liegen. Der Leitfisch dieser Region ist die Äsche, die hier als Standfisch neben Forellen, Koppen, Neunaugen und in gewissen Gebieten gemeinsam mit dem Huchen vorkommt. Außerdem können auch schon mehrere karpfenartige Fische wie Nase, Aitel, Gründling, Strömer, Hasel oder Barbe auftreten. Weiters ist hier auch das Vorkommen von Aalrutten sowie Regenbogenforellen und Bachsaiblingen möglich. Mit der Äschenregion endet die Salmonidenregion (Rhithral).

Barbenregion

Weiter flussabwärts wird das Gewässer nun breiter und tiefer, der Untergrund ist jedoch noch immer überwiegend kiesig oder sandig. Weichen Boden und damit dichte Pflanzenbestände findet man v. a. an den Ufern und in ruhigen Buchten, wir befinden uns im Unterlauf der Fließgewässer (Potamal). Bei geringem Gefälle fließt der Strom langsam durch die breiten Täler und Tiefebenen. Bei Hochwasser werden weite Teile der Landschaft überflutet. Die Aulandschaft besitzt viele Neben- und Altarme. In zahlreichen Augewässern

finden sich üppige Wasserpflanzenbestände mit Seerose, Teichrose, Tausendblatt und Laichkräutern. Die Verlandungszonen der Altwässer besiedeln Röhrichtgesellschaften mit Schilf, Rohrkolben, Sumpf-Schwertlilie u. a.
Nun beginnen die karpfenartigen Fische zu dominieren. Das Wasser ist noch, wenn auch wechselnd, reich an Sauerstoff, seine Temperaturen aber sind erheblichen Schwankungen unterworfen (im Mittel zwischen 12° und 19° C). Der Leitfisch dieser Region ist die Barbe, deshalb wird diese Region auch als Barbenregion bezeichnet. Als Begleitfische leben hier Nasen, Aitel, Gründlinge, Brachsen, Rotaugen, Rotfedern, Schneider, Haseln, Lauben, aber auch Huchen, Regenbogenforellen, Hechte und Neunaugen. An Barschartigen kommen Flussbarsche, Zingel, Streber und Zander vor.
Ursprünglich konnte die Drau unterhalb von Villach der Barbenregion zugeordnet werden. Durch die Veränderungen infolge der Stauhaltungen hat sich jedoch die fischereiliche Situation in Richtung einer Brachsenregion entwickelt.
Die Barbenregion findet man heute in der unteren Gurk, der untersten Gail, der unteren Glan, in der Sattnitz, in der Rosegger Drauschleife (Abb. 9), dem Ossiacher Seebach sowie in der unteren Lavant.

Abb. 9: Durch den Kraftwerksbau ist die Barbenregion der Drau fast zur Gänze verschwunden. Nur noch kleine Reststrecken wie hier die ausgeleitete Rosegger Drauschleife beherbergen einen für die Barbenregion typischen Fischbestand.
(Foto: W. Petutschnig)

Abb. 10: Die Stauräume der Drau unterhalb von Villach weisen einen Fischbestand vergleichbar mit dem der Flussunterläufe auf und können daher der Brachsenregion zugeordnet werden wie z. B. der Feistritzer Stausee im Bereich der Dürrenbachmündung. (Foto: W. Petutschnig)

Brachsenregion

Durch den Aufstau der unteren Drau ist eine Fischregion des Tieflandes, die es von Natur aus in Kärnten nicht gab, gewissermaßen aufwärts gewandert, wobei Kärnten nun an der Brachsenregion Anteil hat (Abb. 10). Der Hauptfisch in den Flussunterläufen und insbesondere in den großflächigeren Stauräumen ist die Brachse. Als Brachsenregion bezeichnet man normalerweise Lebensräume, die durch einen fließenden Flachlandstrom mit zahlreichen flachen Seitengewässern charakterisiert sind. Die Wassermassen sind fast gleichmäßig das ganze Jahr hindurch trübe, mit wechselndem Sauerstoffgehalt, und an der Oberfläche und in der Tiefe mit unterschiedlicher Temperatur. Der Strom ist in seinem eigentlichen Lauf frei von Vegetation, die Seitengewässer und Uferbereiche dagegen sind als Folge des reichen Nährstoffangebotes und der höheren Temperatur stark bewachsen. Außerdem treten hier erstmalig auch schwebende Organismen (pflanzliches und tierisches Plankton) auf.

In der Brachsenregion treffen wir die meisten Fischarten, es leben hier die gleichen Fische wie in den großen, flacheren Seen. Neben der Brachse als Leitfisch kommen hier Karpfen, Schleie, Aitel, Rotauge, Rotfeder, Güster, Zährte, Karausche, Laube u. a. karpfenartige Fische vor. Auch finden sich hier Raubfische wie Hecht, Wels, Flussbarsch, Zander und Aal.

Von den in Kärnten vorkommenden Flusskrebsen besiedeln vor allem der Edelkrebs und der Signalkrebs Gewässer, die der Brachsenregion zuzuordnen sind.

Die Abb. 11 und 12 zeigen die Fischregionen der Kärntner Fließgewässer im Wandel der Zeit, vor und nach den großen Gewässereingriffen durch den Menschen. Die Fischregionen haben sich vor allem durch Kraftwerksbauten an den größeren Flüssen Kärntens verschoben. Aber auch durch die Regulierungsmaßnahmen und Begradigungen erfolgte vor allem zu Ende des

Historische Fischregionen in Kärnten

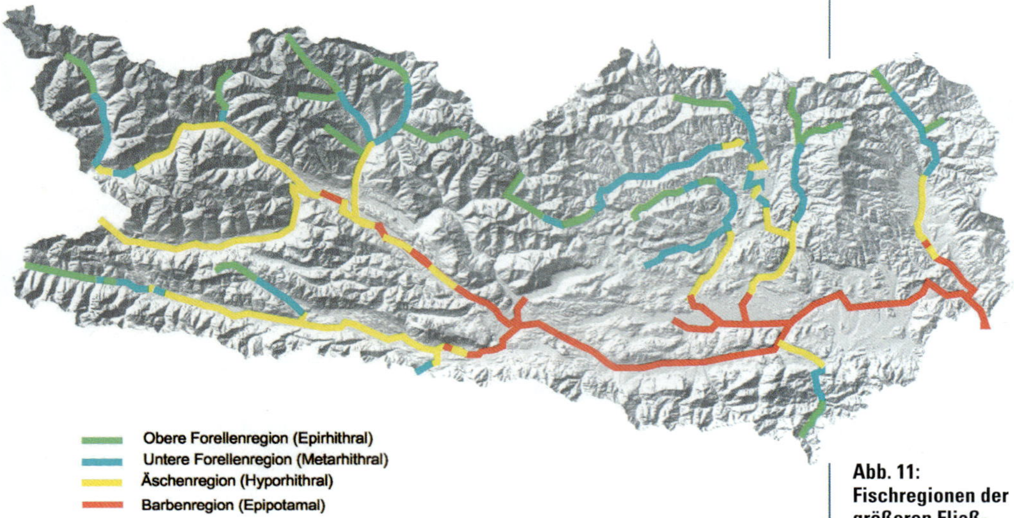

Abb. 11: Fischregionen der größeren Fließgewässer vor den großen Regulierungsmaßnahmen und Kraftwerksbauten an der Drau. (Quelle: Amt d. Ktn. LR, Abt. 15)

19. Jahrhunderts sowie im 20. Jahrhundert eine Erhöhung der Fließgeschwindigkeit, eine sogenannte „Rhithralisierung" (z. B. in der oberen Drau, Möll und Lavant), wodurch sich die ursprüngliche Äschenregion und Barbenregion zu einer Forellen-Äschen-Übergangsregion entwickelt hat. Flussmorphologische Änderungen werden im Rahmen von ökomorphologischen Zustandskartierungen erfasst und für einzelne Gewässerabschnitte

Fischregionen in Kärnten (Stand 2001)

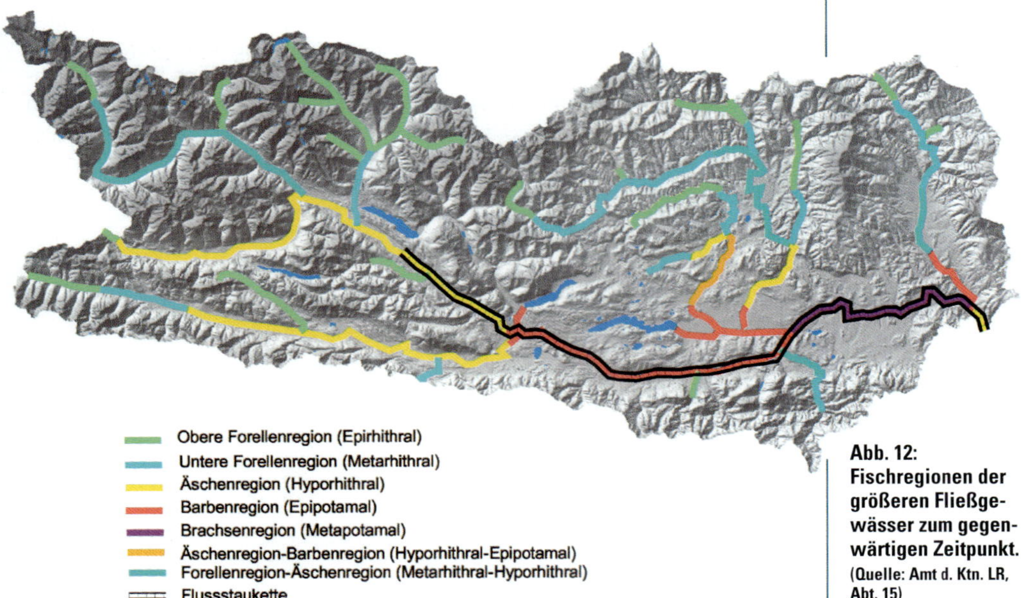

Abb. 12: Fischregionen der größeren Fließgewässer zum gegenwärtigen Zeitpunkt. (Quelle: Amt d. Ktn. LR, Abt. 15)

Ökomorphologischer Zustand der Fließgewässer Kärntens

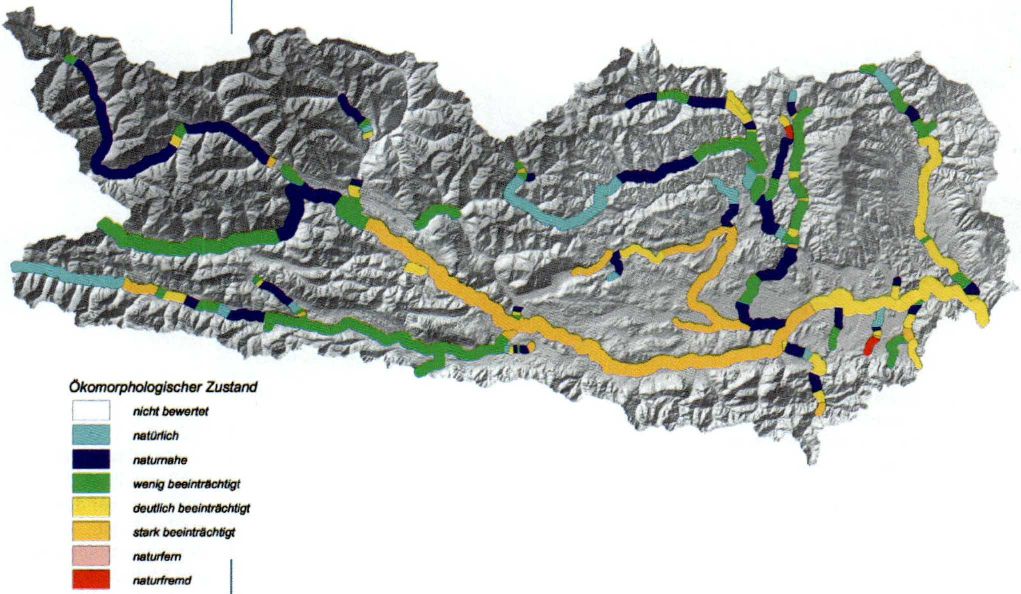

Abb. 13: Ökomorphologischer Zustand von Kärntner Fließgewässern. (Quelle: Amt d. Ktn. LR, Abt. 15)

dargestellt (siehe Abb. 13). Und wie bereits erwähnt, kam es durch den Aufstau von fließenden Gewässern (z. B. in der Drau unterhalb von Spittal) zu einer sogenannten „Potamalisierung“ – zu einer Verschiebung der ursprünglichen Äschen- und Barbenregion hin zu einer Brachsenregion. Eine Ausnahme bilden die Draustaue oberhalb von Villach, die sogenannte „Zwitterstaue“ darstellen. Einerseits kam es durch den Aufstau zur Verschlammung und dadurch zum Verlust von Laichplätzen und Lebensräumen von typischen Vertretern der Äschenregion, andererseits konnten sich aufgrund der im Vergleich zu den Flussstauräumen unterhalb von Villach relativ niedrig bleibenden Temperaturen und der fehlenden Flachwasserzonen keine Cypriniden entwickeln, sodass der Fischbestand sehr gering ist (lediglich ca. 10 kg/ha; Gross et al. 1998, Sembach 2000). Eine höhere Fischbestandsdichte kann hier nur durch künstlichen Besatz aufrecht erhalten werden.

Stehende Gewässer

Seen, Teiche, Weiher und Tümpel werden als Stillgewässer oder stehende Gewässer bezeichnet. Die Vielfalt der heimischen Stillgewässer reicht vom nährstoffarmen Hochgebirgssee (Abb. 14), der sieben Monate und mehr im Jahr mit Eis bedeckt ist, bis hin zum flachen Auentümpel im Bereich der Flussschotterbänke mit sommerlicher Erwärmung von über 30° C.
In Bezug auf ihre Merkmale sind stehende Gewässer genauso verschiedenartig bzw. vielfältig wie die Fließgewässer. Man unterscheidet die Gewässertypen nach morphologischen Merkmalen wie Gewässergröße, -tiefe und -untergrund, nach hydrologischen Verhältnissen, Höhenlage und anderen Parametern. Auch der Grad des Nährstoffgehaltes und das damit verbundene Ausmaß der Primärproduktion (Grad der Eutrophierung) ist ein häufig verwendetes Kriterium zur Einteilung der Stillgewässer. Man unterscheidet nährstoffarme (oligotrophe), mässig nährstoffreiche (mesotrophe) und nährstoffreiche (eutrophe) Gewässer.
Zählt man alle stehenden Gewässer Kärntens auf den Blättern der Österreichkarte (1:50.000) so kommt man auf die Zahl von 1.270 (Sampl 1976c). Betrachtet man sie nach ihrer Entwicklungszeit, so sind unsere Seen mit einem Alter von maximal 15.000 Jahren erdgeschichtlich relativ jung. Auffällig ist, dass beinahe alle Seen des Landes abseits der Hauptentwässerungslinien liegen. Sie befinden sich meist in Seitentälern und weisen vielfach nur kleine hydrographische Einzugsgebiete auf. Dies bedingt, dass vor allem die großen Seen des Landes einer geringen Wassererneuerung unterworfen sind, womit auch die bei einigen Seen zu beobachtende hohe sommerliche Erwärmung an der Oberfläche sowie die Teildurchmischung zusammenhängen. Im Frühjahr und Herbst werden die Seen vom Wind durchmischt, was für den Sauerstoffeintrag in tiefere Regionen von großer Bedeutung ist. Viele Kärntner Seen werden jedoch nur bis zu einer gewissen Tiefe durchmischt (Wörthersee, Millstätter See, Weißensee, Längsee, Klopeiner See

Abb. 14: Der Melniksee in der Hafnergruppe liegt auf 2440 m. Aufgrund der Seehöhe leben im See nur Schwarzreuter, die Kümmerform des Seesaiblings. (Foto: N. Schulz)

und Goggausee), d. h. es bleibt eine nährstoffreiche, sauerstofffreie Tiefenschicht erhalten.
Neben den Seen existieren zahlreiche kleine Stillgewässer, die entweder natürlich entstanden sind oder von Menschenhand geschaffen wurden. Der Unterschied zwischen See und Weiher bzw. Teich liegt nicht in der Flächenausdehnung, sondern im Vorhandensein einer Tiefenzone im See. Ein Weiher hat eine so geringe Tiefe, dass er überall auf seiner Bodenfläche Pflanzenbewuchs aufweisen kann, weil das Licht den Grund auch an den tiefsten Stellen erreicht. Ein See dagegen hat eine lichtarme bzw. -lose Tiefenzone, die durch fehlende Vegetation und dauernd kühles Wasser (ca. 4° C) gekennzeichnet ist. Teiche sind künstlich angelegte Gewässer, die in der Regel ablassbar sind. Von Natur aus bilden sich Kleingewässer entlang größerer Fließgewässer durch flussdynamische Prozesse im Zuge größerer Hochwasserereignisse. Durch Regulierungsmaßnahmen an nahezu allen mitteleuropäischen Flüssen finden solche natürlichen Gewässerneubildungen praktisch nicht mehr statt. Dagegen erlangten die aus Menschenhand geschaffenen Kleingewässer gerade in den letzten Jahren zunehmende Beliebtheit. Neben Gartenteichen, Schwimmbiotopen und Fischteichen entstanden in jüngster Zeit auch zahlreiche Baggerseen in den Niederungen im Zuge der Sand- und Schottergewinnung sowie Speicherteiche zur Beschneiung von Schipisten. Die künstlich entstandenen Gewässer können für Fische, Krebse, Muscheln und andere gewässerbewohnende Tierarten zumindest teilweise einen Ersatz für die vielerorts durch Flurbereinigungen verschwundenen Kleingewässer darstellen.
Eine Sonderstellung nehmen die aufgestauten Flussabschnitte ein (z. B. Draustaue). Morphologisch betrachtet können die für energiewirtschaftliche Zwecke aufgestauten Fließgewässer eher den Stillgewässern zugeordnet werden, jedoch sind die Flussstaue bedingt durch die ständige Durchströmung biologisch Fließgewässern mit stark verlangsamter Strömung zuzuordnen. Durch betriebsbedingte Stauraum-Spülungen wird zudem eine natürliche Verlandung möglichst lange verzögert.

Innerhalb eines Sees kann man generell zwei große Lebensräume unterscheiden, nämlich die Bodenzone und die Freiwasserzone. Die Bodenzone, das sogenannte Benthal, gliedert sich in einen Uferbereich (Litoral) und in eine Tiefenzone (Profundal). Je nach Höhenlage, Gewässertiefe, Wassertemperatur, Bodenbeschaffenheit und Pflanzenbewuchs sind viele Fischarten, die in den Fließgewässern leben, auch in den Seen anzutreffen. Der Hauptteil der Fische bevorzugt die durchlichtete, mit Pflanzen bewachsene Uferzone. Dabei kommt den Wasserpflanzen eine wichtige Bedeutung als Kinderstube sowie Laichplatz für verschiedene Fischarten zu. In den Wasserpflanzenbeständen finden Fische zudem die meiste Nahrung. Auch den Flusskrebsen bieten die Wasserpflanzenbestände Nahrung und zudem gute Versteckmöglichkeiten vor Fressfeinden.
Es wird angenommen, dass die Erstbesiedelung der Seen nach der Eiszeit primär durch Einwanderung aus den Fließgewässern erfolgte. Die meisten heimischen Seefische sind entwicklungsgeschichtlich gesehen Fließgewässerarten, die sich an die neuen Lebensbedingungen in Stillgewässern angepasst haben. So zum Beispiel steht die Seeforelle genetisch der Bachforelle so nahe, dass die Eigenständigkeit als Art zu bezweifeln ist. Ausgesprochene Seefische der Freiwasserzone sind lediglich Seesaiblinge und Renken, welche sich ausschließlich in Seen aufhalten und dort hauptsächlich den Freiwasserkörper als Lebensraum nutzen.

Entsprechend den unterschiedlichen Verhältnissen ist auch die Vielfalt an Tierarten in den heimischen Gewässern enorm. Blab (1993) schreibt, dass in den europäischen Stillgewässern über 1.300 wirbellose Tiere leben. Nährstoffverhältnisse, Wasserchemismus, Temperatur, Gewässertiefe, Pflanzen-

Abb. 15: **Der Turracher Schwarzsee.** (Foto: H. Sampl)

bewuchs u. a. sind ausschlaggebend für die Artenzusammensetzung im jeweiligen Gewässer. Tiere und Pflanzen mit ähnlichen Ansprüchen bilden Lebensgemeinschaften. Fischarten mit ähnlichen Ansprüchen in Bezug auf Ernährung und Fortpflanzung werden zu Fischgilden zusammengefasst. Ähnlich den Fischregionen der Fließgewässer gibt es auch Versuche, die stehenden Gewässer in fischspezifische Gruppen zu untergliedern. Jedoch sind hier die Übergänge und Variationen von definierten Typen noch viel größer als bei den Fließgewässern und daher ist nur eine sehr grobe Orientierung möglich.

Fischleeres Stillgewässer

Stehende Gewässer weit über der Waldgrenze sind bedingt durch die extremen klimatischen Bedingungen (u. a. extrem lange Eisbedeckung) von Natur aus fischfrei. Besatzversuche scheitern vielfach oder führen zu Kümmerformen wie zum Beispiel der „Schwarzreuter" beim Seesaibling. Weiters bleiben naturbedingt zeitweise trockenfallende Gewässer (Tümpel) fischleer und solche, die auf Grund ihrer geringen Tiefe im Winter bis zum Grund durchfrieren (z. B. Turracher Schwarzsee, Abb. 15).

Gebirgssee

Gebirgsseen liegen deutlich über 1.000 m Seehöhe und grenzen sich von den nachfolgenden Typen vor allem durch die hochmontane bis subalpine Lage ab (Turnowsky 1976). Neben dem natürlichen Vorkommen von Seesaiblingen und Bachforellen können auch Elritzen in diesen Gewässern auftreten, z. B. Stappitzer See. Für eine dauerhafte Besiedelung durch Flusskrebse ist die Sommerwassertemperatur der Gebirgsseen zu gering.

Abb. 16: In 930 m Seehöhe, eingebettet zwischen den Bergen der Gailtaler Alpen liegt der Weißensee; er gilt als Paradebeispiel für den Typ eines Seeforellen-Sees. (Fotoarchiv: Kärntner Medienzentrum)

Seeforellen-See (Salmonidendominierte große Alpenseen)

In Kärnten zählen zu diesem Typ der Millstätter See und der Weißensee (Abb. 16). Ursprünglich waren in diesen Seen in erster Linie Seeforellen beheimatet. Neben den oben erwähnten Arten besiedeln auch Seesaibling, Flussbarsch und einige Cypriniden diesen Gewässertyp. Auf Grund des höheren Nährstoffangebots und als Folge des Besatzes kommen heute in diesen Seen mehr als 20 verschiedene Fischarten vor.

Renken-See (= Coregonensee)

Hier werden tiefere Seen der Niederungen Mittel- und Unterkärntens angeführt wie z. B. der Wörthersee (Abb. 17) und Faaker See. Sie weisen gute Renkenbestände auf, sind ansonsten in der Fischartenzusammensetzung dem vorhergehenden Typ sehr ähnlich.

Abb. 17:
Der Wörthersee beherbergt einen großen Renkenbestand.
(Foto: N. Schulz)

Flacher See der Niederungen mit hoher sommerlicher Oberflächenerwärmung

Es handelt sich hierbei um weniger tiefe Seen, welche von Hecht, Wels und karpfenartigen Fischarten dominiert werden. Dazu gehören der Ossiacher See, Keutschacher See, Klopeiner See (Abb. 18), Hafner See, Längsee u. a. Neben den Coregonenseen sind die flachen Seen der Täler und Becken die wichtigsten Lebensräume des Edelkrebses.

Abb. 18:
Der Klopeiner See (im Hintergrund) und der Kleinsee gehören zu den flacheren sommerwarmen Seen des Klagenfurter Beckens.
(Foto: N. Schulz; freigegeben vom BM f. Landesverteidigung unter Zl. 13080/166-1.6./83)

Abb. 19:
Als Beispiel für krautreiche flache Stillgewässer der Tallagen gilt der Sablatnigteich im Naturschutzgebiet „Sablatnigmoor".
(Foto: J. Petutschnig)

Makrophytenreiches Kleingewässer

In diese Gruppe fallen flache, nährstoffreiche Kleingewässer wie Teiche, Weiher und verlandende Altwässer der Auen mit üppigem Pflanzenbewuchs wie z. B. das Sablatnigmoor (Abb. 19), die Hallegger Teiche und Moosburger Teiche. Vor allem Arten mit geringeren Ansprüchen an den Sauerstoffgehalt, z. B. Karauschen, Schleien und Rotfedern, besiedeln diese Gewässer.

Fische und Neunaugen

Wolfgang HONSIG-ERLENBURG
Thomas FRIEDL
Gerald KERSCHBAUMER

Der gesellig lebende Gründling ist einer von den 56 beschriebenen Fischarten Kärntens.
(Foto: W. Köstenberger)

Natürliches System der Fische

Die Fische stehen entwicklungsgeschichtlich sowie systematisch gesehen an der Basis der Wirbeltiere (Vertebrata), deren gemeinsame Charakteristik gegenüber den niederen Tieren in der Ausbildung einer Wirbelsäule besteht. Diese hat sich im Laufe der Entwicklung aus einem rückenwärts (dorsal) gelegenen Stützorgan (Chorda) gebildet. Die Wirbeltiere, als Unterstamm der Chordatiere besitzen als weitere gemeinsame Kennzeichen ein geschlossenes Blutgefäßsystem mit einem Herzen und wenigstens in der Embryonalentwicklung paarige Kiemenspalten.

In der folgenden Tabelle wird eine Übersicht über den Unterstamm der Wirbeltiere gegeben. Dabei wird ersichtlich, dass fast alle unsere Süßwasserfische zur Klasse der Knochenfische und in weiterer Folge zur Unterklasse der Strahlflosser (Actinopterygii) gehören. Innerhalb der Gruppe der bei uns am häufigsten lebenden Fischarten können wieder zwei Gruppen unterschieden werden. Bei der einen Gruppe, den Physostomen, gibt es eine Verbindung zwischen der Schwimmblase und dem Vorderdarm. Für diese Gruppe, zu welcher ein Großteil unserer Süßwasserfische zählt, sind die Regulation des Gleichgewichtes und die Anpassung an Druckveränderungen infolge dieser Verbindung leichter möglich. Bei der zweiten Gruppe, den Physoclisten, gibt es keine Verbindung zwischen der Schwimmblase und dem Vorderdarm. Dazu gehören bei uns etwa die Barsche.

Unterstamm:	**Wirbeltiere** (ca. 44.000 Arten)	
Überklasse:	**Kieferlose**, 73 Arten, z. B.: Neunaugen	
Überklasse:	**Kiefermäuler**, Echte Fische	
Klasse:	**Knorpelfische**, ca. 800 Arten, fast alle im Meer lebend	
	Unterklasse:	Haiartige (Haie und Rochen)
	Unterklasse:	Seedrachen
Klasse:	**Knochenfische**, ca. 21.000 Arten	
	Unterklasse:	Lungenfische (in Afrika, Südamerika und Australien)
	Unterklasse:	Quastenflosser, Latimeria (einzige Art, erst 1938 entdeckt)
	Unterklasse:	Brachiopterygii, z. B. Flösselhechte (Afrika)
	Unterklasse:	**Strahlflosser** (auch in Europa)
Infraklasse:	**Knorpelganoiden** (Chondrostei), z. B. Sterlet	
Infraklasse:	**Neuflosser** (Neopterygii), dazu gehören echte Knochenfische (Teleostei), zu denen die Mehrzahl unserer Fischarten zählt.	
Infradivision:	Knochenzüngler (nicht in Europa vorkommend)	
Infradivision:	Tarpunähnliche (nicht in Euorpa vorkommend)	
Infradivision:	Heringsartige	
Infradivision:	**Knochenfische** im engeren Sinne, dazu zählen die meisten heimischen Fischarten.	

Tab. 1: Systematische Stellung heimischer Süßwasserfische innerhalb der Wirbeltiere (nach NELSON 1984).

Von den ca. 21.000 bis heute beschriebenen Knochenfischarten kommen etwa 8.000 im Süßwasser vor. Davon leben wiederum etwa 75 Arten in Österreich. In Kärnten sind derzeit 57 Fischarten sowie eine Neunaugenart nachgewiesen. Davon sind 39 Arten als heimisch einzustufen, 6 Arten wurden um die Jahrhundertwende eingeschleppt bzw. eingebürgert und 12 Arten nach dem Jahre 1970. Die Fische sind 18 Familien zuzuordnen. Zählt man die bereits ausgestorbenen Arten, die nicht wieder eingebürgert wurden wie der Waxdick und die Tiberbarbe zu der Zahl der autochthonen Arten hinzu, so waren vor etwa 100 Jahren 41 Fischarten sowie eine Neunaugenart in Kärnten beheimatet. Der Hinweis von KÄHSBAUER (1961), dass der Waxdick (*Acipenser güldenstädti*) in der Kärntner Drau vorgekommen ist, gilt heute als umstritten. Auch das von HECKEL & KNER (1857) erwähnte Vorkommen des Sterlets (*Acipenser ruthenus*) für die Drau wird heute als für den Kärntner Anteil der Drau bezweifelt (WOSCHITZ et al. 1995). Von STROUHAL (1934) wird für die Thermen vom Warmbad Villach die Tiberbarbe (*Barbus plebejus*) angegeben. Diese Fischart dürfte jedoch nicht autochthon sein und ist vermutlich in der Römerzeit aus südlicheren Gewässern in die Thermen gelangt.

20 (34,5 %) der heute in Kärnten vorkommenden Fisch- bzw. Neunaugenarten leben ausschließlich in Fließgewässern, 10 Arten (17,2 %) ausschließlich in stehenden Gewässern und 28 Arten (48,3 %) sowohl in fließenden als auch in stehenden Gewässern.

Von den heimischen Arten konnten erstmals seit Ende der 1980-er Jahre der Frauennerfling (*Rutilus pigus virgo*), der Zingel (*Zingel zingel*) und der Steingreßling (*Gobio uranoscopus*) für die unterste Lavant und die Drau an der Staatsgrenze (HONSIG-ERLENBURG & SCHULZ 1990 und HONSIG-ERLENBURG & FRIEDL 1995) sowie der Weißflossen-Gründling (*Gobio albipinnatus*) für den Drau-Stauraum Lavamünd (HONSIG-ERLENBURG et al. 1997) nachgewiesen werden. Im Jahre 1997 gelang außerdem ein Erstnachweis für den Kessler-Gründling (*Gobio kessleri*) in der Rosegger Drauschleife (KERSCHBAUMER & PROCHINIG 1999).

Somit können die in Österreich vorkommenden Gründlings-Arten (WANZENBÖCK et al. 1989) auch für Kärnten bestätigt werden. Weiters wurde erst im Jahre 2001 der lange Zeit verschollene Semling (*Barbus peloponnesius*) in der unteren Lavant wiederentdeckt (HONSIG-ERLENBURG 2001a).

Hinsichtlich der wissenschaftlichen Bezeichnung der Fischarten ergeben sich wie bei anderen Tier- und Pflanzenarten aufgrund neuerer Erkenntnisse immer wieder Veränderungen, wenn auch nicht in dem Ausmaß, wie bei anderen Tiergruppen. Vor allem durch die Möglichkeit der genetischen Differenzierung, die erst in letzter Zeit verstärkt in die Systematik Eingang gefunden hat, kommt es zu Verschiebungen von Art- und Gattungsnamen. Im Folgenden wird auf ein neueres zusammenfassendes Werk hinsichtlich der systematischen Stellung der einzelnen Fischarten aus dem Jahre 1997 zurückgegriffen (KOTTELAT 1997). Grundsätzlich besteht jeder wissenschaftliche Name aus einer Gattungs- und Artbezeichnung (binäres System). Nach KOTELLAT (1997) sind dreiteilige Bezeichnungen wie z. B. wie bisher für den Bitterling (*Rhodeus sericeus amarus*) nicht mehr zulässig. Da es sich jedoch dabei meist um Unterarten handelt, deren artliche Trennung bislang noch nicht erfolgte, wird in diesem Falle die bisherige Bezeichnung beibehalten, wie sie auch bei SCHMUTZ et al. (2000) zu finden ist.

Wenn wir im Folgenden von den bei uns heimischen Fischarten sprechen, so müssen wir bedenken, dass der Fischbestand ein Ergebnis von vielfältigen fischereiwirtschaftlichen Maßnahmen wie Besatz, Fang, Einbürgerung fremdländischer Arten und von Umweltveränderungen ist. Wenn auch gewisse Arten heute nach wie vor bei uns leben, erhebt sich oft die Frage, ob es überhaupt noch natürliche, autochthone (dem jeweiligen Gewässer spezifisch angepasste) Populationen gibt. Dies gilt v. a. für die Wirtschaftsfische, die besonders seit Ende des Zweiten Weltkrieges immer wieder nachbesetzt werden. Durch genetische Untersuchungen in jüngerer Zeit wird versucht, möglichst autochthone Populationen der einzelnen Arten herauszufiltern. Dabei sei auf das sogenannte „Äschenprojekt“ verwiesen oder auch auf jüngste genetische Untersuchungen einer Bachforellenpopulation in einem Seitengewässer des mittleren Gurktales (siehe die Kapitel „Äsche“ bzw. „Bachforelle“).

Erläuterungen zum Text und zur Darstellung der einzelnen Arten

Im Folgenden werden die einzelnen Fischarten in der Reihenfolge ihrer systematischen Stellung beschrieben. Den Anfang bilden die kieferlosen Neunaugen, gefolgt von den störartigen Fischen und dem Aal. Nach den Salmoniden und dem Hecht folgt die große Gruppe der Cypriniden, anschließend der Wels und die Dorschartigen. Den Abschluss der Fischarten bilden die Schmerlen, die Barschartigen, die Sonnenfische, die Cichliden und die Koppe. In den nächsten Kapiteln werden die Flusskrebs- und Großmuschelarten vorgestellt.

Jede Art wird mit ihrer deutschen Bezeichnung, ihren deutschen Synonymen sowie dem wissenschaftlichen Namen mit dem Erstbeschreiber der Art und der Familienzugehörigkeit vorgestellt. Weiters folgt eine Kurzbeschreibung über den Gefährdungsstatus, die Schonzeiten u. a. wichtige Daten wie bereits in der Einleitung erläutert.

In den einzelnen Texten zu den Arten werden stichwortartig die wichtigsten Erkennungsmerkmale sowie die Lebensweise der einzelnen Fische, Krebse und Muscheln dargestellt. Eine genauere Beschreibung der Kennzeichen, der Nahrungsaufnahme, der Fortpflanzung und des Wachstums der einzelnen Fischarten findet sich in der im Literaturverzeichnis angeführten Bestimmungsliteratur.

Weiters erfolgt die Beschreibung der allgemeinen Verbreitung der Art sowie des Vorkommens in Kärnten. Dazu wurden mittels GIS-unterstützter Datenverarbeitung Verbreitungskarten erstellt. Jeder Punkt stellt ein eindeutig nachgewiesenes Vorkommen der betroffenen Fisch-, Krebs- oder Muschelart dar, wobei insbesondere Fischbestandesaufnahmen mittels Elektrofischerei in Kärnten Berücksichtigung fanden. In stehenden Gewässern wurden vor allem Ergebnisse von Netz- und Reusenbefischungen, aber auch Angaben von Angelfischern und Berufsfischern herangezogen.

Sämtliche Daten zu den Fischen und Neunaugen entstammen der Fischdatenbank der Abteilung 15, Uabt. Ökologie und Umweltdaten des Amtes der Kärntner Landesregierung bzw. des Kärntner Institutes für Seenforschung, wobei ältere Daten auf ihre Richtigkeit überprüft wurden. Sicherlich wird es für die eine oder andere häufigere Art noch zusätzliche Vorkommen geben wie die der Bachforelle oder der häufigen Cypriniden-Arten, jedoch berücksichtigte man in den Verbreitungskarten nur verifizierte Daten. Den Abschluss der Beschreibung bilden kurze Darstellungen über die Gefährdung und den Schutz der einzelnen Fischart, sowie über fischereiwirtschaftliche Aspekte.

Nicht alle in Kärnten nachgewiesenen Fischarten werden beschrieben, sondern ausschließlich diejenigen Arten, die sich natürlich reproduzieren und Populationen ausbilden. Dazu kommen noch einige wenige Arten, bei denen zwar bezüglich einer natürlichen Vermehrung keine Nachweise vorliegen, die jedoch aufgrund massiver Besatzmaßnahmen in einigen Gewässern heute noch vorkommen, wie Aal, Amerikanischer Seesaibling, Amurkarpfen, Tolstolob oder Pseudokeilfleckenbarbe.

Fischarten, die in Kärnten wohl irgendwo einmal besetzt wurden, die aber entweder heute nicht mehr oder nur sehr vereinzelt in heimischen Gewässern vorzufinden sind, werden nicht beschrieben, so z. B.: Silberlachs, Löffelstör, Zwergwels oder Schwarzbarsch.

Gliederung des Fischkörpers

Die folgende Kurzbeschreibung über Anatomie und Morphologie der Fische hat keinerlei Anspruch auf Vollständigkeit. Es werden nur jene Punkte hervorgehoben, die unter anderem auch für die Verwendung des Bestimmungsschlüssels von Bedeutung sind.

- **Kopf:** Schnauzenspitze bis Hinterende des Kiemendeckels
- **Rumpf:** Hinterende des Kiemendeckels bis Vorderende der Afterflosse
- **Schwanz:** Vorderende der Afterflosse bis Spitze der Schwanzflosse
- **Schwanzstiel:** Ende der Basis der Rückenflosse bis Hinterende des beschuppten Fischkörpers (Ansatzpunkt der mittleren Schwanzflossenstrahlen)
- **Schnauze:** Maulspitze bis Vorderrand des Auges
- **Totallänge:** Schnauzenspitze bis Spitze der Schwanzflosse (bei zweilappiger Schwanzflosse sind beide Lappen zusammenzudrücken)
- **Standardlänge:** Schnauzenspitze bis Hinterende des Schwanzstiels

Abb. 21: Gliederung des Fischkörpers und Flossenschema am Beispiel des Flussbarsches (*Perca fluviatilis*).

Körperformen der Fische

Die typische **Körperform** der Fische ist **spindel-** bzw. **torpedoförmig**. Eine solche Gestalt leistet bei der Fortbewegung im Wasser den geringsten Widerstand. Diese typische Form ist vor allem in der Familie der Lachsartigen zu finden. Der Hecht als Stoßjäger hat hingegen mit seinem langestreckten Körper, mit der extrem nach hinten verschobenen Rückenflosse einen **pfeilförmigen** Körperbau. Aale und Neunaugen weisen einen **schlangenförmigen** Körperbau mit drehrundem Querschnitt auf. Fischarten, die sich vorzugsweise auf dem Boden aufhalten, wie z. B. die Koppe oder der Streber, besitzen einen **bauchseitig abgeflachten** Körper. Diese Arten verfügen über keine Schwimmblase. **Hochrückige** Körperformen ergeben sich durch seitliche Abplattung des Körpers bei gleichzeitiger Verlängerung der senkrechten und Verkürzung der waagrechten Körperachse. Es handelt sich dabei um Fischarten, die sich vorwiegend in langsam fließenden oder stehenden Gewässern aufhalten wie z. B. Brachse, Güster oder Karausche.

Flossen dienen den Fischen zum Steuern, Antreiben und Bremsen der Vorwärtsbewegung. Man unterscheidet grundsätzlich zwischen paarigen und unpaaren Flossen. Zu den paarigen Flossen gehören die Bauchflossen (Ventralis) und Brustflossen (Pectoralis). Rückenflosse (Dorsalis), Schwanzflosse (Caudalis) und Afterflosse (Analis) stellen unpaare Flossen dar. Bei einigen Gruppen (z. B. Barschartige) ist die Rückenflosse zweiteilig oder zweilappig. Diese Flossen haben zumeist eine häutige Struktur und werden von Flossenstrahlen gestützt.

Bei den Familien der Forellen, Äschen, Renken und Katzenwelse gibt es zwischen der Rückenflosse und der Schwanzflosse noch eine strahlenlose, fleischige Fettflosse.

Die Lage der Bauchflossen kann je nach Fischart bauchständig (nach hinten verschoben), brustständig (weit vorne) oder kehlständig (bei den Kiemendeckeln) sein. Manche Arten (z. B. der Aal) besitzen keine Bauchflosse.

Bei den Grundeln (Gobiidae) sind die beiden Bauchflossen zu einem Saugtrichter verwachsen. Damit können sich diese Fische am Boden festsaugen und der starken Strömung widerstehen.

Abb. 22: Unterschiedliche Lage der Bauchflossen bei Bachforelle, Zander und Aalrutte.

Bei den Flossenstrahlen kann man zwischen Stachel- oder Hartstrahlen und Gabel- oder Weichstrahlen unterscheiden. **Hart- oder Stachelstrahlen** sind spitze, ungegliederte Strahlen, wie sie z. B. in der 1. Rückenflosse der Barsche zu finden sind. **Weich- oder Gabelstrahlen** sind weich und am Ende gefiedert. Für jede Fischart kann aufgrund der unterschiedlichen Zahl und Ausbildung der Flossenstrahlen eine spezielle Flossenformel angegeben werden.

Die **Haut** der Fische ist aus zwei Schichten aufgebaut. Die äußere Schicht wird als Oberhaut oder Epidermis und die innere Schicht als Lederhaut oder Cutis bezeichnet. Die Schuppen liegen eingebettet in der Lederhaut und wölben die Oberhaut dachziegelartig auf.

Man unterscheidet bei den heimischen Süßwasserfischen grundsätzlich zwei Arten von Schuppen, nämlich **Kammschuppen** (Ctenoidschuppen) und **Rundschuppen** (Cycloidschuppen).
Die meisten Fischarten wie Forellen und Weißfische haben Rundschuppen, deren hinterer, aus der der Lederhaut herausragende Teil, abgerundet ist.

Die Barschartigen besitzen Kammschuppen, deren hinterer Teil mit kleinen Zähnchen besetzt ist.

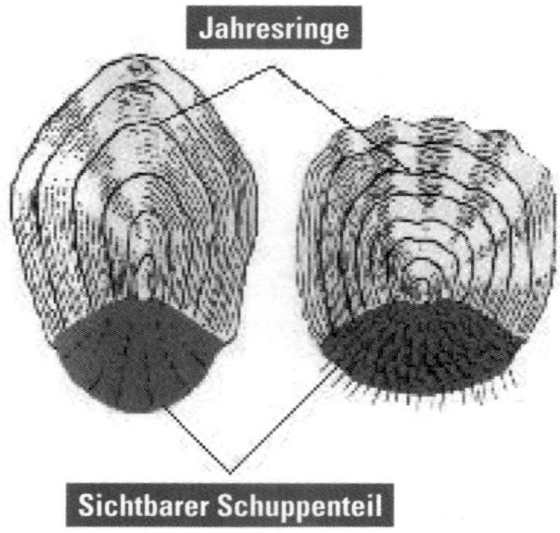

Abb. 23: Rund- und Kammschuppen mit Jahresringen.

Die Schuppen wachsen analog mit der Körperlänge des Fisches. Es bilden sich wachstumsbedingte Ringstrukturen (Circuli), die sich während der Wintermonate zu Jahresringen (Annuli) verdichten. Die Zahl der Jahresringe gibt die Anzahl der durchlebten Winter wieder. Jener Bereich der außerhalb des äußeren Jahresringes liegt, entspricht dem Zuwachs seit Ende des letzten Winters. Es können allerdings nicht alle Schuppen zur Altersbestimmung herangezogen werden, da die Fische für verlorengegangene Schuppen bis zu 70 % Ersatzschuppen ausbilden können. Diese wachsen schneller und legen daher keine isometrischen Wachstumsstreifen an. Auch an anderen Hartteilen des Fisches (z. B. Wirbelknochen oder sogenannte Otolithen, das sind Gehörsknöchelchen) können diese Jahresringe abgelesen werden.
Das Alter der Fische wird jedoch nicht in Jahren angegeben, sondern in „Sommer", da in unseren Breiten die Fische fast ausschließlich in der warmen Jahreszeit wachsen. Daher spricht man von 1-sömmerigen, 2-sömmeringen etc. Fischen.

Die Kieferstellung und damit die **Maulform** ist eine Anpassung der Fische an die Art des Nahrungserwerbes. Man kann zwischen **endständigen** (Ober- und Unterkiefer gleich lang), **oberständigen** (Unterkiefer ragt vor) und **unterständigen** (Unterkiefer ist kürzer als Oberkiefer) Maulformen unterscheiden.

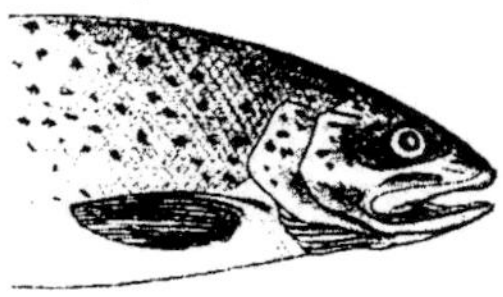

Fische mit endständigem Maul zeigen keine konkrete Anpassung bei der Nahrungssuche. Zu ihnen gehören viele Raubfische (z. B. Forellen), sowie Kleintierfresser wie z. B. Renken.

Ein oberständiges Maul besitzen Fische, die sich in den obersten Wasserschichten aufhalten. Ihre Nahrung besteht aus Tieren, die knapp über, auf oder nahe der Wasseroberfläche angetroffen werden. Als Beispiele wären Laube, Moderlieschen, aber auch der Hecht zu nennen.

Ein unterständiges Maul kennzeichnet Fische, die ihre Nahrung vorwiegend vom Boden aufnehmen, wie die Barbe, Nase oder Bachschmerle.

Daneben gibt es noch ausstülpbare Kiefer bei jenen Arten, die Nahrung vom Boden aufnehmen oder Pflanzen abweiden, wie z. B. Karpfen, Schleie oder Brachse.

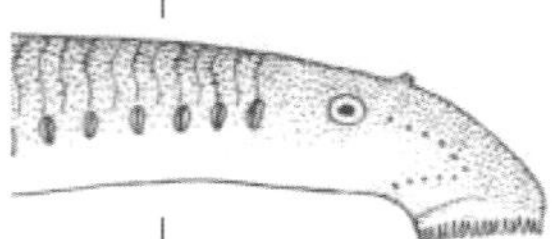

Eine Besonderheit stellt das Saugmaul der Neunaugen dar. Neunaugen besitzen keine Kiefer, sondern einen scheibenförmigen Mund mit Hornzähnen, mit dem sie sich an einem glatten Untergrund ansaugen können.

Einige Fischarten (z. B. der Wels) besitzen Bartfäden am Maul, die vor allem bei der Nahrungssuche als Tastorgane dienen. Diese Bartfäden können sich sowohl am Ober- als auch am Unterkiefer und in den Mundwinkeln befinden. Die Anzahl, Länge und Lage der Bartfäden sind artspezifisch.

Alle **Zähne** der Fische sind einspitzig und entweder gerade oder etwas gebogen. Die kleineren Zähne ragen kaum aus der Schleimhaut heraus, von den größeren sind auch nur die Spitzen zu sehen. Diese größeren, Fang- oder Hundszähne genannt, findet man nur bei typischen Raubfischen, wie z. B. Hecht und Zander. Die kleineren Zähne werden als Hechelzähne, Bürstenzähne oder Samtzähne bezeichnet. Alle heimischen Fische, mit Ausnahme der Weißfische, Störe und Schmerlen besitzen solche Zähne.
Weißfische und Schmerlen besitzen keine zahnbewehrten Kiefer, sondern sogenannte Schlundzähne zum Zermahlen der Nahrung. Diese sitzen in ein bis drei Reihen auf dem 5. Kiemenbogen, dem sogenannten Schlundbogen, der keine Kiemen trägt. Aufgrund der Anordnung und der Zahl dieser Zähne ist eine Unterscheidung der einzelnen Arten möglich. So hat jede Fischart eine charakteristische Zahnformel, anhand derer eine Art genau bestimmbar ist. Die Zerkleinerung der Nahrung erfolgt mittels Schlundzähnen und gegenüberliegender Reibplatte.
Lachsartige können ähnlich wie Weißfische an der Bezahnung des sogenannten Pflugscharbeines (Vomer) unterschieden werden. Der vordere Teil (Platte) kann drei- oder fünfeckig, der hintere Teil (Stiel) kann gekielt oder ungekielt sein.

Bestimmungsschlüssel für Fische und Neunaugen

Im folgenden wird als grobe Übersicht ein Bestimmungsschlüssel für die Hauptgruppen der heimischen Süßwasserfische und Neunaugen vorgestellt, der größtenteils Muus & Dahlström (1993) entnommen wurde.

1. Körper aalförmig, paarige Flossen fehlen, Mund als Saugscheibe ausgebildet

   .... **Neunaugen**

   Ohne diese Kennzeichen

   2

2. Haiähnlicher Körper mit 5 Längsreihen von Knochenschildern, Schwanzflossen mit verlängertem Oberlappen

   .... **Störe**

   Andere Kennzeichen

   .... **Echte Knochenfische**, s. u.

Echte Knochenfische

1. Körper schlangenförmig, Rücken-, Schwanz- und Afterflossen bilden einen zusammenhängenden Flossensaum, Bauchflossen fehlen

   .... **Aal**

   Andere Kennzeichen

   2

2. Kleine Fische mit 3–10 isolierten, beweglichen Stacheln vor der Rückenflosse

   .... **Stichlinge**

   Andere Kennzeichen

   3

3. Ohne Schuppen (oder die Schuppen sind so klein und zart, dass sie nur mit der Lupe gesehen werden können)

   4

   Mit deutlich sichtbaren Schuppen (Lederkarpfen fast unbeschuppt)

   6

4. Mit Bartfäden

   5

   Ohne Bartfäden, kleine Fische. Mit zwei Rückenflossen, die 1. stachelstrahlig. Breiter, flacher Kopf. Vorkiemendeckel mit Dornen

   .... **Koppe**

5. Kleine Fische mit langgestrecktem Körper, kurzer Rückenflosse und unterständigem Maul. Kurze Bartfäden

   .... **Schmerlen**

Mit breitem, flachen Kopf und langen Bartfäden am Mund

.... **Wels**

Mit breitem, flachen Kopf und nur 1 Bartfaden am Unterkiefer. 1. Rückenflosse kurz, 2. Rückenflosse und Afterflosse lang

.... **Aalrutte**

6. Mit einer kurzen, gliederstrahligen Rückenflosse und einer kleinen, strahlenlosen Fettflosse

.... **Lachsfische**

Mit geteilter oder ungeteilter Rückenflosse, der vordere Abschnitt stets stachelstrahlig, der hintere gliederstrahlig

.... 8

Mit einer gliederstrahligen Rückenflosse

.... 7

7. Rückenflosse weit nach hinten verschoben. Schnauze stark abgeflacht, schnabelförmig

.... **Hecht**

Ohne diese Kennzeichen, Hinterrand der Schwanzflosse mehr oder wenig tief eingekerbt

.... **Karpfenfische**

8. Rückenflossen durch einen tiefen Einschnitt oder einen kleinen Zwischenraum voneinander getrennt

.... 9

Rückenflossen ungeteilt

.... 10

9. Hochrückig, mit stumpfem Kopf. Körper mit 6–9 dunklen Querbinden, Hinterrand der 1. Rückenflosse mit dunklem Fleck

.... **Flussbarsch**

Gestreckt, mit spitzem Kopf. Die Mundspalte reicht bis unter den Augenvorderrand. 1. Rückenflosse längsgestreift. 8–10 deutliche (Jungfische) oder verwaschene, dunkle Querbinden

.... **Zander**

Hochrückiger Körper. Sehr weite Mundspalte. 1. Rückenflosse niedriger als 2. Jungfische mit dunklem Längsband

.... **Forellenbarsch**

Körper spindelförmig, mit spitzem Kopf. Kleiner, unterständiger Mund. Langer Schwanzstiel. 4–5 dunkle Querbinden

.... **Streber**

10. Hochrückig, mit stumpfem Kopf. Körperoberseite, Rücken- und Schwanzflosse mit dunklen Flecken

.... **Kaulbarsch**

Sehr hochrückig, seitlich stark abgeflacht. Hauptlappen der Kiemendeckel schwarz mit rotem Hinterrand

.... **Sonnenbarsch**

Tab. 2: Bestimmungsschlüssel für Fische und Neunaugen.

Neunaugen

Neunaugen existieren bereits seit 300 Millionen Jahren. Sie haben keinen Ober- und Unterkiefer, sie werden als „kieferlose Fische“ bezeichnet. Es fehlen paarige Flossen und die Schwimmblase. Die schleimige Haut ist schuppenlos. Die sieben paarigen Kiemenöffnungen, das Augenpaar und die unpaare Riechgrube führten zum Namen „Neunauge“.
Prinzipiell kann man zwischen einem mehrjährigen Larvenstadium und dem ausgewachsenen Neunauge unterscheiden. Im Larvenstadium ist das Maul trichterförmig ausgebildet und besitzt 2 Lappen. Die sogenannten Querder sind blind, wobei das Auge bei älteren Larven bereits unter der Haut erkennbar ist. Der Kopf ist durch die starke Durchblutung gerötet und vermittelt einen „entzündeten Eindruck“ (Abb. 24). Bei der Umwandlung zu adulten, geschlechtsreifen Exemplaren werden eine runde Mundscheibe mit Hornzähnen und die Augen ausgebildet. Das Männchen ist durch einen penisartigen Anhang an der Geschlechtsöffnung von den Weibchen, deren Flossensaum im Bereich der Afteröffnung angeschwollen ist, zu unterscheiden.
Die einzelnen Neunaugenarten kann man aufgrund der Anordnung der Hornzähne unterscheiden. Am leichtesten kann man diese mit einer Lupe untersuchen, wenn man ein Neunauge in ein Glasbecken gibt und wartet, bis es sich an der Glaswand festgesaugt hat (Abb. 26). Dazu benötigt man aber ausgewachsene Exemplare. Anhand der Querder war bis vor kurzem noch keine eindeutige Artbestimmung möglich. Mittels der fortgeschrittenen Technik der Genanalyse ist auch dies kein Problem mehr.
Die größte Neunaugenart, das Meerneunauge (*Petromyzon marinus*), mit einer Länge bis zu 1,2 m und einem Gewicht von über 2 kg lebt parasitisch und saugt sich – ähnlich wie ein Blutegel – an Fischen fest und ernährt sich von deren Blut. Diese Art kommt in den Meeren, wie z. B. in der Adria vor und steigt zum Laichen in die Flüsse auf. Danach wandert sie wieder in das Meer zurück. Ähnlich verhält es sich mit dem in Nordeuropa vorkommenden Flussneunauge (*Lampetra fluviatilis*).
Insgesamt kommen in Europa 10 verschiedene Neunaugenarten vor (Holčík 1986). In Kärntner Fließgewässern wurde bisher eine Art, das Ukrainische Bachneunauge (*Eudontomyzon mariae*) nachgewiesen. Das Vorkommen einer weiteren Art ist nach erfolgten Untersuchungen und anhand des Verbreitungsgebietes (Holčík 1986) mit sehr großer Wahrscheinlichkeit auszuschließen.

Abb. 24: Die Neunaugenlarven (Querder) sind blind und leben während ihrer mehrjährigen Entwicklung verborgen im Sand.
(Foto: W. Köstenberger)

Ukrainisches Bachneunauge

Eudontomyzon mariae (Berg, 1931) Familie: Petromyzontidae

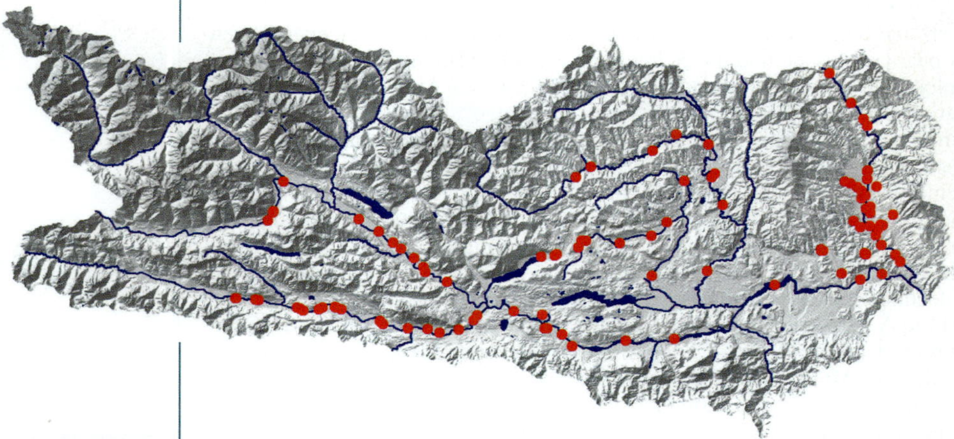

MERKMALE:

Körper aalförmig mit rundem Durchmesser; Rückenflosse nicht geteilt; im Vergleich zu anderen Neunaugenarten geringere Anzahl von Hornzähnen (Abb. 26), Hornzähne stumpf; mittlere Länge: 15–20 cm.

Rote Liste Kärnten	–	v	r	3	2	1	0	EU-Schutz				
Rote Liste Österreich	–	v	r	3	2	1	0	Anhang II				
Laichzeit	J	F	M	A	M	J	J	A	S	O	N	D
Schonzeit/Fangverbot	J	F	M	A	M	J	J	A	S	O	N	D
Fischregionen	OFR	UFR	ÄSR	BAR	BRR	SGW						
Gewässertypen	Bach, Fluss											
Mindestfangmaß	keines, ganzjährig geschont											

LEBENSWEISE:

Ukrainische Bachneunaugen verbringen den größten Teil ihres Lebens als Larven (als „Querder“ bezeichnet). Die Querder sind blind und zahnlos und ernähren sich praktisch während der gesamten Larvenzeit von Kieselalgen und kleinsten Lebewesen, die sie aus dem umliegenden Wasser herausfiltern. Die Querder leben mehrere Jahre im Schlamm verborgen. Die fertig entwickelten Tiere haben Augen, eine Nahrungsaufnahme erfolgt ab dem Zeitpunkt nicht mehr. Die Fortpflanzung erfolgt zwischen April und Mai an seichten kiesigen Stellen bei Temperaturen zwischen 11 und 16°C. Es werden keine weiten Laichwanderungen unternommen. Obwohl die Neunaugen nachtaktiv sind, erfolgt die Fortpflanzung auch bei Tage. Die Männchen suchen eine geeignete Stelle auf und beginnen mit dem Ausheben einer Laichgrube durch Schlagbewegungen mit dem Schwanz. Es kommt auch vor, dass Steine mit dem Saugmaul wegbefördert werden, wobei es nicht selten vorkommt, dass mehrere Männchen einen Stein wegschaffen. Am Laichvorgang nehmen 2 bis 10 Individuen teil. Das Weibchen kann von mehreren Männchen umschlungen werden, wobei sich die Männchen am Kopfende des Weibchens festsaugen. Die Eier werden während des Umschlingens vom Weibchen abgegeben. Während der Abgabe erfolgt die Besamung. Das Weibchen stößt ca. 20 Stück Eier aus, danach wird eine kurze Pause eingelegt und die Paarung beginnt erneut. Nach erfolgter Eiablage wird die Laichgrube wieder mit Sediment zugedeckt. Einige Tage später sterben beide Geschlechter. Nachdem die Larven geschlüpft sind, vergraben sie sich in schlammig-feinsandigem Substrat (Korngröße 0,1–0,5 mm). Die Querder besiedeln das Substrat bis in eine maximale Tiefe von 0,5 m. Das Larvenstadium kann bis zu 6 Jahre dauern. Bei der Umwandlung zum ausgewachsenen Tier wird relativ viel Energie verbraucht, ohne dass eine Nahrungsaufnahme möglich ist. Die ausgewachsenen Tiere sind daher kleiner als die ursprüngliche Larve. Für die in Kärn-

Abb. 25:
Ukrainisches Bachneunauge
(Foto: W. Köstenberger)

ten untersuchten Neunaugen wurde eine Eizahl zwischen 1185–2971 und ein Eidurchmesser von max. 1,2 mm festgestellt.

ALLGEMEINE VERBREITUNG UND VORKOMMEN IN KÄRNTEN:

Das Hauptverbreitungsgebiet liegt in den südosteuropäischen Zubringern zum Schwarzen Meer. Österreich und Süddeutschland stellen die westliche Verbreitungsgrenze dar (Holčik 1986).
Das Ukrainische Bachneunauge kommt heute in vielen Fließgewässern in Kärnten vor, größere Bestände gibt es insbesondere in der mittleren Gail, der unteren Lavant und deren Zubringer, der oberen Glan und in den Stauräumen der Drau. In den ausgedehnten, schlammigen Bereichen der Gail sind bis zu 30 Querder je m^2 im Schlamm vergraben (Friedl 1995 und 1996a).
Durch Verbesserung der Gewässergüte seit Anfang der 1990-er Jahre hat sich in den ehemals stark belasteten Gewässern wie z. B. Gurk, Glan und Lavant wieder ein guter Neunaugenbestand ausgebildet. Fand man in Zeiten, in welchen noch Abwässer der Holzplattenfabrik in St. Veit die Glan belasteten, Neunaugen nur im Oberlauf, kommen sie heute auch schon flussab bis Klagenfurt vor.
In der revitalisierten Strecke der Lavant bei Mettersdorf ist eine stete Zunahme seit Beendigung der Baumaßnahme zu beobachten, sodass heute in diesem Bereich ein ausgezeichneter Bestand dieser urtümlichen Wirbeltiere vorhanden ist.
In den Seeabflüssen, welche eigentlich geeignete schlammige Bereich aufweisen, wie z. B. Sattnitz, Pressegger Seeabfluss etc., kommen keine Neunaugen vor. Dies hängt mit der in den Sommermonaten hohen Wassertemperatur – Neunaugen sind temperaturempfindlich – zusammen.

Neben der in Kärnten verbreiteten Art kommt in Österreich noch eine zweite Art, das Bachneunauge (*Lampetra planeri*) vor. Die Verbreitung von *Lampetra planeri* ist bisher nur für den Oberlauf der Donau in Deutschland und die in die Nord- und Ostsee entwässernden Gewässern eindeutig belegt.

Von HARTMANN (1898) wird für Kärnten die Verbreitung des Bachneunauges (*Lampetra planeri*) für verschiedene Kärntner Fließgewässer (z. B. Glan und Klagenfurter Feuerbach) angegeben. Zum damaligen Zeitpunkt war ihm eine genaue systematische Zuordnung noch nicht möglich. Es dürfte sich um eine Fehlbestimmung bzw. Verwechslung handeln, da für ein Vorkommen von *Lamperta planeri* in Kärnten bisher kein weiterer Nachweis vorliegt.

GEFÄHRDUNG UND SCHUTZ:

Aufgrund der verschiedenen Lebensraumansprüche im Laufe der Entwicklung – einerseits während des Laichvorganges und der Eientwicklung, ande-

Abb. 26: Neunaugen besitzen ein Saugmaul, mit dem sie sich an einem glatten Untergrund festsaugen können. (Foto: C. Komposch)

rerseits während der Larvalentwicklung bis zur Metamorphose – stellt vor allem das Fehlen von geeigneten Substraten wie Kiesen und schlammig-feinsandigen Fraktionen einen minimierenden Faktor dar. Durch die Begradigungen der Flüsse und Bäche und der damit verbundenen Erhöhung der Fließgeschwindigkeit kommt es zur Verringerung von schlammig-feinsandigen Bereichen und dadurch auch von Neunaugenbeständen.

Neben flussbaulichen Maßnahmen spielt auch die Gewässergüte eine Rolle bei der Verbreitung der Neunaugen. So ist das Vorkommen zumeist auf Gewässer mit einer Güteklasse von I und II beschränkt (FRIEDL 1995). Ist die organische Belastung zu hoch, finden im Schlamm Reduktionsvorgänge statt. Die Querder können dieses Habitat durch den akuten Sauerstoffmangel nicht mehr besiedeln.

Unüberwindbare Hindernisse wie z. B. Sohlschwellen, Wehranlagen etc. stellen ebenfalls eine Gefährdung des Bestandes dar. Wird ein Bestand infolge der Einleitung toxischer Substanzen im Oberlauf eines Gewässers vernichtet, so ist die Wiederbesiedelung, wenn ein Aufstiegshindernis in diesem Abschnitt vorhanden ist, nur sehr schwer möglich. Da das Ukrainische Bachneunauge für die fischereiliche Nutzung nicht von Bedeutung ist, fällt ein Verschwinden dieser Art zumeist nicht auf und es werden in diese Richtung keine Wiederbesatzmaßnahmen durchgeführt.

Erste Versuche zum Wiederaufbau eines Bestandes durch Besatzmaßnahmen wurden im Rahmen des Life-Projektes „Auenverbund Obere Drau" im Jahre 2001/2002 an der oberen Drau durchgeführt (UIBLEIN et al. 2002b). Erst in den nächsten Jahren wird sich zeigen, ob der Besatz den gewünschten Erfolg gebracht hat.

FISCHEREI:

Sowohl die Querder als auch die erwachsenen Tiere wurden früher als Angelköder, insbesondere für den Huchenfang verwendet. Der bei den Fischern bekannte und für den Fang des Huchens bewährte aus Kunststoff bestehende „Zopf" täuscht dem Huchen einen Laichvorgang von Neunaugen vor.

Neunaugen standen auf dem Speiseplan früherer Zeiten. Aus den Reisetagebüchern des Paolo Santonino aus dem Jahr 1485–1487 (EGGER 1947) wird beschrieben: „Dabei gab es viele verschiedene Fische und besonders Forellen und die anderen, die dort piscorn heißen; letztere habe ich anderswo nicht gesehen. Sie sind lang wie jüngere Aale, lassen Blut aus, wenn sie getötet werden, und gekocht sind sie unter der Haut von rötlicher Farbe. Zu essen sind sie angenehm und gesund."

Nach Aufzeichnungen aus dem Jahre 1669 wurden etwa vom Gut Hollenburg in Holzfässern marinierte Neunaugen bis Graz geliefert. Die größeren Vertreter der Gattung wie z. B. das Flussneunauge (*Lampetra fluviatilis*) werden heute noch in Nordeuropa wirtschaftlich genutzt. So beträgt der Ausfang vor allem in Schweden, Finnland und der ehemaligen UdSSR mehrere 100 t pro Jahr (HOLČIK 1986). Aus Meerneunaugen wird in Frankreich ein Eintopfgericht gekocht, das dort als besondere Delikatesse gilt. Der Fang erfolgt mittels Netzen und Reusen. In früheren Zeiten wurden aufsteigende Meerneunaugen mittels einer großen Holzzange gefangen.

Sterlet

Acipenser ruthenus (Linné, 1758) Familie: Acipenseridae

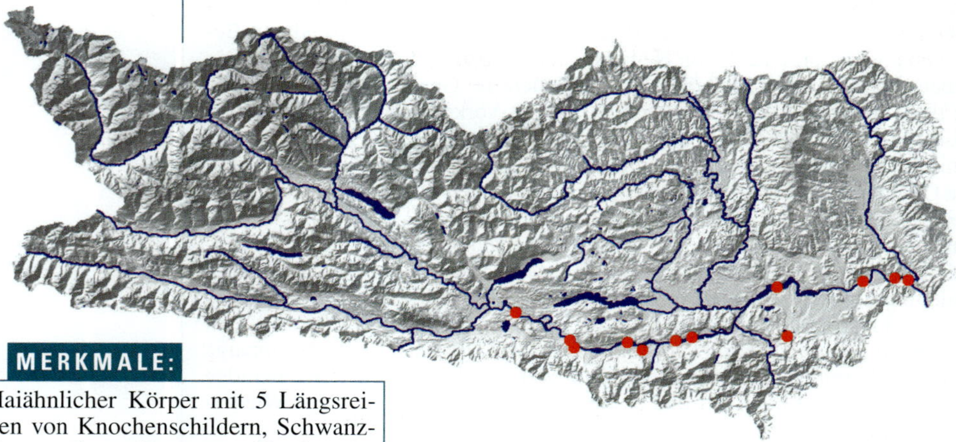

MERKMALE:

Haiähnlicher Körper mit 5 Längsreihen von Knochenschildern, Schwanzflosse mit verlängertem Oberlappen; Schnauze spitz, schmal, leicht nach oben gebogen, 4 Bartfäden mit Fransen; mittlere Länge: 35–45 cm. Nach HOCHLEITHNER (1996) können Sterlets bis zu 1,2 m lang und 16 kg schwer werden. Das maximale Alter beträgt 27 Jahre.

Rote Liste Kärnten	–	*v*	*r*	*3*	*2*	*1*	*0**	EU-Schutz				
Rote Liste Österreich	–	*v*	*r*	*3*	*2*	*1*	*0*	*Anhang V*				
Laichzeit	*J*	*F*	*M*	*A*	*M*	*J*	*J*	*A*	*S*	*O*	*N*	*D*
Schonzeit/Fangverbot	*J*	*F*	*M*	*A*	*M*	*J*	*J*	*A*	*S*	*O*	*N*	*D*
Fischregionen	*OFR*		*UFR*		*ÄSR*		*BAR*		*BRR*		*SGW*	
Gewässertypen	*Fluss, Flussstau*											
Mindestfangmaß	*40 cm*											

* wieder eingebürgert

LEBENSWEISE:

Der Sterlet frisst vorwiegend Insektenlarven, aber auch Würmer, Kleinkrebse und Schnecken. In der kalten Jahreszeit hält er Winterruhe an tiefen Stellen. Das Ablaichen erfolgt über Kiesgrund in der Strömung. Die Männchen erreichen mit 4–5 Jahren die Geschlechtsreife, die Weibchen jedoch erst mit 5–9 Jahren.

ALLGEMEINE VERBREITUNG UND VORKOMMEN IN KÄRNTEN:

Aufgrund der Angaben von HECKEL & KNER (1857) ist der Sterlet in der Drau vor etwa 150 Jahren noch vorgekommen. Wenn zwar MOJSISOVICS VON MOJSVAR (1897) als Verbreitungsgrenze Pettau (das heutige Ptuj in Slowenien) nannte, gibt GLOWACKI (1885) den Sterlet als die einzige Störart an, die zumindest vereinzelt auch über die steirische Grenze hinweg vorkam (HAIDVOGL & WAIDBACHER 1997). Ob nun Sterlets im Kärntner Anteil der Drau gelebt haben, gilt daher heute nicht als sicher.

Ab 1982 wurden Versuche unternommen, in die Draustauräume unterhalb von Villach wieder Sterlets einzubürgern. Der erste Import von Sterlets durch das Kärntner Institut für Seenforschung erfolgte im Rahmen des Projektes „Fischereiliche Untersuchungen an den Flussstauräumen der Drau" im Juli 1980 (SCHULZ et al. 1986). Die Fische stammten von Wildfängen aus der Donau in Ungarn und wurden über die Fischzucht in Szaszhalombatta bezogen. Im Juli 1982 wurden von diesen Sterlets sowohl in den Draustau Annabrücke als auch in den Stau Rosegg je 130 Individuen mit einer Länge von 45–55 cm eingesetzt. Weiters erfolgte im Juli 1983 ein Sterletbesatz im Bereich der Wernberger Bucht des Stauraumes Rosegg. In weiterer Folge wurden von den Fischereiberechtigten auch in den darunterliegenden Stauräumen der Drau (z. B. Stauraum Völkermarkt und Stauraum Lavamünd) Sterlets besetzt.

Ab 1982 wurden immer wieder Sterlets in der Drau gefangen (HONSIG-ERLENBURG & FRIEDL 1999a). Wie aus den Meldungen der Wiederfänge hervorgeht, kann angenommen werden, dass Sterlets die Turbinen der Laufstaukraftwerke (zumindest einzelne Exemplare) unversehrt passieren. Die Wie-

Abb. 27:
Der Sterlet zählt zur Familie der Störartigen, deren Eier als Kaviar bekannt sind.
(Foto: W. Köstenberger)

derfänge haben nämlich vor allem in jenen Stauräumen stattgefunden, welche unterhalb der Stauräume lagen, in denen Sterlets besetzt worden sind. Die größte Anzahl der Wiederfänge wurde aus dem Stauraum Völkermarkt-Edling gemeldet, wobei die Sterlets vor allem im Bereich der Stauwurzel beim Krafthaus Annabrücke gefangen worden sind.
Von Fischern wurden vereinzelt – vor allem im Stauraum Annabrücke – Jungsterlets beobachtet, die aufgrund ihrer geringen Größe nicht Besatzfische sein konnten. Im Sommer 1998 wurde im Zuge einer benthischen Untersuchung eine Kopfkapsel eines ca. 5 cm großen Sterlets im Stauraum Völkermarkt bei St. Lorenzen nachgewiesen, was als Hinweis auf eine natürliche Reproduktion gelten kann.

FISCHEREI:

Der Sterlet wird aufgrund seines wohlschmeckenden Fleisches von den Fischern sehr geschätzt. Meldungen über Sterletfänge in der slowenischen Drau in der Nähe der Staatsgrenze liegen seit Beginn der 1990-er Jahre vor. Im Jahre 1996 konnte ein 81 cm langer und 3 kg schwerer Sterlet in der slowenischen Drau nahe der österreichischen Grenze gefangen werden (Jas 1996). Im Mai 1998 erbeutete ein Fischer in der Drau bei Ptuj einen Sterlet mit einer Länge von 62 cm und einem Gewicht von 1,35 kg (Jeremko 1998).
Aber auch in der Kärntner Drau hat man in jüngster Zeit sehr große Sterlets gefangen, so etwa im August 1996 im Stauraum Annabrücke einen solchen mit einer Länge von 90 cm und im Oktober 1998 in der Drau unterhalb des Kraftwerkes Feistritz gar einen Sterlet mit 95 cm. Dieses Tier wurde während des Fischens auf Aalrutten mit einer Grundangel erbeutet. In Anlehnung an die Wachstumskurve von Schulz et. al. (1986) bzw. Bauch (1954) ist es durchaus möglich, dass dieser Sterlet von den Besatzmaßnahmen Anfang der 1980-er Jahre stammt, zum Zeitpunkt des Fanges also 16–18 Jahre alt war. Ebenfalls im Feistritzer Stauraum, bei Selkach, erreichte ein im Juli 2002 erbeuteter Sterlet ein Rekordmaß (107 cm Länge und 8 kg Gewicht) und im selben Jahr fing man im Ferlacher Badesee einen Sterlet mit einer Länge von ca. 80 cm.

Im Wörthersee wurden im Jahre 2000 vom Berufsfischer Max Motschiunig mittels Netz zwei störartige Fische gefangen. Dabei handelte es sich um sogenannte „Bester“, welche eine Kreuzung von Sterlet und Hausen (*Huso huso*) darstellen. In Fischzuchtanstalten, vor allem in Osteuropa, werden immer wieder verschiedene Störartige zur Speisefischproduktion gekreuzt (Zauner 1997). Offensichtlich hat jemand, obwohl gesetzlich nicht erlaubt, die „Bester“ in den Wörthersee eingesetzt.

Aal, Flussaal

Anguilla anguilla (Linné, 1758) Familie: Anguillidae

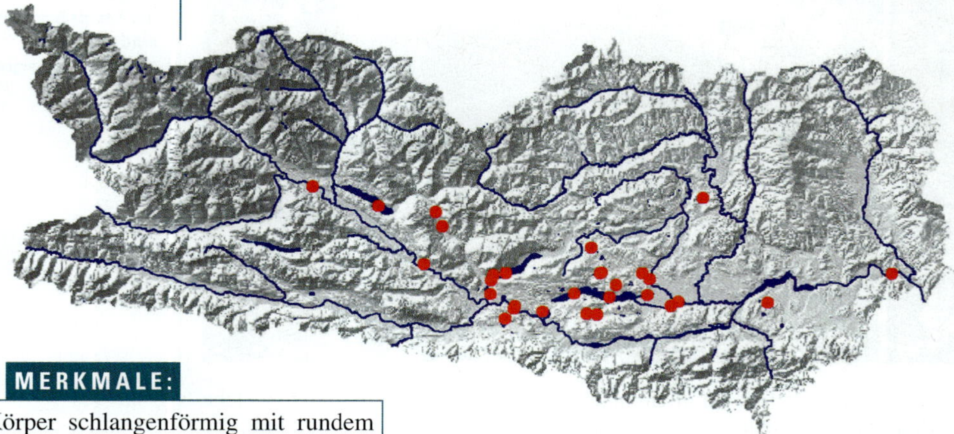

MERKMALE:

Körper schlangenförmig mit rundem Querschnitt; Rücken-, Schwanz- und Afterflosse bilden einen zusammenhängenden Flossensaum; Bauchflossen fehlen; dicke, schleimige Haut mit tief eingebetteten, sehr kleinen Schuppen; die Weibchen werden größer (40–150 cm) als die Männchen (30–50 cm).

Rote Liste Kärnten	–	v	r	3	2	1	0	EU-Schutz				
Rote Liste Österreich	–	v	r	3	2	1	0	–				
Laichzeit	J	F	M	A	M	J	J	A	S	O	N	D
Schonzeit/Fangverbot	J	F	M	A	M	J	J	A	S	O	N	D
Fischregionen	OFR		UFR		ÄSR		BAR		BRR		SGW	
Gewässertypen*	*Fluss, Flussstau, See*											
Mindestfangmaß	*Keine Fangbeschränkungen*											

*in Kärnten nicht heimisch

LEBENSWEISE:

Als dämmerungsaktiver Bodenfisch, dessen Biologie noch weitgehend unerforscht ist, wandert der Aal zur Fortpflanzung ins Meer, wo er in der Sargassosee im Atlantik bei Mittelamerika laicht. Vom Golfstrom erfasst, gelangen die Larven quer über den Atlantik an die Küsten Europas und Nordafrikas. Dort wandeln sie sich in die farblosen Glasaale um. Ein Teil von ihnen verbleibt in Küstennähe, während die anderen mit Beginn der Pigmentierung weiter flussaufwärts ins Süßwasser ziehen. Nach vier bis zehn Jahren im Süßwasser wandern die Aale vor allem nachts im Frühherbst ins Meer ab. Wie sie wieder in die Sargassosee gelangen, ist noch nicht geklärt. Die Nahrung besteht hauptsächlich aus Würmern, Kleinkrebsen, Insektenlarven, kleinen Weichtieren, kleinen Fischen und Fröschen. Vom Aal sind zwei ökologische Typen bekannt, der räuberische Breitkopfaal und der Spitzkopfaal. Tagsüber halten sich die Aale meist im Schlamm, zwischen Wurzelwerk oder unter anderen Schlupfwinkeln verborgen. Während der kalten Jahreszeit suchen die Aale tiefe Stellen auf und halten, im Schlamm vergraben, Winterruhe. Aale sind gegenüber Sauerstoffmangel eher unempfindlich, Schwefelwasserstoff vertragen sie jedoch kaum. Dies konnte anlässlich des Fischsterbens während des Winters 1983/84 im Längsee beobachtet werden, als im See höhere Schwefelwasserstoff-Konzentrationen auftraten und zahlreiche Aale zugrunde gingen. (HONSIG-ERLENBURG & SCHULZ 1989b). Aale können den Großteil des Sauerstoffs über die Haut aufnehmen. Dies ermöglicht ihnen in feuchten Nächten an Land zu gehen um in andere Gewässer zu gelangen.

ALLGEMEINE VERBREITUNG UND VORKOMMEN IN KÄRNTEN:

Der Aal fehlte ursprünglich im Donaugebiet, daher auch den Kärntner Gewässern, da er auf seiner Rückwanderung vom Atlantik durch das Mittelmeer die Flüsse, die in das Schwarze Meer münden, zu meiden scheint. In Österreich ist er ursprünglich nur in Vorarlberg und im nördlichsten Teil Niederösterreichs, welcher zum Elbe-Einzugsgebiet gehört, vorgekommen (HERZIG & HERZIG-STRASCHIL 2001). Wegen seiner großen wirtschaftlichen Bedeutung

Abb. 28:
Der Aal ist im Einzugsgebiet der Donau nicht heimisch, er gehört jedoch durch Besatz seit mehr als hundert Jahren zur Fischfauna Kärntens.
(Foto: W. Köstenberger)

hat man ihn jedoch auch bei uns eingebürgert, indem junge Aale aus Italien und von der Atlantikküste eingesetzt wurden. Zum ersten Mal hat Baron von Walterskirchen in den bei Krumpendorf gelegenen Walterskirchner Teich ab dem Jahre 1887 junge Aale eingesetzt (HARTMANN 1898). In den 1960-er Jahren unseres Jahrhunderts wurden Aale in Seen der Tallagen besetzt. Ein starker Aalbesatz fand z. B. im Längsee, Millstätter See (Abb. 29) und Afritzer See statt. Heute kommt der Aal in zahlreichen Kärntner Talseen vor, aber auch in den Draustauen sowie in Seeabflüssen und auch in der unteren Glan. Die Aale wandern bei uns wegen der nicht vorhandenen Lockströmung nicht ab und verbleiben in den Seen (in den meisten Seen nun bereits an die 40 Jahre). Jedoch werden die Aale zunehmend durch Krankheiten (v. a. bakterieller Natur) oder auch Altersschwäche dezimiert. So gingen etwa die Aalfänge im Millstätter See in den letzten Jahren deutlich zurück. Aale können jedoch bis über 80 Jahre alt werden.

FISCHEREI:

Der Aal ist vor allem in der Bundesrepublik Deutschland ein begehrter Speisefisch und wird dort mit besonderen Fangvorrichtungen während des Abwanderns gefangen. Bevorzugt wird der Aal geräuchert gegessen.
Besonders große Exemplare kommen im Millstätter See vor (bis zu 2 kg). Da die Männchen nicht sehr groß werden, werden sie vielfach mit Jungaalen verwechselt.
Da der Aal ein großer Räuber ist, der viele andere Fischarten negativ in ihrem Bestand beeinflussen kann wie Zander und Welse, deren Laich er von den „Nestern" frisst, ist der Besatz dieses nicht heimischen Fisches in Kärnten verboten.

Abb. 29:
Aale wurden in größerer Anzahl auch in den Millstätter See besetzt.
(Foto: J. Petutschnig)

Bachforelle

Salmo trutta f. *fario* (Linné, 1758) Familie: Salmonidae

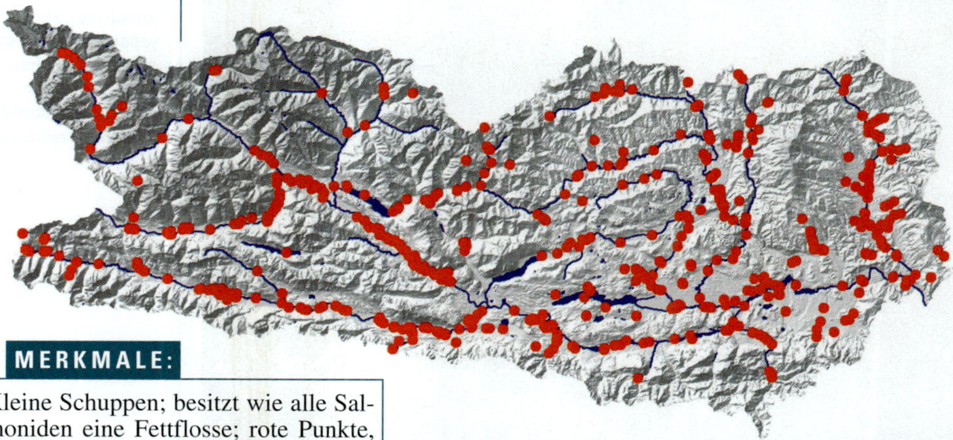

MERKMALE:

Kleine Schuppen; besitzt wie alle Salmoniden eine Fettflosse; rote Punkte, die mit einem weißen Hof umrandet sind.

<table>
<tr><td>Rote Liste Kärnten*</td><td>–</td><td>v</td><td>r</td><td>3</td><td>2</td><td>1</td><td>0</td><td colspan="5">EU-Schutz</td></tr>
<tr><td>Rote Liste Österreich</td><td>–</td><td>v</td><td>r</td><td>3</td><td>2</td><td>1</td><td>0</td><td colspan="5">–</td></tr>
<tr><td>Laichzeit</td><td>J</td><td>F</td><td>M</td><td>A</td><td>M</td><td>J</td><td>J</td><td>A</td><td>S</td><td>O</td><td>N</td><td>D</td></tr>
<tr><td>Schonz./Fangverb.**</td><td>J</td><td>F</td><td>M</td><td>A</td><td>M</td><td>J</td><td>J</td><td>A</td><td>S</td><td>O</td><td>N</td><td>D</td></tr>
<tr><td>Fischregionen</td><td colspan="2">OFR</td><td colspan="2">UFR</td><td colspan="2">ÄSR</td><td colspan="2">BAR</td><td colspan="2">BRR</td><td colspan="2">SGW</td></tr>
<tr><td>Gewässertypen</td><td colspan="12">Bach, Fluss, Teich, See</td></tr>
<tr><td>Mindestfangmaß</td><td colspan="12">22 cm</td></tr>
</table>

* autochthone Form

** Schonzeit: 16. 9. bis 15. 4., in der Drau: 16. 9. bis 31. 3.

LEBENSWEISE:

In nahrungsarmen Gebirgsbächen wird die Bachforelle oft nur 15–20 cm lang und wird dort auch als Steinforelle bezeichnet. Die Bachforelle ernährt sich v. a. von Insektenlarven und Anflugnahrung (im Herbst häufig Wespen); größere Fische leben räuberisch. Das Ablaichen erfolgt in der Strömung über kiesigem Untergrund (Kieslaicher). An einer flachen Stelle schlägt das Weibchen mit der Schwanzflosse eine ovale Laichgrube von ca. 20–50 cm Durchmesser, in die etwa 1.000 Eier abgelegt werden. Die orangefarbenen bis rötlichen Eier werden nach der Besamung durch das Männchen wieder mit Kies bedeckt. Die sehr sauerstoffbedürftigen Embryonen entwickeln sich je nach Wassertemperatur innerhalb von 8–12 Wochen und verbringen anschließend die ersten drei Wochen in den Zwischenräumen des Kieses, bis der Dottersack aufgebraucht ist.

ALLGEMEINE VERBREITUNG UND VORKOMMEN IN KÄRNTEN:

Die Bachforelle ist mit vielen regionalen Formen und Unterarten in ganz Europa und Vorderasien sowie an der afrikanischen Mittelmeerküste verbreitet. Um 1883 wurde sie in Nordamerika, anschließend auch in Südamerika, im südlichen Afrika, Australien und Neuseeland eingeführt (PEDROLI et al. 1991). In Kärnten kommt die Bachforelle in fast allen Gebirgs- und Bergbächen, sowie Wiesen- und Waldbächen vor, ist jedoch auch in fast allen anderen Gewässertypen zu finden (Abb. 31). Sie bevorzugt kühle, sauerstoffreiche Fließgewässer und ist der Leitfisch der Forellenregion. Diese Fischart ist wohl die am weitesten verbreitete Fischart in Kärnten. Diese Tatsache wird auch durch die sogenannte „Rhithralisierung" von Fließgewässern durch Begradigung und Ufersicherung im Bereich von ehemaligen Äschen- und Barbenregionen verstärkt. Der Besatz von Bachforellen ist gebietsweise hoch. Von Natur aus leben sie aber auch in Seen und anderen stehenden Gewässern. So wird ihr Vorkommen ursprünglich auch für den Millstätter, Weißen- und Farchtnersee beschrieben (HARTMANN 1898). Im Weißensee gab es früher eine besondere Variation, die „Goldforelle". Nach HARTMANN haben diese ein Gewicht von 6 kg und darüber erreicht. Möglicherweise handelte es sich jedoch

Abb. 30:
Die Bachforelle lebt bevorzugt in kalten, klaren Bächen; kein anderer Fisch wagt sich soweit bachaufwärts in die Quellregion vor.
(Foto: W. Köstenberger)

um junge Seeforellen. Außerdem sieht die aktuelle Systematik See- und Bachforellen als Standortvariationen derselben Art an, die je nach Gewässertyp unterschiedliche Populationen ausbilden kann, was jedoch nicht den Schluss zulässt, dass alle Forellen genetisch ident sind (KOTTELAT 1997).
Auch in Hochgebirgs- und Bergseen, wie dem Gippersee und Stappitzer See, sowie in Gebirgsspeicherseen, wie dem Koralm-Speicher leben Bachforellen.

GEFÄHRDUNG UND SCHUTZ:

Bachforellen benötigen insbesondere Unterstände wie unterschwemmte Ufer, unterhöhlte Wurzelstöcke, Lücken zwischen Steinen etc. Größere Fische leben in tiefen Gumpen. Jungfische hingegen bevorzugen flachere Bereiche, aber auch langsamer durchströmte Abschnitte mit Versteckmöglichkeiten. Aus diesem Grunde ist die Erhaltung strukturreicher Fließgewässer mit unterschiedlichen Kleinlebensräumen von besonderer Bedeutung.
Neben den Umweltbelastungen, Lebensraumzerstörungen und in einigen Gewässern der Überfischung, stellt vor allem der Besatz mit nicht autochthonen Fischen eine ernst zu nehmende Gefahr dar. Dies erbrachten u. a. die Ergebnisse des europäischen Forschungsprojektes „Troutconcert“. Besatz kann zur Reduktion oder Ausrottung lokaler und regionaler Formen führen. Derzeit laufen genetische Untersuchungen an einer isolierten, ursprünglichen Bachforellen-Population aus einem Bach im mittleren Gurktal.

Abb. 31:
Die Gewässer des Naturschutzgebietes Hörfeldmoor beherbergen eine typische Artengemeinschaft der Forellenregion mit Bachforelle, Koppe und Elritze.
(Foto: W. Petutschnig)

FISCHEREI:

Exemplare bis zu 5 kg Gewicht werden in Kärnten immer wieder gefangen. Es gibt aber auch noch größere Individuen, wie das Beispiel einer im April 2000 in der Möll bei Lainach gefangenen Bachforelle mit einer Länge von 93 cm und einem Gewicht von 9 kg zeigt. Dieser Fisch wies ein Alter von 15 Jahren auf und hatte offensichtlich die Spülung des Margeritzenspeichers („Möllspülung“) im Jahre 1995 überlebt, da im betroffenen Abschnitt Lauenbäche einmünden, in die sich Fische zurückziehen konnten. Die bisher größte bekannte Bachforelle in Kärnten stammt aus dem Vorflutgerinne der Drau bei Hollenburg. Der frisch gefangene Fisch wies ein Gewicht von 11 kg bei einer Länge von 94 cm auf.

Seeforelle

Salmo trutta f. *lacustris* (Linné, 1758) Familie: Salmonidae

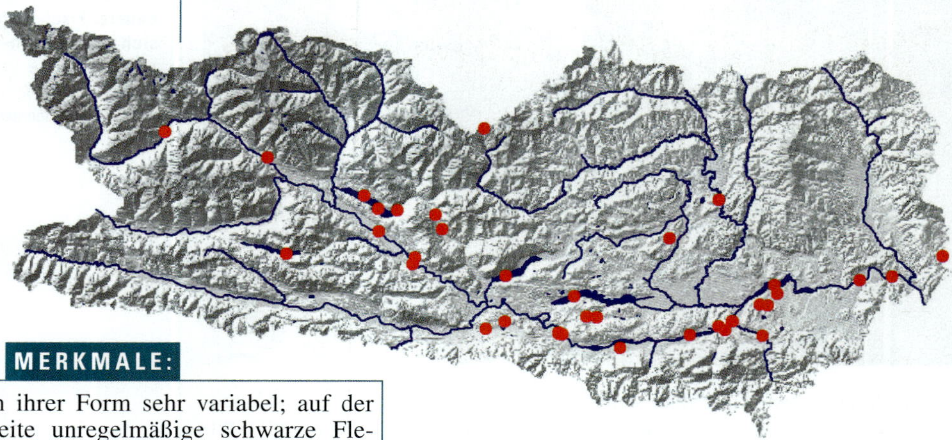

MERKMALE:

In ihrer Form sehr variabel; auf der Seite unregelmäßige schwarze Flecken; rote Tupfen, wie bei der Bachforelle fehlen. Eine taxonomische Trennung zwischen Seeforellen und Bachforellen ist nicht eindeutig möglich, obwohl einzelne Populationen genetisch voneinander unterscheidbar sind. Versuche haben gezeigt, dass unter bestimmten äußeren Bedingungen Bachforellenbrut zu Seeforellen heranwachsen kann und dass umgekehrt Seeforellenbrut in Bächen das Aussehen von Bachforellen bekommt (Nümann 1967). Die aktuelle Systematik sieht See- und Bachforelle als Standortvariationen derselben Art an, die je nach Gewässerverhältnissen unterschiedliche Populationen ausbilden können (Kottelat 1997).

Rote Liste Kärnten	–	v	r	3	2	1	0	EU-Schutz				
Rote Liste Österreich	–	v	r	3	2	1	0	–				
Laichzeit	J	F	M	A	M	J	J	A	S	O	N	D
Schonzeit/Fangverbot	J	F	M	A	M	J	J	A	S	O	N	D
Fischregionen	OFR		UFR		ÄSR		BAR		BRR		SGW	
Gewässertypen	Alpensee											
Mindestfangmaß	60 cm											

LEBENSWEISE:

Die Seeforelle bewohnt bei uns große, tiefe Seen. Sie ist ein Kieslaicher, der zur Laichzeit vor allem in die einmündenden Fließgewässer aufsteigt. Dort wachsen auch die Jungfische auf, bevor sie in den See wandern. Im Weißensee waren die Laichplätze der Seeforelle früher neben den Seezuflüssen und dem Seeabfluss die Austrittstellen der unterseeischen Quellen, welche als „Brünn" bezeichnet werden.

Jungfische sind Kleintierfresser, nehmen aber auch Anflugnahrung auf. Die erwachsenen Tiere ernähren sich von Fischen.

ALLGEMEINE VERBREITUNG UND VORKOMMEN IN KÄRNTEN:

Die Seeforelle ist in Mittel- und Nordeuropa, Skandinavien, Großbritannien und Island verbreitet und wurde auch in Nordamerika eingeführt.

Sie war früher der Hauptfisch im Weißensee (Abb. 33) und im Millstätter See. Weiters gab es in der Vorkriegszeit auch noch im Ossiacher See sporadisch Seeforellen. Im Wörthersee gibt es erst seit dem Jahre 1889 durch Einbürgerung in den Reifnitzbach Seeforellen (Hartmann 1898), allerdings hat dieser Fisch hier nur untergeordnete Bedeutung. Im Jahre 1987 wurden wieder Seeforellen in den Wörthersee eingesetzt (Kohla, mündl. Mitteilung). Heute werden dort im Zuge der Berufsfischerei wieder Exemplare bis zu 7 kg gefangen.

Außerdem kommen im Keutschacher See und Hafnersee vereinzelt Seeforellen vor (im Hafnersee mit Gewichten bis zu 4 kg). In den Keutschacher See sind sie (nach Hartmann 1898) im Jahre 1884 eingesetzt worden. Auch im Turracher See und im Laußnitzsee bei Rennweg (Friedl et al. 2000) leben vereinzelt Seeforellen. In den Klopeiner See wurde diese Fischart ab

Abb. 32:
Die Seeforelle lebt in den großen, tiefen Alpenseen.
(Foto: W. Köstenberger)

1985 eingesetzt, im Jahre 1988 wurde eine Seeforelle mit 3,5 kg gefangen. Durch Besatz leben Seeforellen auch in den Stauräumen der Drau (z. B. Stauraum Lavamünd) oder auch im Rottauer Stau an der Möll.

GEFÄHRDUNG UND SCHUTZ:

Seit Ende der 1970-er Jahre kam es im Weißensee zu einem drastischen Rückgang des Bestandes, die ursprüngliche Population war nahezu erloschen. Die Ursachen des Verschwindens der Population wurden im Rahmen eines Seeforellenprojektes untersucht (Honsig-Erlenburg et al. 1998b), wobei der Besatz mit nicht heimischen Fischarten und die dadurch verbundene Verschiebung des Fischartenspektrums als Hauptgründe angesehen werden können. Kamen ursprünglich nur 9 Fischarten im Weißensee vor, so sind es heute 24. Die nicht heimischen Arten kamen zum Großteil erst in der zweiten Hälfte des 20. Jahrhunderts in den See. Vor allem der Hechtbestand hat sich sehr stark entwickelt, sodass anzunehmen ist, dass ein großer Teil des möglichen Fischertrages sowie Seeforellen-Besatzfische von diesem dezimiert werden. Aber auch der Besatz mit nicht bodenständigen Seeforellen, das verstärkte Aufkommen von Reinanken, die Absenkung des Seespiegels in den Wintermonaten zum Zwecke der Energiewirtschaft sowie die verstärkte Stellnetzfischerei an den Laichplätzen der Seeforelle haben zum Verschwinden der Population beigetragen.
Durch Besatz von Fischen mit möglichst großer phänotypischer Ähnlichkeit mit der ursprünglichen Seeforelle des Weißensees aus anderen Alpenseen (v. a. Gosausee) wurde versucht, wieder eine Seeforellenpopulation im Weißensee aufzubauen. Zur Laichperiode 2001/2002 zeigten sich die ersten Erfolge. Seeforellen stiegen wieder in den Mühlbach bei Neusach ein und konnten dort abgestreift werden. Die Eier wurden in der eigenen Fischzucht-

anstalt der Agrargemeinschaft der 5 Dorfschaften in Neusach erbrütet, die Jungfische in Netzgehegen im See weiter vorgestreckt. Im Juli 2002 konnte erstmals seit längerer Zeit wieder eine große Seeforelle mit einem Gewicht von 11,5 kg gefangen werden.
Im Zusammenhang mit einer Erhöhung des pH-Wertes im See durch die Abwässer des Magnesitwerkes in Radenthein war ein Rückgang der Seeforellen-Erträge im Millstätter See feststellbar (FINDENEGG 1962). Abwässer kommen zwar schon lange nicht mehr in den See, trotzdem hat sich der Bestand nicht mehr erholt. Die Seeforelle war fast verschwunden. Dies hängt sicherlich auch mit dem Konkurrenzverhalten zu den verstärkt geförderten Coregonen (Maränen) und dem Besatz von nicht autochthonen Fischarten (Aal, Zander etc.), sowie mit dem Verlust von Laichhabitaten zusammen. Durch ein Besatzprogramm mit möglichst bodenständigen Fischen wird heute versucht, die Seeforelle im Millstätter See wieder heimisch zu machen.

Abb. 33: **Herbststimmung am Weißensee.**
(Foto: E. Woschitz)

FISCHEREI:

Die Seeforelle ist ein beliebter Fisch zum Angeln. Das Wachstum ist bei geeigneten Bedingungen sehr gut, Seeforellen werden über 1 m lang und bis 20 kg schwer.
Im Weißensee waren früher zwei Formen bekannt: einerseits der „Weißenseelachs", der recht beachtliche Stückgewichte von 2 kg und mehr erreicht; so wurden sogar Exemplare von 1,2 m Länge und 20 kg gefangen; ein solches Exemplar aus dem Jahre 1974 befindet sich in Landesmuseum Klagenfurt, anderseits die „Angler" mit Stückgewichten bis zu 0,5 kg. Im Millstätter See wurde die Seeforelle als „Alpenlachs" bezeichnet, sehr große Exemplare wurden erbeutet.

Huchen

Hucho hucho (Linné, 1758) Familie: Salmonidae

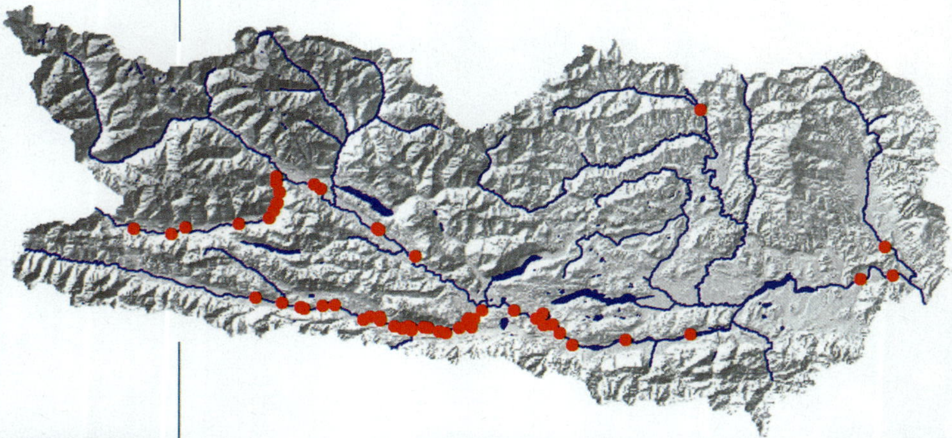

MERKMALE:

Größter einheimischer Salmonide. Langgestreckter, im Querschnitt fast drehrunder Körper mit langem, abgeflachtem Kopf und relativ großer Fettflosse; Flossen ohne jegliche Zeichnung.

Rote Liste Kärnten	–	v	r	3	2	1	0	EU-Schutz				
Rote Liste Österreich	–	v	r	3	2	1	0	*Anhang II, V*				
Laichzeit	J	F	M	A	M	J	J	A	S	O	N	D
Schonzeit/Fangverbot	J	F	M	A	M	J	J	A	S	O	N	D
Fischregionen	OFR	UFR	ÄSR	BAR	BRR	SGW						
Gewässertypen	*Fluss, Bach zur Laichzeit*											
Mindestfangmaß	*85 cm*											

LEBENSWEISE:

Der Huchen kommt nur im Stromgebiet der Donau, in erster Linie in den rechtsseitigen Zubringern zur Donau, in schnellfließenden, sauerstoffreichen und kühlen Gewässern mit steinigem oder kiesigem Grund vor. Ein Huchen benötigt etwa eine Revierlänge von 1 km (Standfisch), er führt jedoch Wanderungen bis 10 km und mehr durch. Er frisst Fische aller Art; dort wo noch Nasen vorkommen, sind diese die Hauptnahrung, sonst nehmen Aalrutten, Äschen, Aitel, Forellen und Neunaugen den größten Anteil ein. Der Huchen ist ein Kieslaicher, wobei die Elterntiere pro Laichgrube bis zu 1,2 Tonnen Kiesmaterial herausschlagen (Schulz & Piery 1982).

ALLGEMEINE VERBREITUNG UND VORKOMMEN IN KÄRNTEN:

Das Vorkommen des Huchen, welcher auch als Donaulachs bezeichnet wird, ist auf das Einzugsgebiet der Donau beschränkt. Eine Art, die nur in einem kleinen Verbreitungsareal vorkommt, wird als Endemit bezeichnet.
Sich selbst reproduzierende Populationen gibt es in Kärnten derzeit nur mehr in der Gail abwärts von Hermagor. In der oberen Drau konnten trotz Beobachtungen von mehreren „Huchenrieben" kaum noch Junghuchen nachgewiesen werden (Uiblein et al. 2002b). Die besten Huchenbestände in der Gail gibt es zwischen Nötsch und der Gailitzmündung, obwohl hier die Gail bis vor etwa 12 Jahren noch durch die Flotationsabwässer des Bergbaubetriebes in Bleiberg verunreinigt war. Auf der anderen Seite handelt es sich hier um eine relativ naturnahe Fließgewässerstrecke. Die Huchen wandern zur Laichzeit auch in die Lauenbäche des oberen Drautales und Gailtales hinein. Vereinzelt kommen Huchen in den Draustauen vor, vor allem dort, wo Seitenbäche einmünden wie z. B. unterhalb des Kraftwerks Rosegg.
In der Gurk gibt es gegenüber früheren Beschreibungen keine Huchen mehr. Zwar wurden Versuche unternommen, solche wieder zu besetzen, jedoch bislang ohne Erfolg, obwohl die Gurk zu den am meisten naturbelassenen

Abb. 34:
Der Huchen ist der größte einheimische Salmonide, er gehört zu den europaweit gefährdeten Fischarten.
(Foto: W. Köstenberger)

größeren Fließgewässer Österreichs zählt (HONSIG-ERLENBURG & WIESER 1997). Schuld sind auch die immer wieder auftretenden Fischsterben, verursacht durch Industriebetriebe an der Gurk sowie durch Stauraumentleerungen. Im Dezember 1965 wurden in der Gurk bei Pölling verendete Huchen (infolge Abwassereinleitungen chemischer Natur) aufgefunden. Im Jahresbericht des Bistums Gurk aus dem Jahre 1923 kann das Vorkommen des Huchens in der Gurk bis unterhalb von Straßburg folgendermaßen bestätigt werden: „Von fünf Drahtarbeitern bei Drahtzug wurden 5 Huchen im Gewichte von 60 kg mit Drahtschlingen gefangen. Eine gerichtliche Verfolgung wurde von der Landesregierung Klagenfurt eingeleitet. Die Fischdiebe wurden zu zwei bis sechs Wochen Arrest ‚bedingt' verurteilt".
Nachdem durch Sanierungsmaßnahmen die Lavant wieder ein Salmonidengewässer geworden ist, erfolgte auch hier im unteren Abschnitt ein Huchenbesatz. Erst kürzlich wurde bei Mettersdorf ein Huchen mit einer Länge von 88 cm und einem Gewicht von 5,4 kg gefangen. Im Jahre 2001 konnte in der Metnitz oberhalb von Friesach ein Huchen mit einer Länge von 89 cm und einem Gewicht von 5,2 kg geangelt werden (A. Wagner, mündl. Mitteilung); 1986 wurde auch in der Glan unterhalb von Feldkirchen ein Huchen gefangen.

GEFÄHRDUNG UND SCHUTZ:

Durch verschiedene anthropogene Einflüsse (Verschmutzung, Regulierungen, Kraftwerksbauten) wurde der Lebensraum des Huchens stark eingeschränkt, wodurch er in seinem Bestand gefährdet ist. Die Huchenbestände in Kärnten waren seit jeher von großer Bedeutung, wobei diese Fischart in der gesamten Drau sowie in den Hauptzuflüssen gelebt hat. Durch die

Abb. 35:
Der Weltrekordhuchen mit 144 cm Länge und einem Gewicht von 34,8 kg stammt aus der oberen Drau.
(Foto: N. Schulz)

systematische Einschränkung des natürlichen Lebensraumes infolge des Baues von Laufkraftwerken sowie durch Gewässerverunreinigungen (z. B. Gurk und Vellach) ist der Bestand drastisch zurückgegangen. Auch der Geschieberückhalt in den Seitengräben und somit das dadurch bedingte Geschiebedefizit im Hauptfluss sowie Regulierungsmaßnahmen und dadurch verursachte Eintiefungen führten zum Rückgang des Huchens in der oberen Drau (Abb. 36). U. a. ist auch der Schwellbetrieb des KW Malta-Unterstufe am Rückgang verantwortlich (SCHULZ 1989; UIBLEIN et al. 2002).

FISCHEREI:

Die Huchen der Drau hatten eine überregionale Bedeutung (PARTL 1988), dies dokumentiert etwa der Fang des Weltrekordhuchens im Jahre 1985 bei Spittal (1,44 m/34,8 kg, siehe Abb. 35). Früher wurden Huchen in einer nächtlichen Fischjagd gestochen, wovon der Naturforscher und Arzt Roman Puschnig berichtet: „Im Kahn wurde so im Februar und März bei dunkler Nacht der speckige Kien im Korb angezündet, hell durchleuchtete er das klare Wasser. Zwei, auch drei Fischer standen, die scharfen Stecher an den Bootsrand aufgesetzt, im Kahn, die scharfen Fischeraugen sehnsuchtsvoll ins rauschende Wasser gespannt, still und sanft lenkte der Führer den Kahn. Die kleinen Fische wurden nicht beachtet. Da! schwarz wie der Teufel mit milchig-weißem Rachen schwimmt der Huchen entgegen. Jetzt heißt es Geistesgegenwart haben, rasch stechen, sicher treffen, aber blitzschnell, denn der günstigste Moment ist sehr kurz. Weich wie ein Polster fallen die Zinken ein, ein starkes Rütteln, Drehen erfolgt; der Huchen fliegt in den Kahn, wird abgestreift und rasch mit Kopfschlägen getötet."

Insbesondere in der Rosegger Schleife und in der Drau oberhalb von Villach werden auch heute noch größere Huchen gefangen, so etwa im Jänner 1998 ein Exemplar mit einer Länge von 129 cm und einem Gewicht von 27 kg im Stauraum Villach.

Im Jahre 1975 wurde im Unterlauf der Gurk noch ein Huchen mit 23 kg Gewicht erbeutet (POSCH 1977). Vor dem 2. Weltkrieg gab es in diesem Bereich einen guten Huchenbestand. In den 1920-er Jahren wurde beim Schwarzfischen mit der Hand Herr Valentin Werhounig im Bereich des E-Werkes Rain von einem Huchen mindestens 100 Meter flussabwärts mitgerissen, so dass die Leute dieser Gegend noch lange vom „Huchenreiter" sprachen (Hartlieb, mündl. Mitteilung).

Präparate von großen Huchen befinden sich im Landesmuseum für Kärnten.

Abb. 36: Die Drau bei - Dellach. Durch Flussaufweitungen sollen die Lebens bedingungen für den Huchen wieder verbessert werden. (Foto: W. Petutschnig)

Regenbogenforelle

Oncorhynchus mykiss (Walbaum, 1792) Familie: Salmonidae

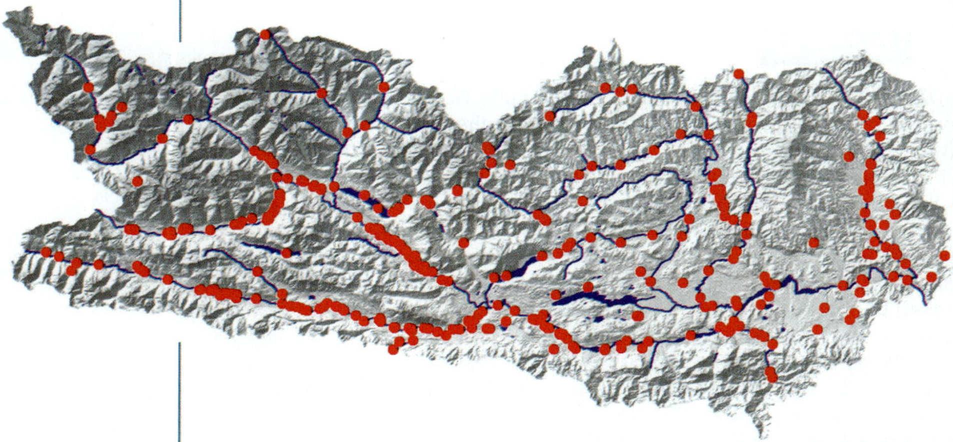

Rote Liste Kärnten	–	*v*	*r*	*3*	*2*	*1*	*0*	EU-Schutz				
Rote Liste Österreich	–	*v*	*r*	*3*	*2*	*1*	*0*	–				
Laichzeit	*J*	*F*	*M*	*A*	*M*	*J*	*J*	*A*	*S*	*O*	*N*	*D*
Schonz./Fangverb.**	*J*	*F*	*M*	*A*	*M*	*J*	*J*	*A*	*S*	*O*	*N*	*D*
Fischregionen	*OFR*		*UFR*		*ÄSR*		*BAR*		*BRR*		*SGW*	
Gewässertypen	*Fließ- und Stillgew.*; nicht heimisch*											
Mindestfangmaß	*24 cm*											

* durch Besatz in verschiedenste Gewässertypen eingebracht
** Schonzeit: 1. 1.–15. 4.

MERKMALE:

Körperform ähnlich der Bachforelle; mit einem breiten rötlichen Band entlang der Körperseiten. Kopf, Körper, Rücken-, Fett- und Schwanzflosse mit vielen Tupfen.

LEBENSWEISE:

Die Regenbogenforelle ist weniger sauerstoffbedürftig, unempfindlicher gegenüber höheren Wassertemperaturen und nicht so sehr auf Versteckmöglichkeiten angewiesen, wie die Bachforelle. Außerdem ist sie der Bachforelle durch rascheres Wachstum überlegen. Die Laichzeit ist meistens im Frühjahr, in Fischzuchtbetrieben auch das ganze Jahr hindurch. Regenbogenforellen sind in der Nahrungsaufnahme wenig wählerisch, sie fressen neben Insektenlarven und anderen Benthostieren sowie Anflugnahrung auch organischen Abfall; größere Tiere ernähren sich auch von kleinen Fischen.

ALLGEMEINE VERBREITUNG UND VORKOMMEN IN KÄRNTEN:

Die in Europa eingebürgerten Regenbogenforellen gehen auf zwei Stammformen, eine Wanderform (*Salmo gairdneri gairdneri*), die Küstengewässer in Nordamerika bewohnt, und auf eine stationäre Form (*Salmo gairdneri shasta*) zurück, die als reine Süßwasserform in den Fließgewässern der Sierra Nevada lebt. Die Erbfaktoren beider Formen prägen die bei uns lebende Regenbogenforelle.

Die Regenbogenforelle wurde in Kärnten erstmals im Jahre 1891 durch die Fischzuchtsektion der k. k. Landwirtschafts-Gesellschaft und dem Volksschullehrer Johann Tschauko in Unterbergen in den Loiblbach und in Teiche eingesetzt (Hartmann 1898). Zur selben Zeit wurden vom Gutsbesitzer Josef Zunzer in Friesach Fische in die Metnitz eingesetzt. Heute leben Regenbogenforellen in fast allen Salmonidengewässern; sie werden aber auch in die Flussstaue der Drau insbesondere oberhalb von Villach ständig eingesetzt. Eine hohe natürliche Reproduktion der Regenbogenforelle zeigt sich in der Gail, der Gurk und Lavant, aber auch in höher gelegenen Fließgewässern, wie dem Mallnitzer Seebach. Außerdem kommen Regenbogenforellen in den höher gelegenen Seen (auch in Hochgebirgsseen, z. B. Gippersee im Mölltal) Kärntens vor.

Abb. 37: Die Regenbogenforelle wurde aus fischereiwirtschaftlichen Überlegungen vor etwa 110 Jahren aus Nordamerika eingebürgert und ist heute der wichtigste Fisch in der Teichwirtschaft. (Foto: A. Rechberger)

FISCHEREI:

Die Regenbogenforelle ist der wichtigste Wirtschaftsfisch, der in Teichen und Fischzuchtanstalten in Kärnten gezogen wird. Die jährliche Produktion von Speiseforellen beträgt ca. 1.000 t. Im Jahre 1987 wurde im Zerimbach, einem lauenartigen Zubringer zur Gail bei Tröpolach, eine Regenbogenforelle mit 5,2 kg gefangen, im Jahre 1997 eine mit einem Gewicht von 3 kg und einer Länge von 74 cm in der Olsa bei Friesach.
Durch die starke Konkurrenz verdrängt die Regenbogenforelle die natürlichen Äschen- und Bachforellenpopulationen (Uiblein et al. 2001; Schmutz & Zauner 1999; Honsig-Erlenburg 2001b; Peter 1997). Aus diesem Grunde ist der Besatz von Regenbogenforellen in Kärnten mit Ausnahme von aufgestauten Fließgewässern und künstlichen Gerinnen sowie künstlichen Wasseransammlungen verboten bzw. bewilligungspflichtig. Ähnliche Bestimmungen gibt es etwa auch in Vorarlberg, Salzburg, Südtirol und in der Schweiz.

Lachse sind nur schwer von Forellen zu unterscheiden, die Schnauze ist jedoch spitzer, der Kopf kleiner und der Schwanzstiel länger und niedriger.
Durch Besatzmaßnahmen ab dem Jahre 1975 (Köck 1978) kam der **Silberlachs** oder Coholachs (*Oncorhynchus kisutch* Walbaum, 1792) in einigen Gewässern Kärntens, wie etwa im Rottauer Stau an der Möll und in einigen Forellenteichen und Baggerseen vor (Honsig-Erlenburg & Schulz 1989a). Diese Fischart wurde außerdem in den Flattnitzer See und sogar in den Draustau Annabrücke eingesetzt. Im Rottauer Stau an der Möll wurden Coholachse mit einem Gewicht bis zu 7 kg gefangen (Gradnitzer, mündl. Mitteilung). Diese Fischart ist an der Pazifikküste Nordamerikas beheimatet und wie alle echten Lachse ein typischer Wanderfisch, der im Meer seine Nahrung (Fische, Krebstiere) sucht und zur Fortpflanzung ins Süßwasser schwimmt. Heute kommen keine Silberlachse mehr in Kärnten vor, außerdem ist der Besatz dieses nicht heimischen Fisches entsprechend dem Kärntner Fischereigesetz verboten bzw. bewilligungspflichtig.
In Kärnten gab es auch nie natürliche Vorkommen des Atlantischen Lachses (*Salmo salar* Linné, 1758). Hartmann (1898) berichtet, dass in den Jahren 1886 bis einschließlich 1890 29.000 Jungfische dieser Art in den Millstätter See eingesetzt wurden. Diese Aktion blieb jedoch ohne Erfolg, der Lachs konnte nicht eingebürgert werden. Auch spätere Versuche der Einbürgerung des Atlantischen Lachses blieben erfolglos, ein Besatz dieser nicht heimischen Art in Freigewässer ist heute zudem verboten.

Seesaibling

Salvelinus alpinus (Linné, 1758) Familie: Salmonidae

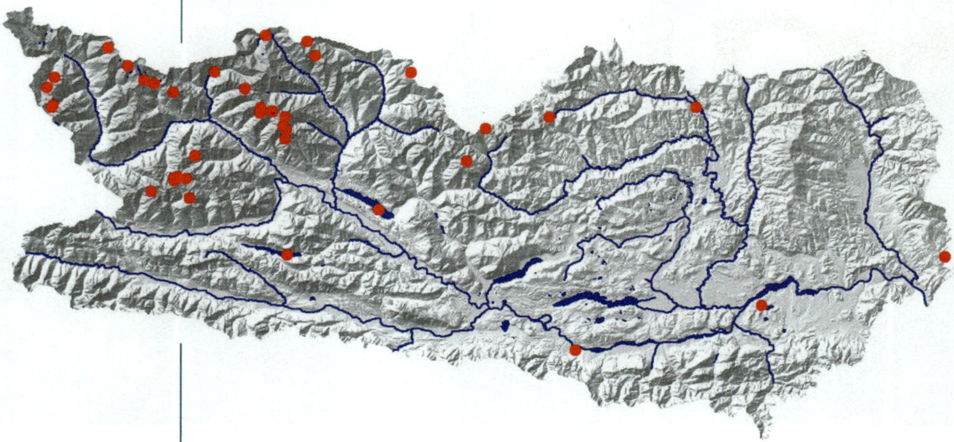

Rote Liste Kärnten	–	v	r	3	2	1	0	EU-Schutz				
Rote Liste Österreich	–	v	r	3	2	1	0	–				
Laichzeit	J	F	M	A	M	J	J	A	S	O	N	D
Schonzeit/Fangverbot	J	F	M	A	M	J	J	A	S	O	N	D
Fischregionen	OFR		UFR		ÄSR		BAR		BRR		SGW	
Gewässertypen	Hochgebirgss., Besatz i. div. Gewässerty.											
Mindestfangmaß	30 cm*											

* ausgenommen Seen über der Waldgrenze

MERKMALE:

Paarige Flossen und Afterflosse mit leuchtend weißem Saum, während der Laichzeit orange-rot gefärbt (siehe Abb. 38); Rückenflosse nicht marmoriert; sehr kleine Schuppen.

LEBENSWEISE:

Die Seesaiblingsbestände weisen einen besonders großen Formenreichtum auf. Je nach ihrer Wüchsigkeit, die mit dem Nahrungsangebot zusammenhängt, unterscheidet man Wildfangsaiblinge, die etwa eine Mittellänge von 25 bis 40 cm aufweisen, Normalsaiblinge, sowie die kleine Form der Schwarzreuter (12 bis 20 cm, siehe Abb. 39). In ein und demselben See können auch verschiedene Standortformen (Populationen) nebeneinander vorkommen, die Unterschiede in der Nahrungsaufnahme, im Wachstum und in den Laichplätzen sowie Laichzeiten aufweisen. Nahrung: Planktonkrebse, Bodentiere (Normalsaibling), Fische (Wildfangsaibling), Anflugnahrung (vor allem bei Schwarzreutern). Das Ablaichen findet in der Tiefe (in tieferen Seen zwischen 20 und 80 m) auf Kiesgrund statt.

ALLGEMEINE VERBREITUNG UND VORKOMMEN IN KÄRNTEN:

Der Seesaibling ist eine arktisch-alpine Art, d. h. er lebt in Nordeuropa und Nordamerika sowohl als Wanderfisch an den Küsten als auch abgeschlossen in Seen. In Österreich kommt er als Glazialrelikt in den meisten Alpenseen vor allem nördlich des Alpenhauptkammes vor.

Der Seesaibling lebt in Kärnten in erster Linie in Hochgebirgsseen, in denen er meistens aufgrund der niedrigen Temperaturen und Nahrungsknappheit als „Schwarzreuter"-Form vorkommt (Falkertsee, Kegelesee, Turracher See, Stappitzer See, Eben- und Lanischsee).

Der Name „Schwarzreuter" oder „Schwarzreiter" stammt aus der Zeit der Gegenreformation im Salzkammergut. Die Protestanten hatten sich in gebirgige Gegenden zurückgezogen, so etwa auch in den Bereich des Gosausees in Oberösterreich. Vom damaligen Erzbischof in Salzburg wurde die Gegenreformation auch mittels Waffengewalt durchgeführt. Er schickte seine „Schwarzen Reiter" dazu aus. So kamen diese auch mit Beginn des Frühjahres zum noch zugefrorenen Gosausee und ritten dort über das Eis. Das Eis war jedoch schon brüchig und die Reiter samt Pferden versanken im See. Die Menschen in die-

ser Gegend bezeichneten seither die kleinwüchsigen Seesaiblinge im Gosausee als die verwunschenen „Schwarzen Reiter" des Erzbischofs von Salzburg. Im Flattnitzsee gibt es großwüchsige Seesaiblinge. Im Eben-Lanischsee (Hafnergruppe) leben z. B. neben den Schwarzreutern auch Wildfangsaiblinge. Genauere Populationsuntersuchungen von Saiblingsbeständen (Schwarzreuter) liegen vom Dösener See (BALON & PENCZAK 1980; SCHULZ & WIESER 1991), Stappitzer See (FRIEDL et al. 1995), Melniksee (HONSIG-ERLENBURG et al. 1983), Falkertsee (WAGNER 1948; TRAER & WOSCHITZ 1988), Stapniksee und Goaßelesee, beide in der Reißeckgruppe (PAYR 2001, SCHULZ et al. 1988) und Laußnitzsee (FRIEDL et al. 2000) vor. Die Schwarzreuter des Stapniksees weisen einen hohen Anteil an sterilen Fischen (keine oder verkümmerte Gonaden) auf.

Aus folgenden weiteren Hochgebirgsseen ist das Vorkommen des Seesaiblings bekannt: Kreuzeckgruppe: Feldsee, Glanzsee, in den Vierzehn-Seen, Scheibensee, Plattachsee bei Zwickenberg, Einsee im oberen Draßnitztal, Trögersee; Reißeckgruppe: Zwenberger Seen, Hochalmsee, Radlsee, weiters in den Langtalseen in der Hafnergruppe. In folgenden energiewirtschaftlich genutzten Hochgebirgsseen bzw. -speichern kommen ebenfalls Seesaiblinge vor: Wurtenspeicher und weitere Seen des Wurtenkees, Oscheniksee (Vorkommen bereits vor dem Aufstau), Zirmsee, Schwarzsee, Großer und Kleiner Mühldorfer See. Im Großen Mühldorfer See überleben die Seesaiblinge, obwohl dieser in den Wintermonaten stark abgesenkt wird (SCHULZ et al. 1996).

Auch in den Koralmspeicher (Soboth) wurden nach dem Aufstau Seesaiblinge (aus dem Lunzer See) besetzt. Obwohl die Fänge nicht sehr hoch sind, hat sich der Seesaibling dort gehalten und auch vermehrt (HONSIG-ERLENBURG et al. 1996; PROCHINIG 1997).

Mit großer Wahrscheinlichkeit wurden zahlreiche Hochgebirgsseen Kärntens vor allem im Mittelalter mit Seesaiblingen aus den Seen des Salzkammergutes

Abb. 38: Seesaiblinge im Hochzeitskleid während der Laichzeit.
(Foto: W. Köstenberger)

Abb. 39: Schwarzreuter sind Zwergformen des Seesaiblings in Hochgebirgsseen. (Foto: N. Schulz)

besetzt. Ein Großteil des Gebietes von Kärnten, in denen Hochgebirgsseen vorkommen, gehörte zu dieser Zeit zum Erzbistum Salzburg.

Seesaiblinge wurden wiederholt auch in den Millstätter See eingesetzt, beginnend ab dem Jahre 1888 und verstärkt nach dem Ersten Weltkrieg (FINDENEGG & REISINGER 1950), die höchsten Ausfänge gab es im Jahr 1961 mit etwa 1.000 kg. Der erste Besatz mit Seesaiblingen im Millstätter See im Jahre 1888 erfolgte durch Herrn Bacher in Millstatt mit 2.000 Jungfischen (HAWLITSCHEK 1892, HARTMANN 1898). In weiterer Folge wurden auch in den Weißen- und in den Faaker See Seesaiblinge durch Besatz eingebracht. Aufgrund der Aufzeichnungen des bekannten Botanikers Franz Xaver Freiherr von Wulfen wissen wir jedoch, dass im Weißensee bereits Ende des 18. Jahrhunderts Seesaiblinge lebten (HONSIG-ERLENBURG & MILDNER 1996), womit ein autochthoner Bestand dokumentiert ist. Nach Wulfen sind vor etwa 200 Jahren auch im Kraiger See Seesaiblinge vorgekommen. Weiters wurde seinerzeit auch der Versuch unternommen, in den Längsee Seesaiblinge einzubringen, was jedoch auf Grund der limnologischen Situation nicht zum Erfolg führen konnte.

FISCHEREI:

Aus dem Mittelalter ist bekannt, dass von Seiten der Klöster und anderer kirchlicher Institutionen Fische in verschiedenste Gewässer besetzt wurden, um für die lange, damals streng eingehaltene Fastenzeit eine Nahrungsquelle zu bekommen. Vermutlich sind die Fische mittels Fischlageln (mit Wasser gefüllte tragbare Holzbehälter) entlang von Bächen bis zu den Hochgebirgsseen getragen worden. In Tirol etwa sind die Fischbesätze von Hochgebirgsseen zu einem großen Teil im 15. und 16. Jahrhundert durchgeführt worden, wie dies im Fischereibuch des Kaisers Maximilian I. dokumentiert wird (PECHLANER 1966). Aber auch in den Fischereiregesten des Erzstiftes Salzburg (historische Aufzeichnungen über die Fischerei inklusive Abgaben an das Stift), welches wie oben erwähnt für Kärnten von Bedeutung war, werden Fischbesätze von Hochgebirgsseen angegeben (FREUDLSPERGER 1915).

Besatzversuche wurden auch in den von Natur aus fischleeren Gradenseen (HONSIG-ERLENBURG 1980) sowie im Kölnbreinspeicher (Maltatal) durchgeführt. Im Mühldorfer See (Reißeck) wurde vor der Nutzung als Speichersee ein 75 cm langer und fast 7 kg schwerer Seesaibling gefangen (HARTLIEB 1966). Auch in den Friesacher Stadtgraben (siehe Abb. 40) wurde der Seesaibling bereits im Mittelalter eingesetzt, die erste Erwähnung stammt aus dem 13. Jahrhundert. Der Besatz stammt möglicherweise aus dem Falkertsee oder den Zirbitzkogelseen (WAGNER 1948). Das Wachstum der Seesaiblinge war außerordentlich gut, so wurden solche mit Stückgewichten von über 4 kg gefangen. Heute leben nur mehr vereinzelt Seesaiblinge im Friesacher Stadtgraben, die veränderten Umweltbedingungen wie das Versiegen der Quellen infolge der Grundwasserabsenkung u. a. haben sich zum Nachteil der Saiblingsbestände ausgewirkt. Der Seesaibling war früher als der edelste Speisefisch bekannt. Er galt als der Fisch der Fürsten. Der Saibling von Friesach war so bekannt, dass verschiedene Fürsten, unter anderem sogar Kaiser Leopold I., im Jahre 1660 dort abstiegen, um im Stadtgraben zu fischen und die Saiblinge zu verspeisen (WAGNER 1947). Auch im Wappenemblem einiger Fürsten fand der Saibling seinen Niederschlag, so etwa im Wappen des Fürsten Salm, Erzbischof von Gurk (der Saibling hieß früher Salm), welches heute noch als Schutzmarke auf dem Hirter Bier zu erkennen ist.

Abb. 40: Der Friesacher Stadtgraben war im Mittelalter bekannt für seinen guten Saiblingsbestand. (Foto: W. Honsig-Erlenburg)

In einigen Kärntner Seen und Hochgebirgsspeichern lebt der **Amerikanische Seesaibling** (*Salvelinus namaycush*). Er ernährt sich als Jungfisch von wirbellosen Tieren, doch mit zunehmender Größe frisst er auch andere Fische. Er wird bis zu 25 Jahre alt und wie die meisten Salmoniden benötigt er kiesiges Substrat zum Ablaichen.

Die ursprünglich in Kanada und den nördlichen USA beheimatet Saiblingsart wurde erst nach dem Zweiten Weltkrieg in Europa eingeführt. Heute leben beständige Populationen in großen, tiefen Seen Schwedens und in der Schweiz. Dort werden die Fische bis über einen Meter lang und 7–8 kg schwer.

In Kärnten wurden Setzlinge dieser Art erstmals über die Fischzucht Hammer im oberen Gurktal eingeführt. Im Jahre 1979 wurden Amerikanische Seesaiblinge im Galgenbichl- und Gößkar-Speicher (Maltatal) eingesetzt. Außerdem befinden sich Amerikanische Seesaiblinge durch Besatz auch im Falkertsee und im Rottauer Möllstau. Die in Skandinavien üblichen Kreuzungen zwischen Bachsaiblingen und Amerikanischen Seesaiblingen in der Fischzucht (Splake) wurden mit dem Amerikanischen Seesaibling ebenfalls in Kärnten eingeführt, man findet solche z. B. auch im Falkertsee.

Bachsaibling

Salvelinus fontinalis (Mitchill, 1815) Familie: Salmonidae

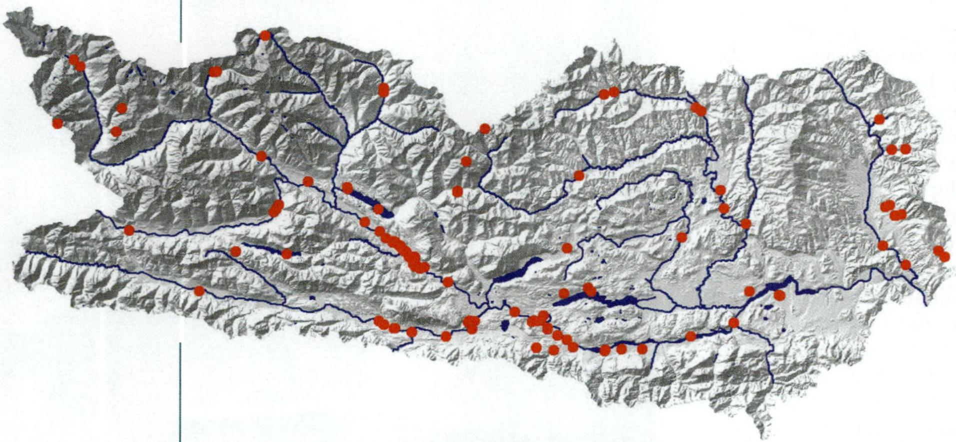

Rote Liste Kärnten	–	v	r	3	2	1	0	EU-Schutz				
Rote Liste Österreich	–	v	r	3	2	1	0	–				
Laichzeit	J	F	M	A	M	J	J	A	S	O	N	D
Schonzeit/Fangverb.*	J	F	M	A	M	J	J	A	S	O	N	D
Fischregionen	OFR		UFR		ÄSR		BAR		BRR		SGW	
Gewässertypen	Besatz in versch. Typen (nicht heimisch)											
Mindestfangmaß	22 cm											

* Schonzeit: 16. 9.–15. 4.

MERKMALE:

Rücken braun und oliv marmoriert; paarige Flossen und Afterflosse am Vorderrand mit weiß-schwarzem Saum; bis 45 cm lang.

LEBENSWEISE:

Der Bachsaibling jagt mehr im freien Wasser und ist weniger auf Verstecke angewiesen, als die Bachforelle. Die bevorzugte Nahrung sind Insektenlarven, Kleinkrebse, Anflugnahrung und kleine Fische. Die laichreifen Tiere sind besonders prächtig gefärbt; Kieslaicher. Kreuzungen zwischen dem Bachsaibling und der Bachforelle, wie sie auch in freien Gewässern vorkommen können, ergeben sterile Bastarde, die sog. „Tigerfische". Kreuzungen zwischen Bach- und Seesaiblingen werden in Teichwirtschaften wegen des besseren Wachstums gezogen und heißen „Elsässer-Saiblinge".

ALLGEMEINE VERBREITUNG UND VORKOMMEN IN KÄRNTEN:

Nach Hartmann (1898) wurde im Jahre 1891 mit der Zucht dieser nordamerikanischen Art von der Fischzuchtsektion der k. k. Landwirtschaftsgesellschaft mit 1.000 Eiern begonnen. Der Lehrer Johann Tschauko setzte im Jahre 1894 die ersten Bachsaiblinge in Gewässer des Loibltales ein.
Bachsaiblinge wurden und werden in zahlreiche Fließgewässer und Seen Kärntens eingesetzt. Wagner (1950) berichtet über das Vorkommen von Bachsaiblingen in Moosgewässern um Friesach. Außerdem wird ihr Aufenthalt im Köttmannsdorfer Bach, im Neuhauser Bach zwischen Pöckau und Neuhaus sowie im Feistritzbach bei Bleiburg, in der Vellach und im Bodensee bei Tröpolach im Gailtal bekundet.
In Fließgewässern findet sich der Bachsaibling heute in der Forellen- bis Äschenregion, wie z. B. in den Flüssen Metnitz, Gail und Gurk. Im Stappitzer Seebach gibt es ein sehr starkes Vorkommen mit natürlicher Reproduktion, wobei dort die ursprüngliche Bachforelle immer stärker verdrängt wird. Auch im Möserner Moor, dem Ursprung der Gössering und in den Lauenbächen der oberen Drau (Abb. 42) leben Bachsaiblinge.
Bachsaiblinge wurden auch in vielen Berg- und Hochgebirgsseen eingesetzt und bilden dort stabile Populationen, wie z. B. im Flattnitzer See, Stappitzer

See, Gippersee, Melniksee in der Hafnergruppe oder Wangenitzsee in der Schobergruppe (die Fische werden dort bis 45 cm). Von den verschiedenen Saiblingsarten, die in den Kölnbreinspeicher eingesetzt wurden, hat sich der Bachsaibling wegen seiner Schnellwüchsigkeit am besten bewährt. Auch im Friesacher Stadtgraben leben Bachsaiblinge (HONSIG-ERLENBURG 1995).

Abb. 41: Der Bachsaibling bevorzugt die Oberläufe der Fließgewässer. (Foto: W. Köstenberger)

Abb. 42: In den mit Grundwasser gespeisten Bachläufen der Lendorfer Au leben kleinwüchsige Bachsaiblinge. (Foto: W. Petutschnig)

Renke, Reinanke, Maräne, Felchen

Coregonus lavaretus (Linné, 1758) Familie: Coregonidae

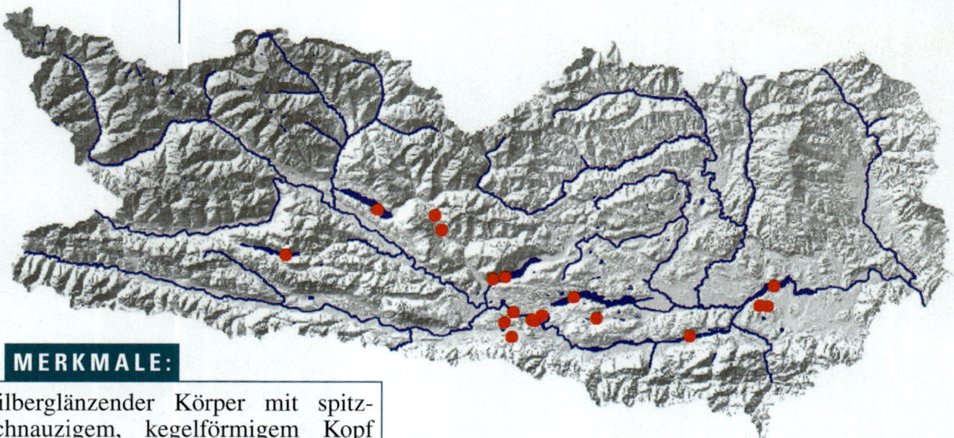

MERKMALE:

Silberglänzender Körper mit spitzschnauzigem, kegelförmigem Kopf und tief eingekerbter Schwanzflosse; die Fettflosse weist auf die Verwandschaft mit den Forellen hin, die Renken haben aber größere Schuppen als die Forellen und Saiblinge; enge Mundspalte; Zähne klein oder völlig rückgebildet. Eines der wichtigsten Artbestimmungsmerkmale ist die Zahl der Kiemenreusendornen. In einzelnen Seen kommen jeweils eigene Populationen vor; mittlere Länge: 30–50 cm.

Rote Liste Kärnten	*–*	*v*	*r*	*3*	*2*	*1*	*0*	EU-Schutz				
Rote Liste Österreich	*–*	*v*	*4*	*3*	*2*	*1*	*0*	*Anhang V*				
Laichzeit	*J*	*F*	*M*	*A*	*M*	*J*	*J*	*A*	*S*	*O*	*N*	*D*
Schonzeit/Fangverbot*	*J*	*F*	*M*	*A*	*M*	*J*	*J*	*A*	*S*	*O*	*N*	*D*
Fischregionen	*OFR*		*UFR*		*ÄSR*		*BAR*		*BRR*		*SGW*	
Gewässertypen	*größere Alpenseen*											
Mindestfangmaß	*30 cm (Weißens. 35 cm, Ossia. See 40 cm)*											

* Ossiacher See 1. 10. – 28. 2. Schonzeit

LEBENSWEISE:

Die Renkenarten bewohnen vor allem größere, tiefe Seen mit klarem, sauerstoffreichem Wasser. Die Renke ist ein Fisch, der sich im freiem Wasser aufhält und nur selten in das flache Wasser des Ufers zieht. Sie ernährt sich von Planktonkrebsen, kleinen Bodentieren (z. B. Larven der Büschelmücke *Chaoborus*), gelegentlich auch kleine Fische und Fischlaich. Die Laichzeit setzt bei einer Wassertemperatur von 6° C ein, wobei die Fische über Sand- oder Geröllgrund ablaichen. Am Wörther- und Millstätter See ist dies meist die Zeit gegen Anfang Dezember. Maränen sind großwüchsiger als Reinanken. Bei den beiden Lokalformen handelt sich jedoch um ein und dieselbe Art.

ALLGEMEINE VERBREITUNG UND VORKOMMEN IN KÄRNTEN:

Die Renken sind ursprünglich Bewohner des Eismeeres; sie gelangten erst nach der letzten Eiszeit in unsere Seen, wobei sich je nach Art des Gewässers unterschiedliche Formen entwickelten. Diese Formen haben auch zu verschiedenen taxonomischen Bezeichnungen geführt.

Ursprünglich sind Renken in Kärnten nur im Wörther-, Faaker und Klopeiner See (Hartmann 1898; Fresacher 1968), nach Wulfen (in Honsig-Erlenburg & Mildner 1996) auch im Ossiacher See vorgekommen. Während die Fische im Wörther- und Faaker See Durchschnittslängen von 30 bis 50 cm aufweisen, sind die vom Klopeiner See kleiner. Obwohl laut Wulfen im Ossiacher See bereits vor 1800 Coregonen vorgekommen sind, wurden im Jahre 1882 dort Renken eingesetzt, eine eigene Population hat sich jedoch offensichtlich zunächst nicht entwickeln können, durch abermaligen Besatz in den 1990-er Jahren hat sich dort heute ein guter Bestand ausgebildet (Farkas & Olsacher 1997). In den Millstätter See wurden im Jahre 1925 erstmals Renken aus dem Hallstätter See besetzt, großwüchsige Formen aus Norddeutschland (Maränen) wurden ab Anfang der siebziger Jahre eingesetzt. Die Maräne hat sich zum Haupt-

Abb. 43: **Reinanken weisen einen großen Formenreichtum auf, sie sind typische Freiwasserfische der großen Seen.** (Foto: H. Frei)

fisch des Millstätter Sees entwickelt, wobei jährlich etwa an die 15.000 kg ausgefangen werden (die Fische werden bis zu 3 kg schwer). Auch in den Weißensee wurden Reinanken ab dem Jahre 1934 und später norddeutsche Formen eingesetzt. Diese Fischart hat sich im Weißensee relativ gut entwickeln können und der See verfügt heute über einen beachtlichen Bestand. Fänge mit Stückgewichten über 3 kg sind keine Seltenheit. Aber auch im Faaker See werden sehr große Exemplare erbeutet. Reinanken sind seit längerer Zeit auch aus dem Afritzer See (HUBMANN 1996) und dem Feldsee (STURM 1991) bekannt, auch in den Keutschacher See (KERSCHBAUMER 1996) und in den Draustauen Annabrücke und Völkermarkt wurde diese Fischart eingesetzt.

GEFÄHRDUNG UND SCHUTZ:

Um möglicherweise ursprüngliche Coregonenpopulationen, die sich dem jeweiligen See angepasst haben, zu erhalten, sollten keinesfalls Besätze nichtautochthoner Bestände stattfinden.

FISCHEREI:

Die Renken haben eine große Bedeutung für die Wirtschaftsfischerei sowie zunehmend als Angelfisch mittels „Hegenen“-Fischerei, bei der durch Auf- und Abbewegung eines kleinen Köders das Schlüpfen von Mückenlarven vorgetäuscht wird.

Wulfen (zit. in HONSIG-ERLENBURG & MILDNER 1996) berichtet über den Fang einer Reinanke, die er am 16. Dezember 1763 erhalten hatte, offensichtlich nach einem Disput mit dem betreffenden Fischer: „Daß er bloß zu diesen vier Zeiten des Jahres in die Höhe, gegen die Oberfläche des Wassers herauf komme, weil dazumal gemeiniglich das Wetter heiter und rein sei. Allein dies scheinen mir einfältiger Fischer Märchen zu sein.“ In weiterer Folge wird die Zubereitung dieses Fisches beschrieben: „Er wird bald heiß abgesotten, bald gebraten, oder auch in einer säuerlichen Suppe gekocht. Es gibt Leute, die michs recht erfahren lassen, es sei eine Art von Heringen.“

In den letzten Jahren ist man vor allem am Wörthersee (auf Initiative von Familie Kohla in Krumpendorf) und Millstätter See daran gegangen, durch Befischung während der Laichzeit Fischeier und des weiteren autochthone Setzlinge zu gewinnen. Die so gewonnenen Eier werden derzeit in der Fischzucht von Frau Ingrid Brugger in Dellach am Millstätter See jährlich erbrütet. Im Jahre 2001 wurden im Weißensee mittels Angelfischerei 8.200 Stück Reinanken gefangen, was einem Gewicht von ca. 4 t entspricht (Müller, mündl. Mitteilung). Das schwerste Exemplar im Jahre 1999 hatte ein Gewicht von 4,3 kg bei einer Länge von 76 cm.

Äsche

Thymallus thymallus (Linné, 1758) Familie: Thymallidae

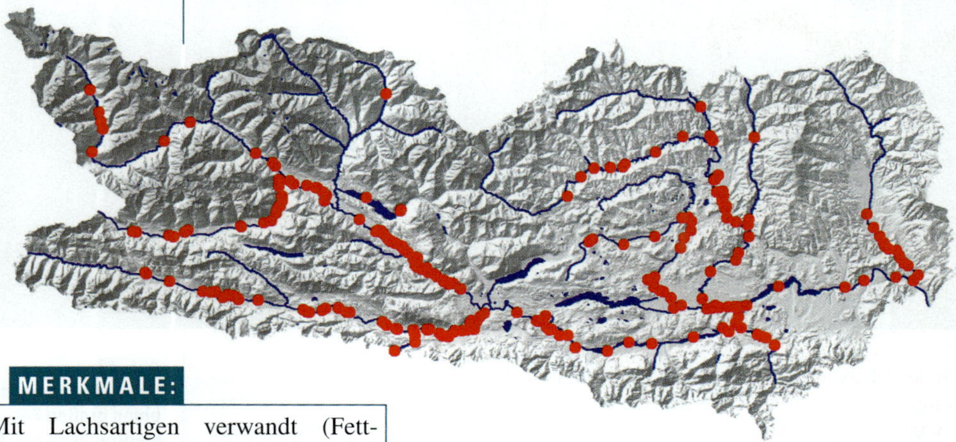

MERKMALE:

Mit Lachsartigen verwandt (Fettflosse); Rückenflosse besonders bei den Männchen hoch und lang (fahnenartig), enge Mundspalte und relativ große Schuppen; besitzt einen charakteristischen, an Thymian erinnernden Geruch, daher der wissenschaftliche Name *„Thymallus"*; mittlere Länge: 25–50 cm.

Rote Liste Kärnten	–	*v*	*r*	*3*	*2*	*1*	*0*	EU-Schutz				
Rote Liste Österreich	–	*v*	*r*	*3*	*2*	*1*	*0*	*Anhang V*				
Laichzeit	*J*	*F*	*M*	*A*	*M*	*J*	*J*	*A*	*S*	*O*	*N*	*D*
Schonzeit/Fangverbot	*J*	*F*	*M*	*A*	*M*	*J*	*J*	*A*	*S*	*O*	*N*	*D*
Fischregionen	*OFR*		*UFR*		*ÄSR*		*BAR*		*BRR*		*SGW*	
Gewässertypen	*Fluss*											
Mindestfangmaß	*30 cm*											

LEBENSWEISE:

Die Äsche lebt als Standfisch in klaren, kühlen, schnell fließenden Gewässern mit Sand- oder Kiesgrund, wobei die bevorzugte Wassertemperatur zwischen 4° und 18° C liegt (DUJMIC 1997). Die Nahrung besteht v. a. aus Insektenlarven, kleinen Würmern, Schnecken und Anflugnahrung; ältere Tiere jagen auch kleine Fische.

Das Weibchen schlägt an einer überströmten Kiesbank eine Laichgrube aus und bedeckt die 3.000–6.000 Eier nach der Befruchtung wieder mit Kies.

ALLGEMEINE VERBREITUNG UND VORKOMMEN IN KÄRNTEN:

Die Äsche ist der Leitfisch der Äschenregion und lebt in der oberen Drau, unteren Möll, Gail, mittleren Gurk, Glan, Vellach und Lavant; sie tritt vereinzelt auch in der Forellenregion, aber auch in den Laufstauen der Drau vor allem oberhalb von Villach (BLATNIG 1993) – durch Besatz – auf. In Kärnten kommt die Äsche in Höhenlagen zwischen 350 m in der Lavant und 1.050 m in der Möll vor, die durchschnittlichen Gewässerbreiten ihrer fließenden Wohngewässer liegen bei 5 bis 40 m, das durchschnittliche Gefälle zwischen 2 und 15 ‰ (HONSIG-ERLENBURG 2001b). Die Äsche wurde in 28 Fließgewässern aus 114 Befischungsstellen nachgewiesen. Die Biomassen können Werte bis über 200 kg/ha erreichen wie z. B. in der oberen Drau und Glan.

GEFÄHRDUNG UND SCHUTZ:

Vor dem Aufstau der Drau zwischen der Mauthbrücke und Villach (ca. 30 km) wurden hier noch jährlich bis zu 15.000 Äschen gefangen (STEINER 1977). Da die Äsche hohe Ansprüche an ihr Wohngewässer stellt, sind die Bestände vielerorts stark zurückgegangen. Seit der Abwassersanierung der Lavant, Vellach und Glan, haben sich dort die Äschenbestände wieder erholt.

Die Äsche ist nicht nur in Kärnten, sondern in ganz Mitteleuropa gefährdet (UIBLEIN et al. 2000, 2001 und 2002a) und dies durch mehrere Ursachen,

nicht nur durch den Einfluss des Kormorans (JUNGWIRTH et al. 1995; KOHL 1996; ZAUNER 1999; HONSIG-ERLENBURG & FRIEDL 1997; KLOS & KROTTEN 2001; PERGER 1998).
Genetische Untersuchungen im Rahmen eines österreichweiten Äschenprojektes haben gezeigt, dass sich die Populationen nördlich und südlich des Alpenhauptkammes unterscheiden. Aber auch in Kärnten zeigen sich Unterschiede, etwa zwischen Äschen der Gail, Gurk und Möll (UIBLEIN et al. 2002b). Dies bedeutet, dass man im Falle eines erforderlichen Besatzes nur Nachkommen von Äschen desselben Flusssystems einsetzen sollte, um die möglichst ursprüngliche, den Umweltbedingungen angepasste Form zu erhalten. Bestandesrückgänge bei der Äsche können auch auf falsche Besatzfische zurückgeführt werden.

Abb. 44:
Die Äsche ist der Leitfisch der nach ihr benannten Äschenregion.
(Foto: W. Köstenberger)

FISCHEREI:

Äschen haben ein sehr schmackhaftes Fleisch mit wenig Gräten. Angelfischereilich ist diese Fischart für die „Fliegenfischerei“ sehr interessant, wobei die Tageskartenpreise in entsprechenden Äschenregionen Kärntens zwischen 30 und 60 € betragen!

Hecht

Esox lucius (Linné, 1758) Familie: Esocidae

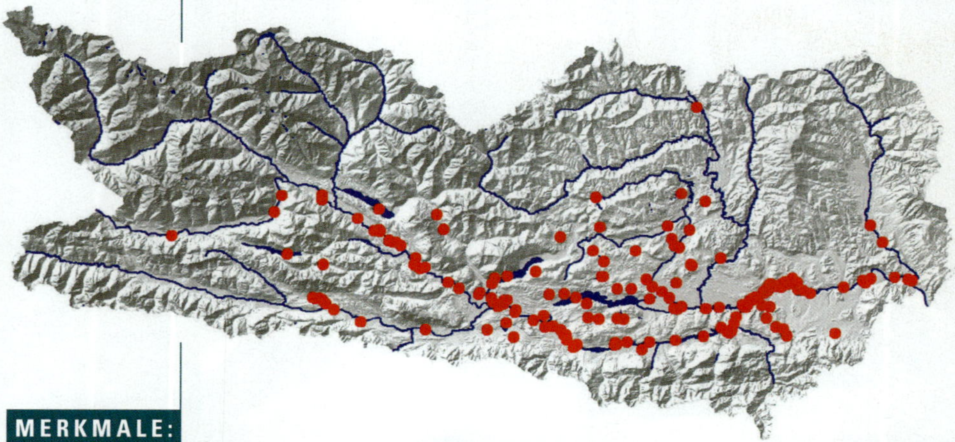

MERKMALE:

Langer Kopf mit flacher, entenschnabelförmiger Schnauze; kurze, weit nach hinten verlagerte Rückenflosse, die der ebenfalls kurzen Afterflosse gegenübersteht. Die Männchen werden etwa bis 1 m, die Weibchen bis 1,5 m lang.

Rote Liste Kärnten	–	v	r	3	2	1	0	EU-Schutz				
Rote Liste Österreich	–	v	r	3	2	1	0	–				
Laichzeit	J	F	M	A	M	J	J	A	S	O	N	D
Schonzeit/Fangverbot*	J	F	M	A	M	J	J	A	S	O	N	D
Fischregionen	OFR		UFR		ÄSR		BAR		BRR		SGW	
Gewässertypen	Fließgewässer und stehende Gewässer											
Mindestfangmaß	55 cm, Ossiacher See 70 cm											

* gilt nicht für Weißensee und Drau zw. Lieser- und Gailmündung

LEBENSWEISE:

Der Hecht lebt als Standfisch bevorzugt in ruhigen, wärmeren und klaren Gewässern mit kiesigem Grund und verkrauteten Uferpartien. Besonders die Jungfische sind sehr standorttreu. Der Hecht ist wohl die bekannteste Raubfischart unserer Gewässer. Nahrung: Im ersten Jahr auch Zooplankton, danach Fische (vor allem kleinere Cypriniden), wobei auch die eigenen Artgenossen nicht verschont werden; daneben auch Kaulquappen, Frösche, Insektenlarven, aber auch junge Wasservögel und kleine Säugetiere. Zum Ablaichen suchen die laichreifen Tiere seichte, verkrautete Uferstellen auf, sie ziehen sogar in die vom Frühlingshochwasser überschwemmten Wiesen.

ALLGEMEINE VERBREITUNG UND VORKOMMEN IN KÄRNTEN:

Der Hecht ist eine weit verbreitete Fischart. Er lebt in fast allen Kärntner Seen und Seeabflüssen sowie in Teichen (Goldbrunnteich, Abb. 46) und wärmer werdenden, langsamer fließenden Fließgewässern (z. B. Wölfnitz, Glan ab St. Veit, untere Gurk, untere Lavant). Gute Hechtbestände befinden sich aber auch in den Stauräumen der Drau.
Waren früher etwa im Farchtnersee und auch im Weißensee keine Hechte vorhanden (Hartmann 1898), so kamen diese durch Besatz dort hinein und haben sich stark vermehrt. Die Einbürgerung des Hechtes im Weißensee ist auch eine der Ursachen des starken Rückganges der Seeforelle, da er dort besonders jungen Seeforellen nachstellt (Honsig-Erlenburg et al. 1998b).

GEFÄHRDUNG UND SCHUTZ:

Insgesamt ist das natürliche Hechtaufkommen in den Kärntner Seen sehr gut, ein Besatz ist generell nicht erforderlich.

FISCHEREI:

Der Hecht ist ein wichtiger Angel- und Wirtschaftsfisch, der auch als eine Art „Wasserpolizei" fungiert.
Große Hechte werden z. B. im Rückstaugebiet der Gurkmündung gefangen.

Im Jahre 1974 konnte ein Hecht aus der Drau mit knapp 25 kg Gewicht gefangen werden („*Esox austriacus*“). Im Mai 1997 wurde im Längsee ein 29 kg schwerer und knapp 1,5 m langer Hechtrogner verendet aufgefunden, der vermutlich dem Ablaichstress zum Opfer gefallen ist. Der ca. 13 Jahre alte Hecht ist der schwerste in Kärnten bisher festgestellte. Das Weibchen hatte allein etwa 4 kg Eier in der Leibeshöhle.
Im August 1992 wurde ein 140 cm langer und 25,5 kg schwerer Hecht im Ossiacher See gefangen, aus dem Faaker See konnte ein solcher mit einer Länge von 132 cm und einem Gewicht von 20,3 kg im Jahre 1998 geangelt werden. Aus dem Afritzer See stammt ein Hecht namens „Dagobert“, der im Jahre 1981 mit einer Länge von 141 cm und einem Gewicht von 18 kg gefangen wurde und im Landesmuseum als Präparat zu sehen ist. Im Klopeiner See und auch im Feldsee wurden Hechte mit bis zu 25 kg Gewicht erbeutet.

Abb. 45:
Der Hecht lauert regungslos zwischen den Wasserpflanzen auf seine Beute.
(Foto: W. Köstenberger)

Abb. 46:
Auch im Goldbrunnteich in der Gemeinde Baldramsdorf leben Hechte.
(Foto: W. Petutschnig)

Karpfen

Cyprinus carpio (Linné, 1758) Familie: Cyprinidae

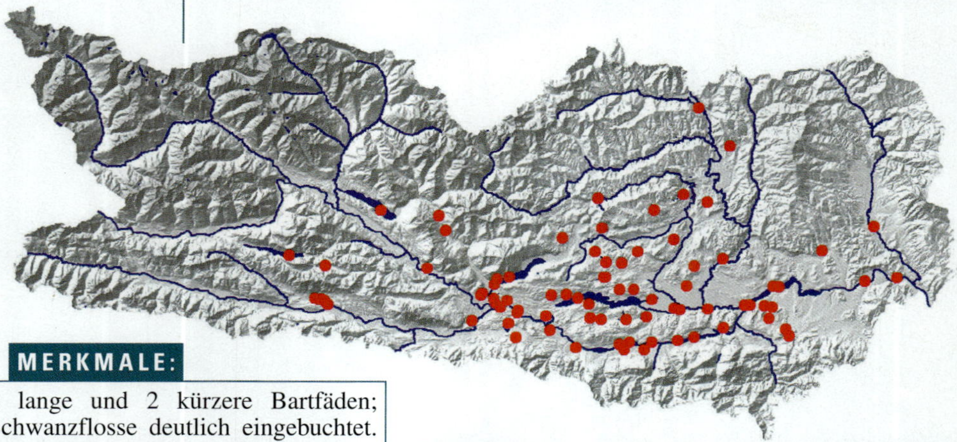

MERKMALE:

2 lange und 2 kürzere Bartfäden; Schwanzflosse deutlich eingebuchtet. Hinsichtlich der Beschuppung werden vier Formen unterschieden, die sich durch die Karpfenzucht herauskristallisiert haben: Schuppenkarpfen, Spiegelkarpfen, Zeilkarpfen, Nackt- oder Lederkarpfen; weitere Karpfenzüchtungen in verschiedenen Farbvariationen sind die sogenannten Koi-Karpfen.

Rote Liste Kärnten	–	v	r	3	2	1	0	EU-Schutz				
Rote Liste Österreich	–	v	r	3	2	1*	0	–				
Laichzeit	J	F	M	A	M	J	J	A	S	O	N	D
Schonz./Fangverb.**	J	F	M	A	M	J	J	A	S	O	N	D
Fischregionen	OFR		UFR		ÄSR		BAR		BRR		SGW	
Gewässertypen	Teich, See, Flussstau (Besatz)											
Mindestfangmaß	30 cm											

* gilt für Wildkarpfen; ** Schonzeit vom 16. 5.–30. 6.; keine Schonzeit in Drau, Ossiacher-, Millstätter-, Faaker-, Weißen-, Läng-, Leonharder-, Klopeiner-,Vassacher See und Pressegger Seeabfluss.

LEBENSWEISE:

Der Karpfen bevorzugt warme, stehende oder langsam fließende Gewässer mit Sand- oder Schlammgrund und reichen Pflanzenbeständen. Er frisst Kleintiere verschiedener Art aus der Ufer- und Tiefenregion und auch teilweise Pflanzen und Früchte, größere Karpfen stellen auch kleinen Fischen nach. Der Karpfen geht erst mit Anbruch der Dunkelheit auf Nahrungssuche. Das Ablaichen erfolgt an ruhigen, seichten, pflanzenbestandenen Uferstellen (auch überschwemmte Wiesen) bei Temperaturen von 18 bis 20° C. Die kleinen klebrigen Eier werden an Pflanzen angeheftet. Karpfen können bis zu 50 Jahre alt werden.

ALLGEMEINE VERBREITUNG UND VORKOMMEN IN KÄRNTEN:

Während der Eiszeiten hat sich der ursprünglich in Europa und Asien weit verbreitete Karpfen in wärmere Regionen wie z. B. in die Umgebung des Schwarzen Meeres zurückgezogen. Die Römer haben ihn wieder in Europa eingeführt. Als wichtigster Teichfisch wurde der Karpfen vor allem im 13. bis 15. Jahrhundert über fast ganz Europa verbreitet. Karpfen leben in fast allen Kärntner Seen sowie in den Stauräumen der Drau und werden teilweise ständig nachbesetzt.

GEFÄHRDUNG UND SCHUTZ:

Der Wildkarpfen, eine der Urform nahestehende, beschuppte, schlanke, relativ langsam wachsende Form, ist heute bei uns weitgehend durch schnellwachsende, allerdings auch weitaus empfindlichere Zuchtformen verdrängt worden. Die Zuchtkarpfen laichen aufgrund von „Überzüchtung" (Förderung von lediglich wenigen genetischen Merkmalen, wie rasches Wachstum – dadurch Verlust von genetischer Vielfalt) in vielen Gewässern Kärntens nicht mehr ab. In der Österreichischen Donau und March sind heute noch Restpopulationen des autochthonen Wildkarpfens beheimatet (SPINDLER 1995). Sie unterscheiden sich deutlich in der langgestreckten, zylindrischen Körperform

und der goldgelben Färbung von den Zuchtkarpfen. Seit 1990 werden in Österreich Zuchtversuche unternommen, um den Bestand dieser ursprünglichen Form zu verbessern (SPINDLER 1991). In Kärnten wurden und werden etwa Wildkarpfen in den Faaker See und Längsee besetzt, die vom „Distelverein“ (SCHUSTER 2001) im Waldviertel bereitgestellt werden. Im Weizelsdorfer Badesee befindet sich seit Anfang der 1990-er Jahre eine Population von Wildkarpfen, welche jedoch seit dem massiven Auftreten des Sonnenbarsches, der die Fischbrut frisst, nicht mehr erfolgreich reproduziert.

Abb. 47:
Aus Wildkarpfen wurden verschieden Formen gezüchtet wie z. B. der Spiegelkarpfen mit wenigen Schuppen.
(Foto: W. Köstenberger)

FISCHEREI:

Der Karpfen ist der wichtigste Wirtschaftsfisch. Die Weltausbeute beträgt ca. 200.000 t jährlich. In Kärnten werden aufgrund der besseren Verhältnisse für Forellenzucht lediglich etwa 10 bis 20 t Karpfen in Teichen jährlich gezüchtet. In Kärntner Seen werden hin und wieder Karpfen mit über 25 kg gefangen (z. B. im Jahre 1996 im Ossiacher See oder im Magdalenensee in Villach mit 26 kg mit einem Alter von 25 Jahren).

Abb. 48:
Der Karpfen ist ein bedeutender Wirtschaftsfisch.
(Foto: W. Köstenberger)

Brachse, Blei

Abramis brama (Linné, 1758) Familie: Cyprinidae

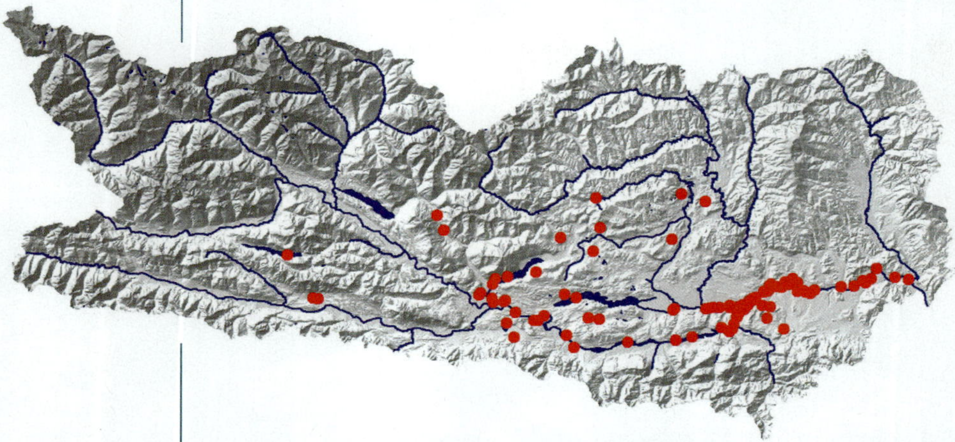

MERKMALE:

Hochwüchsiger, seitlich stark zusammengedrückter Körper („Messerrücken“), mit langer Afterflosse und kurzer dreiecksförmiger Rückenflosse; mittlere Länge: 30–40 cm.

Rote Liste Kärnten	–	v	r	3	2	1	0	EU-Schutz				
Rote Liste Österreich	–	v	r	3	2	1	0	–				
Laichzeit	J	F	M	A	M	J	J	A	S	O	N	D
Schonzeit/Fangverbot	J	F	M	A	M	J	J	A	S	O	N	D
Fischregionen	OFR		UFR		ÄSR		BAR		BRR		SGW	
Gewässertypen	Flussstau, verschiedene Stillgewässer											
Mindestfangmaß	30 cm											

LEBENSWEISE:

Jungfische halten sich in kleineren Gruppen in der Uferregion auf, ältere Fische ziehen sich dagegen in die Tiefe zurück; nur nachts kommen sie auf der Suche nach Nahrung ans Ufer. Sie wühlen dabei mit ihrem rüsselartig vorstreckbaren Maul im Boden, so dass kleine, runde Gruben („Brachsenlöcher“) im Schlamm zurückbleiben. Sie ernähren sich von Schlammröhrenwürmern (*Tubifex*), Zuckmückenlarven, Schnecken und kleinen Muscheln und Pflanzenteilen. Brachsen sind Pflanzenlaicher, wobei die Männchen zur Laichzeit einen Laichausschlag tragen.

Abb. 49: Die Brachse ist der Hauptfisch vieler Seen in Unterkärnten. (Foto: C. Komposch)

Abb. 50:
In den Stauräumen der Drau, so z. B. bei Guntschach leben große Brachsen.
(Foto: W. Petutschnig)

ALLGEMEINE VERBREITUNG UND VORKOMMEN IN KÄRNTEN:

Die Brachse ist der Hauptfisch der „Brachsenregion" der Kärntner Fließgewässer, das sind die ausgedehnten Stauräume der Drau unterhalb von Villach (Abb. 50), sie kommt aber auch in der Barbenregion der unteren Gurk und in den größeren Seeabflüssen vor. Die Brachse lebt auch in den Mittel- und Unterkärntner Seen sowie in Teichen. Besonders große Brachsen kommen im Längsee, Keutschacher See, aber auch im Ossiacher See vor.

FISCHEREI:

Brachsenfleisch ist zwar schmackhaft, aber grätenreich. 1981 konnte im Völkermarkter Draustau ein Exemplar mit einem Gewicht von fast 7 kg gefangen werden (Machacek, schriftl. Mitteilung).
Eine Methode der Zubereitung von Brachsen und anderen Weißfischen besteht im sogenannten „Schröpfen". Dabei werden die Fische filetiert und etwa alle Millimeter bis zur Haut quer eingeschnitten. Die dabei zerstückelten Gräten schrumpfen beim Braten derart, dass sie mitgegessen werden können.

Güster, Blicke

Abramis bjoerkna (Linné, 1758) Familie: Cyprinidae

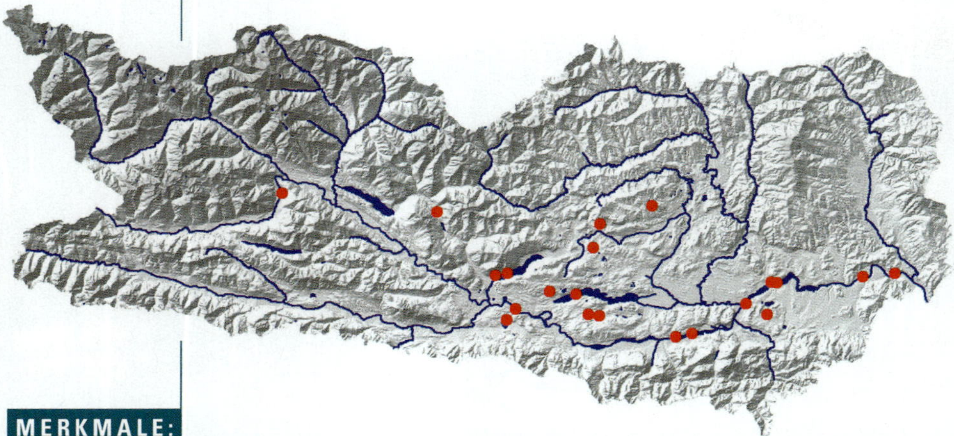

MERKMALE:

Sehr ähnlich der Brachse; im Gegensatz dazu sind jedoch die Brust- und Bauchflossen rötlich; der Augendurchmesser ist größer oder zumindest ebenso groß wie die Schnauzenlänge; außerdem bleibt der Güster kleiner als die Brachse; mittlere Länge: 20–30 cm.

Rote Liste Kärnten	–	*v*	*r*	*3*	*2*	*1*	*0*	EU-Schutz				
Rote Liste Österreich	–	*v*	*r*	*3*	*2*	*1*	*0*	–				
Laichzeit	*J*	*F*	*M*	*A*	*M*	*J*	*J*	*A*	*S*	*O*	*N*	*D*
Schonzeit/Fangverbot	*J*	*F*	*M*	*A*	*M*	*J*	*J*	*A*	*S*	*O*	*N*	*D*
Fischregionen	*OFR*		*UFR*		*ÄSR*		*BAR*		*BRR*		*SGW*	
Gewässertypen	*Teich, See, Flussstau*											
Mindestfangmaß	*Keine Fangbeschränkung*											

LEBENSWEISE:

Am besten gedeihen Güster in seichten, warmen Flachlandseen mit dichten Pflanzenbeständen und in langsam fließenden größeren Flüssen. Sie sind bodenorientierte Fische und ernähren sich von Würmern, Insektenlarven, Schnecken, kleinen Muscheln und Pflanzen. Das Ablaichen erfolgt im Schwarm an flachen, bewachsenen Uferstellen überwiegend nachts. Die hellgelben Eier haften an Wasserpflanzen (Pflanzenlaicher).

Abb. 51: Der Güster kann von der Brachse durch seine relativ großen Augen unterschieden werden. (Foto: W. Köstenberger)

Abb. 52:
Güster kommen auch in den älteren Draustauen wie hier bei Schwabegg vor.
(Foto: W. Petutschnig)

ALLGEMEINE VERBREITUNG UND VORKOMMEN IN KÄRNTEN:

Interessanterweise ist festzustellen, dass Brachse und Güster nebeneinander fast ausschließlich in größeren Seen vorkommen. In kleinen Gewässern tritt in überwiegender Anzahl der Fälle nur eine der beiden Arten auf. Güster leben in Kärnten vor allem in Seen, wie dem Keutschacher, Wörther-, Hafner-, Maltschacher, Faaker und Ossiacher See. Vereinzelt kommen Güster auch in den Stauräumen der Drau – vor allem in den älteren Stauen Lavamünd und Schwabegg (Abb. 52) – vor, aber auch etwa im Flachwasserbiotop Neudenstein des Völkermarkter Draustaues (Prochinig et al. 2001; Rosker 2001).

FISCHEREI:

Der Güster spielt angelfischereilich kaum eine Rolle und wird vielfach von den Anglern mit der Brachse verwechselt. Wirtschaftlich wird diese Art nur in Osteuropa genutzt.

Schneider

Alburnoides bipunctatus (Bloch, 1782) Familie: Cyprinidae

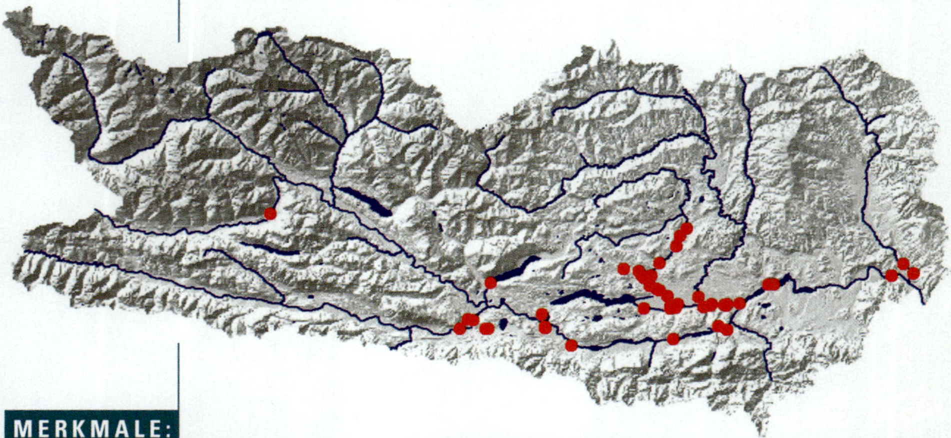

MERKMALE:

Seitenlinie tief nach unten gebogen, oben und unten schwarz eingefasst, dies sieht wie eine „Schneider-Naht“ (Name!) aus. Besonders während der Laichzeit mit einer dunklen Längsbinde über der Seitenlinie; Länge: 10–15 cm.

Rote Liste Kärnten	–	*v*	*R*	*3**	2	*1*	*0*	EU-Schutz				
Rote Liste Österreich	–	*v*	*R*	*3*	2	*1*	*0*	–				
Laichzeit	*J*	*F*	*M*	*A*	*M*	*J*	*J*	*A*	*S*	*O*	*N*	*D*
Schonzeit/Fangverbot	*J*	*F*	*M*	*A*	*M*	*J*	*J*	*A*	*S*	*O*	*N*	*D*
Fischregionen	*OFR*		*UFR*		*ÄSR*		*BAR*		*BRR*		*SGW*	
Gewässertypen	*Fluss, Seeabfluss, Flussstau*											
Mindestfangmaß	*keines, ganzjährig geschont*											

* Gefährdung anzunehmen

LEBENSWEISE:

Der lebhafte Schwarmfisch hält sich meist in Bodennähe schnell fließender und strukturreicher Gewässer auf. Der Schneider lebt in Schwärmen in tiefen Wasserbereichen, die aus mehreren Altersklassen bestehen können; die Larven besiedeln seichte, strömungsarme Abschnitte (Breitenstein & Kirchhofer 1999).

Die Nahrung besteht aus Anflug, aber auch aus kleinen Bodentieren und aus Plankton bei Jungfischen. Das Ablaichen erfolgt über Kiesgrund in der Strömung, wobei die klebrigen Eier am Kiesgrund angeheftet werden. Schneider werden bereits im Alter von 2 Jahren geschlechtsreif.

ALLGEMEINE VERBREITUNG UND VORKOMMEN IN KÄRNTEN:

Der Schneider lebt vor allem im Übergangsbereich der Äschen- zur Barbenregion und in der Barbenregion. Er ist in Mittel- und Osteuropa eine weit verbreitete Art. Im Osten reicht die Arealgrenze bis zum Ural und an das Kaspische Meer.

Schneider findet man teilweise in den Stauräumen der Drau, wie z. B. im Stauraum Rosegg sowie in der Rosegger Schleife aber auch in lauenartigen Zubringern der oberen Drau. Außerdem kommen Schneider in der mittleren und unteren Glan, unteren Gurk, der Glanfurt, der Wölfnitz, der unteren Lavant sowie in Seeabflüssen (z. B. Ossiacher Seebach, Glanfurt) oder auch im Viktringer Bach vor.

In der Gail leben Schneider im untersten Abschnitt bis zum Kraftwerk Schütt. Durch die neu errichtete Fischtreppe an der Wehranlage ist zukünftig auch eine Besiedelung der flussaufwärts gelegenen Abschnitte wieder möglich.

Abb. 53:
Der Schneider ist erkennbar an seiner dunkel eingefassten Seitenlinie.
(Foto: W. Köstenberger)

GEFÄHRDUNG UND SCHUTZ:

Der Rückgang des Schneiders in Europa ist vor allem auf die Verschmutzung der Wohngewässer, aber auch die Verschlammung der Laichplätze und den Besatz fast aller in Frage kommenden Bäche mit Regenbogenforellen zurückzuführen (GERSTMEIER & ROMIG 1998). Wegen der hohen Strukturansprüche (SCHWEVERS & ADAM 1999) und dem Verlust der Strukturvielfalt in vielen Fließgewässern durch Regulierung und Aufstau sind die Bestände auch in Kärnten zurückgegangen. Durch Restrukturierungsmaßnahmen, wie etwa jener erst kürzlich in der Glan bei Ebenthal fertiggestellten, wird der Lebensraum für diese Fischart wieder deutlich verbessert. So konnte eine 17 mal höhere Anzahl an Fischen gegenüber dem Zeitraum vor der Revitalisierung festgestellt werden. Eine Bestandeserholung ist aufgrund der Fortpflanzungsstrategie des Schneiders (bereits mit 2 Jahren geschlechtsreif, gestaffeltes Ablaichen) bei geeigneten Lebensraumbedingungen rasch möglich (BREITENSTEIN & KIRCHHOFER 1999).

Laube, Ukelei, Steinfischerl

Alburnus alburnus (Linné, 1758) Familie: Cyprinidae

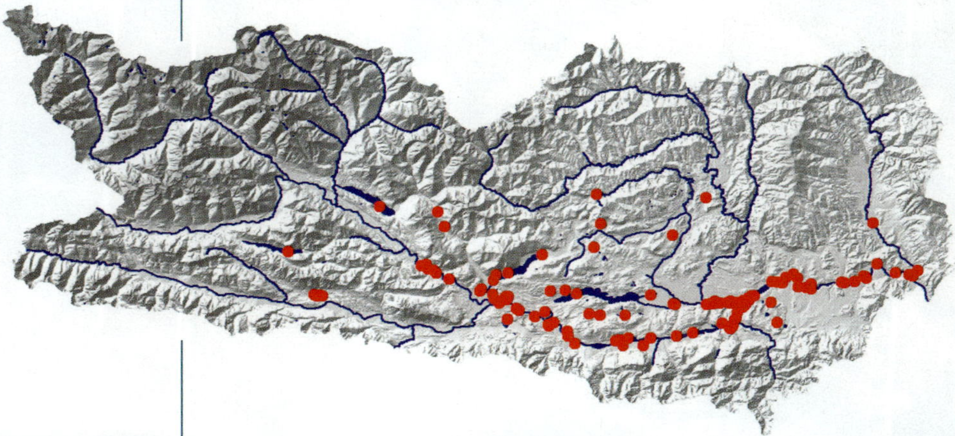

MERKMALE:

Langgestreckter, seitlich zusammengedrückter Körper mit oberständigem Mund (Mundspalte steil nach oben gerichtet); lange Afterflosse. Seiten und Bauch stark silberglänzend; mittlere Länge: 12 bis 15 cm.

Rote Liste Kärnten	*–*	*v*	*r*	*3*	*2*	*1*	*0*	EU-Schutz				
Rote Liste Österreich	*–*	*v*	*r*	*3*	*2*	*1*	*0*	–				
Laichzeit	*J*	*F*	*M*	*A*	*M*	*J*	*J*	*A*	*S*	*O*	*N*	*D*
Schonzeit/Fangverbot	*J*	*F*	*M*	*A*	*M*	*J*	*J*	*A*	*S*	*O*	*N*	*D*
Fischregionen	*OFR*		*UFR*		*ÄSR*		*BAR*		*BRR*		*SGW*	
Gewässertypen	*Fluss, Flussstau, See, Seeabfluss*											
Mindestfangmaß	*keine Fangbeschränkung*											

LEBENSWEISE:

Die Laube ist ein gesellig lebender Oberflächenfisch stehender und langsam fließender Gewässer, in denen sie sich sowohl in der Ufer- als auch in der Freiwasserzone aufhält. Die Nahrung besteht aus Plankton, Würmern, Insektenlarven, Anflug und auch Pflanzen (v. a. in den Stauräumen), andererseits ist die Laube ein wichtiges „Raubfischfutter". Das Ablaichen erfolgt nachts unter lautem Geplätscher an flachen, kiesigen Uferstellen, auf Steinhäufen oder in den Zu- und Abflüssen der Seen.

ALLGEMEINE VERBREITUNG UND VORKOMMEN IN KÄRNTEN:

Die Laube lebt in fast allen Kärntner Seen der Tallagen sowie in den Seeabflüssen, in Teichen (z. B. Spintikteiche), aber auch in den Stauräumen der mittleren und unteren Drau sowie im Mündungsgebiet der Gurk. In den Stauräumen der Drau ist allgemein ein besseres Wachstum der Fische in Laufrichtung der Drau feststellbar, was in erster Linie auf die Temperaturerhöhung der Drau in Fließrichtung zurückzuführen sein dürfte (Schulz et al. 1986).

GEFÄHRDUNG UND SCHUTZ:

Derzeit ist in den meisten Kärntner Seen ein Rückgang des Bestandes dieser ursprünglich massenhaft vorkommenden Fischart festzustellen. In den Seen dürfte dies mit dem Verlust an Laichplätzen zusammenhängen. Auf den Steinhäufen und anderem hartem Substrat hat sich nämlich vielfach die seit etwa 30 Jahren eingeschleppte Wandermuschel festgesetzt, sodass dort ein Ablaichen der Laube kaum mehr möglich ist. In den Stauräumen der Drau in Unterkärnten sind größere Populationsschwankungen zu beobachten. Verzeichnete man Ende der 1990-er Jahre einen Rückgang der Bestände, so gab es im Jahre 2002 eine explosionsartige Vermehrung der Lauben in den Draustauräumen Annabrücke und Völkermarkt (E. Blatnik, mündl. Mitteilung). Neu geschaffene Flachwasserzonen wie z. B. im Naturschutzgebiet Neudenstein bieten günstige Bedingungen für die Fortpflanzung der Laube. In den letzten Jahren eingewanderte Tierarten, welche beachtliche Bestände verzeichnen

Abb. 54:
Die Laube besitzt ein oberständiges Maul und ist eine weitverbreitete Fischart in den Kärntner Seen.
(Foto: W. Köstenberger)

wie Signalkrebs, Kaulbarsch, Kormoran sind potentielle Laichräuber bzw. Fressfeinde der Lauben; die Auswirkung dieser neu hinzugekommenen Arten auf die Laubenbestände ist derzeit noch nicht abschätzbar.

FISCHEREI:

Im Ossiacher See bildeten früher die Lauben einen wesentlichen Bestandteil der Nahrung für Welse. Die Lauben wurden dort während der Laichzeit massenhaft gefangen und als Zutat zu Kartoffeln, Sterz, Polenta usw. für den Winter aufbewahrt. Zu diesem Zwecke wurden sie ungeputzt und ungeöffnet in Salzwasser gekocht, auf Sieben getrocknet und in Fässer und Kisten gefüllt (Hartmann 1898). Aus den Schuppen der Laube wird Perlessenz für die Herstellung künstlicher Perlen gewonnen. Nach Siebold (zit. in Hartmann 1898) liefern 50 kg Fische 2 kg Fischschuppen.
Durch das laute Geplätscher während des Ablaichens der Lauben werden Raubfische, v. a. Welse angelockt. Früher wurde dieses Geräusch durch Schlagen mit einem Ruder oder auf die Wasseroberfläche nachgeahmt, wodurch Welse zum Fischer schwammen und so leicht gefangen werden konnten.

Abb. 55:
Lauben leben gesellig in größeren Schwärmen.
(Foto: W. Köstenberger)

Mairenke, Seelaube, Grünling

Chalcalburnus chalcoides mento (Gueldenstaedt, 1772) Familie: Cyprinidae

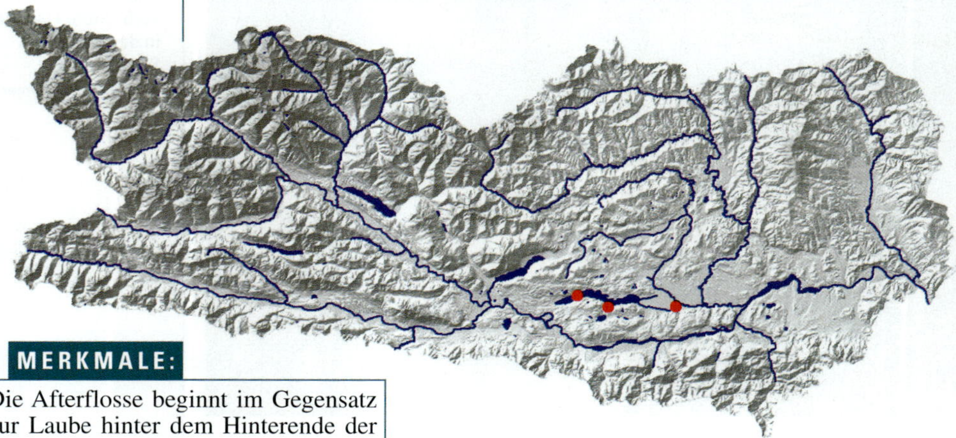

MERKMALE:

Die Afterflosse beginnt im Gegensatz zur Laube hinter dem Hinterende der Rückenflosse. Außerdem unterscheidet sich die Mairenke von der Laube durch die höhere Zahl der Seitenlinienschuppen und die Länge der Afterflosse (kürzer als bei der Laube). Mairenken werden größer als Lauben (max. bis ca. 40 cm lang); mittlere Länge: 15–25 cm.

Rote Liste Kärnten	–	*v*	*r*	*3*	*2*	*1*	*0*	EU-Schutz				
Rote Liste Österreich	–	*v*	*r*	*3*	*2*	*1*	*0*	*Anhang II*				
Laichzeit	*J*	*F*	*M*	*A*	*M*	*J*	*J*	*A*	*S*	*O*	*N*	*D*
Schonzeit/Fangverbot	*J*	*F*	*M*	*A*	*M*	*J*	*J*	*A*	*S*	*O*	*N*	*D*
Fischregionen	*OFR*		*UFR*		*ÄSR*		*BAR*		*BRR*		*SGW*	
Gewässertypen*	*Wörthersee*											
Mindestfangmaß	*keines, ganzjährig geschont*											

* *zur Laichzeit auch im Reifnitzbach*

LEBENSWEISE:

Mairenken leben als Schwarmfische und fressen hauptsächlich Planktontiere, Insektenlarven, Anflug, aber auch kleine Bodentiere. Das Ablaichen erfolgt an seichten, kiesigen Stellen oder in Zubringerbächen. Zur Laichzeit, Ende April bis Mitte Mai schwimmen diese Fische zu Tausenden aus dem Wörthersee in den Reifnitzbach, um dort abzulaichen. Dieses Schauspiel wurde auch filmisch festgehalten und konnte in der beliebten Natursendung des ORF „Universum" bewundert werden. Die abgelegten Eier bedecken bereichsweise den gesamten Gewässerboden. Ein großer Teil der Eier wird dabei bereits unmittelbar nach dem Ablaichen von Fischen und anderen Tieren gefressen. Die Jungfische schlüpfen bereits nach wenigen Tagen und werden in Richtung See verdriftet.

ALLGEMEINE VERBREITUNG UND VORKOMMEN IN KÄRNTEN:

Die Mairenke oder Seelaube kommt in vielen Voralpenseen und Alpenseen Bayerns, Salzburgs und Oberösterreichs vor. In Kärnten lebt sie nur im Wörthersee, im Reifnitzbach (Abb. 57) und vereinzelt in der Glanfurt, dem Abfluss des Wörthersees.

GEFÄHRDUNG UND SCHUTZ:

Aufgrund der besonderen Bedeutung des Reifnitzbaches für diese nach der Fauna-Flora-Habitat-Richtlinie geschützten Fischart wurde der Bach im Jahre 2002 von der Kärntner Landesregierung als „Natura 2000"-Gebiet nominiert. Die Mairenke ist ganzjährig geschont.

Abb. 56:
Anfang Mai versammeln sich tausende Mairenken zum Ablaichen im Reifnitzbach.
(Foto: W. Köstenberger)

FISCHEREI:

Infolge einer auf den ersten Blick gewissen Ähnlichkeit mit der Reinanke wurden Mairenken früher gelegentlich auf dem Klagenfurter Markt als solche von Unkundigen gekauft (HARTMANN 1898), sie werden auch heute noch immer beim Beobachten im Wasser mit Reinanken verwechselt. Wegen der grünlich erscheinenden Färbung werden diese Fische im Wörthersee auch als Grünlinge bezeichnet.

Abb. 57:
Der unverbaute Abschnitt des Reifnitzbaches im Winter.
(Foto: W. Petutschnig)

Rapfen, Schied

Aspius aspius (Linné, 1758) Familie: Cyprinidae

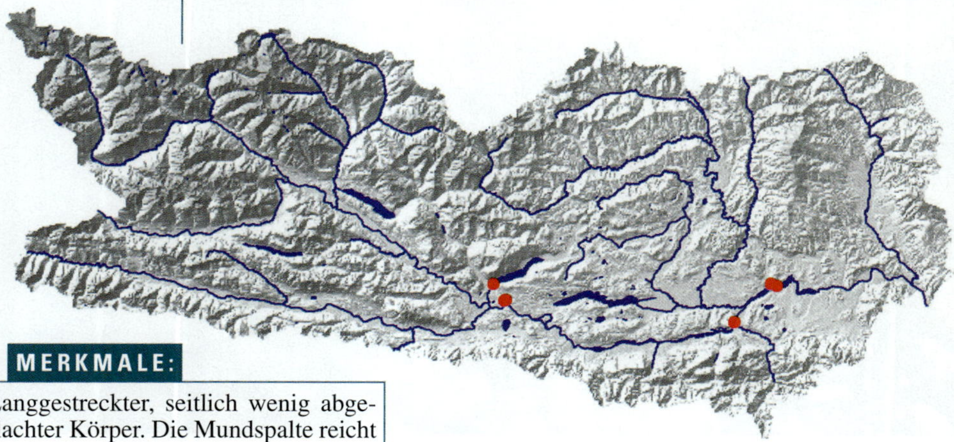

MERKMALE:

Langgestreckter, seitlich wenig abgeflachter Körper. Die Mundspalte reicht bis tief unter die Augen und ist durch den vorgeschobenen Unterkiefer leicht oberständig. Unterkiefer mit Haken an der Spitze, der in eine Kerbe des Oberkiefers passt; relativ kleine Augen und Schuppen (74 bis 76 entlang der Seitenlinie); lange und durch tiefe Ausrandung sichelförmige Afterflosse. Paarige Flossen und Afterflosse rötlich, Männchen zur Laichzeit mit Laichausschlag.

Rote Liste Kärnten	–	*v*	*r*	*3*	*2*	*1*	*0*	EU-Schutz				
Rote Liste Österreich	–	*v*	*r*	*3*	*2*	*1*	*0*	*Anhang II*				
Laichzeit	*J*	*F*	*M*	*A*	*M*	*J*	*J*	*A*	*S*	*O*	*N*	*D*
Schonzeit/Fangverbot	*J*	*F*	*M*	*A*	*M*	*J*	*J*	*A*	*S*	*O*	*N*	*D*
Fischregionen	*OFR*		*UFR*		*ÄSR*		*BAR*		*BRR*		*SGW*	
Gewässertypen	*Flussstau (Besatz, in Ktn. nicht heimisch)*											
Mindestfangmaß	*keine Fangbeschränkung*											

LEBENSWEISE:

Der Rapfen ist der einzige europäische Karpfenfisch, der sich als erwachsenes Tier ausschließlich räuberisch ernährt; er bevorzugt Fließgewässer der Barbenregion, kommt aber auch in aufgestauten Fließgewässern vor. Die Eiablage erfolgt in stärker fließenden Bereichen mit Kiesgrund. Die Jungfische leben in Oberflächennähe, meist auch in flacheren Bereichen, wo sie sich von verschiedenen Kleintieren ernähren. Ab einer Größe von etwa 20 bis 30 cm wird die Nahrung auf Fische umgestellt. Große Exemplare werden zu Einzelgängern. Rapfen gehören zu den schnellwüchsigen Fischen. Im dritten Jahr wird bereits eine Länge von 38 cm erreicht. Das Höchstgewicht liegt bei etwa 12 kg.

ALLGEMEINE VERBREITUNG UND VORKOMMEN IN KÄRNTEN:

Der Rapfen lebt in Europa vom Rhein und Donausystem bis zum Aralsee. Er ist in Kärnten nicht heimisch und bis vor kurzem auch nicht vorgekommen. Erst vor einigen Jahren wurden einzelne Exemplare im Bereich des Ossiacher Seeabflusses sowie in der Wernberger-Drauschleife vorgefunden (Kerschbaumer et al. 2002). Kürzlich gelang der Nachweis einer natürlichen Reproduktion des Rapfens im Völkermarkter Draustau, wobei Jungfische im Flachwasserbiotop Neudenstein gefunden wurden (Wassermann 2001).
Der Rapfen ist im Zuge von Besatzmaßnahmen mit anderen Fischarten in unsere Gewässer gelangt.

Abb. 58:
Der Rapfen ist der einzige karpfenartige Fisch, der sich überwiegend von Fischen ernährt.
(Foto: W. Köstenberger)

GEFÄHRDUNG UND SCHUTZ:

Dort wo der Rapfen ursprünglich vorkommt (in allen Bundesländern Österreichs mit Ausnahme von Tirol, Vorarlberg und Kärnten; SPINDLER et al. 1997) gilt er auch als gefährdet, ebenso sind entprechend der FFH-Richtlinie europaweit Gebiete zu seinem Schutz auszuweisen. Da er in Kärnten nicht heimisch ist, kann er hier auch nicht als gefährdet eingestuft werden.

FISCHEREI:

Im Mai 2002 wurde ein Exemplar mit 5 kg Gewicht im Draustau Annabrücke gefangen. Der Fisch war 80 cm lang und 10 Jahre alt.
Rapfen haben auf Grund ihrer Größe eine angelfischereiliche Bedeutung. Das Fleisch ist aber so wie bei vielen anderen Weißfischen grätenreich.

Barbe

Barbus barbus (Linné, 1758) Familie: Cyprinidae

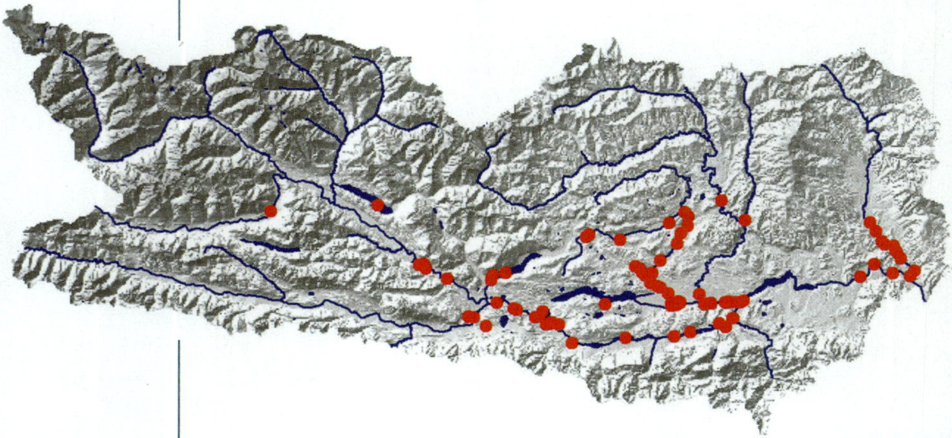

Rote Liste Kärnten	–	v	r	3	2	1	0	EU-Schutz				
Rote Liste Österreich	–	v	r	3	2	1	0	Anhang V				
Laichzeit	J	F	M	A	M	J	J	A	S	O	N	D
Schonzeit/Fangverbot	J	F	M	A	M	J	J	A	S	O	N	D
Fischregionen	OFR	UFR	ÄSR	BAR	BRR	SGW						
Gewässertypen	Bach, Fluss, Flussstau, Seeabfluss											
Mindestfangmaß	30 cm											

MERKMALE:

Hauptfisch der Barbenregion; rüsselartig verlängerte Schnauze und vier Bartfäden am Rand der Oberlippe; durchschnittliche Länge: 30 bis 50 cm (max. 90 cm lang).

LEBENSWEISE:

Die Barbe bewohnt als gesellig lebender Grundfisch schnellfließende, größere Flüsse und Ströme mit klarem, sauerstoffreichen Wasser und Sand- oder Kiesgrund. Sie hält eine Winterruhe in ruhigen Buchten und Altwässern. Während des Tages hält sich diese Fischart gerne in Bodennähe in stärkeren Strömungen wie z. B. unterhalb von Wehren oder hinter Brückenpfeilern auf. Erst mit Beginn der Dämmerung, bei trübem Wasser auch tagsüber, geht die Barbe auf Nahrungssuche. Die Nahrung besteht aus kleinen Bodentieren, aber auch aus Fischlaich und Pflanzenkost; größere Barben fressen auch Fische. Zu Beginn der Laichzeit führen Barben lange Wanderungen durch (bis zu 100 km). Das Ablaichen erfolgt im Schwarm an flachen, kiesigen Stellen im strömenden Wasser.

ALLGEMEINE VERBREITUNG UND VORKOMMEN IN KÄRNTEN:

In noch strömenden Abschnitten der mittleren und unteren Drau (z. B. Rosegger Schleife, Abb. 60), aber auch vereinzelt in der aufgestauten Drau selbst; weiters in der unteren Gurk, der Glan ab St. Veit, der unteren Gail, der unteren Lavant, der Wölfnitz, der Glanfurt sowie anderen Seeabflüssen (z. B. Ossiacher Seebach, Hörzendorfer Seeabfluss) und im Treffner Bach sowie Viktringer Bach.

GEFÄHRDUNG UND SCHUTZ:

Durch den Aufstau von Fließgewässern im Bereich der Barbenregion ist der Lebensraum gegenüber früher deutlich eingeschränkt worden. Bereits TSCHAUKO (1923) schreibt, dass die Barbe in der Drau stark abgenommen hat, wobei die Errichtung der Wehranlage in Marburg Schuld daran sei. Durch die Errichtung von Kraftwerksanlagen wurde auch in Kärnten die Wanderung eingeschränkt, sodass z. B. der Barbenzug aus der Rosegger Schleife in die Drau oberhalb nicht mehr möglich ist.

Abb. 59:
Die rüsselförmig verlängerte Schnauze und 4 Bartfäden an der Oberlippe sind typisch für die Barbe.
(Foto: W. Köstenberger)

In den Thermen von Warmbach Villach lebte früher eine weitere Barbenart (STROUHAL 1934), nämlich die Tiberbarbe oder Südbarbe (*Barbus plebejus*). Ob diese dort natürlich eingewandert ist oder möglicherweise schon zur Römerzeit besetzt wurde (die Römer nutzten bereits die Thermen von Villach), kann heute nicht mehr nachvollzogen werden. Die Tiberbarbe kann heute nicht mehr für Kärnten bestätigt werden, sie ist durch die vielen anthropogenen Veränderungen im Warmbach ausgestorben (HONSIG-ERLENBURG 2001c). Im benachbarten Slowenien lebt diese Art heute noch, wie z. B. in der Soča.

Abb. 60:
Die Flachwasser-Buchten der Rosegger Schleife bieten den jungen Barben ideale Lebensräume.
(Foto: W. Petutschnig)

Semling, Hundsbarbe, Nudelbarbe

Barbus peloponnesius (Valenciennes, 1842) Familie: Cyprinidae

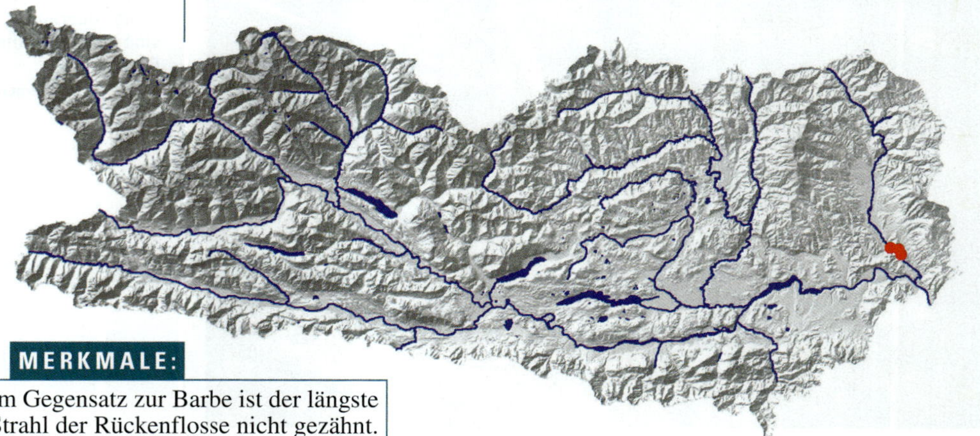

MERKMALE:

Im Gegensatz zur Barbe ist der längste Strahl der Rückenflosse nicht gezähnt. Die Afterflosse ist länger ausgezogen und reicht angelegt bis zur Basis der Schwanzflosse, die Schnauze ist stumpfer als bei der Barbe. Rücken und Körperseite mit Marmorierungen; Rücken- und Schwanzflosse mit dunklen Flecken und Tüpfel; mittlere Länge 20–25 cm.

Rote Liste Kärnten	–	*v*	*r*	*3*	*2*	*1*	*0**	EU-Schutz				
Rote Liste Österreich	–	*v*	*r*	*3*	*2*	*1*	*0*	*Anhang II, V*				
Laichzeit	*J*	*F*	*M*	*A*	*M*	*J*	*J*	*A*	*S*	*O*	*N*	*D*
Schonzeit/Fangverbot	*J*	*F*	*M*	*A*	*M*	*J*	*J*	*A*	*S*	*O*	*N*	*D*
Fischregionen	*OFR*		*UFR*		*ÄSR*		*BAR*		*BRR*		*SGW*	
Gewässertypen	*Fluss*											
Mindestfangmaß	*keines, ganzjährig geschont*											

* wieder entdeckt in der Lavant bei St. Paul im Jahr 2000.

LEBENSWEISE:

Wie die anderen Barbenarten bevorzugt auch der Semling schnell fließende Flüsse mit Sand- oder Kiesgrund. Die Nahrung setzt sich aus kleinen Bodentieren und vereinzelt Pflanzenkost zusammen. Semlinge treten oft in kleinen Schwärmen und auch gemeinsam mit Barben auf.

ALLGEMEINE VERBREITUNG UND VORKOMMEN IN KÄRNTEN:

Der Semling (frühere wissenschaftliche Bezeichnung: *Barbus meridionalis petenyi*) wurde letztmals im Jahre 1952 von Reisinger für die Glan, den Hörzendorfer See und dessen Abfluss (Reinitzbach) beschrieben. Dabei wurden auch die Synonyme „Hundsbarbe" sowie „Nudelbarbe" verwendet. Findenegg & Reisinger (1950) beschreiben diese Art auch für die untere Gurk. Der Semling galt seither für Kärnten als ausgestorben.
Im Zuge einer Fischbestandesaufnahme im Frühjahr 2000 wurden erstmals wieder Semlinge in einer Ausleitungsstrecke der Lavant bei St. Paul gefangen. In der Zwischenzeit konnte diese Fischart auch flussabwärts in der Lavant, und zwar im Bereich St. Georgen-Altach nachgewiesen werden. Die Semlinge wurden in der Lavant in den eher langsamer fließenden Uferbereichen vorgefunden. Das historische Verbreitungsgebiet in Österreich ist auf die Bundesländer Niederösterreich, Wien, Steiermark und Kärnten beschränkt. In der Roten Liste autochthoner Fischarten in Österreich wurde der Semling bis vor Kurzem als „ausgestorben" geführt (Spindler et al. 1997). Im Jahre 1998 wurde der Semling erstmals für die Donau in Engelhartszell (OÖ) nachgewiesen (Zauner 1998). In der Zwischenzeit wurde diese Fischart jedoch auch aus der Steiermark, insbesondere aus dem Bereich der Grenzmur belegt (Woschitz und Zauner, mündl. Mitteilung). Aus dem benachbarten Slowenien ist diese Art aus mehreren Fließgewässern bis zu einer Seehöhe von 500 m bekannt (Povž & Sket 1990; Honsig-Erlenburg et al. 1997).

Abb. 61:
Der Semling, auch als „Hunds-" oder „Nudelbarbe" bezeichnet, galt in Kärnten bereits als ausgestorben und wurde erst kürzlich in der Lavant bei St. Paul wiederentdeckt.
(Foto: W. Köstenberger)

GEFÄHRDUNG UND SCHUTZ:

Bis auf das kleinräumige Vorkommen in der unteren Lavant ist der Semling in Kärntens Gewässern nicht mehr vorzufinden. Die Ursachen des Verschwindens dieser Art aus vielen Fließgewässern in Kärnten liegen in der Regulierung der Fließgewässer (Glan), sowie in der seinerzeit schlechten Gewässergüte (untere Gurk). Aufgrund des kleinräumigen Vorkommens ist diese Fischart als „vom Aussterben bedroht" einzustufen.
Der Erhalt schnell fließender und strukturreicher Gewässerabschnitte in der Äschen- und Barbenregion ist die Voraussetzung für den Wiederaufbau intakter Semlingsbestände.

Karausche

Carassius carassius (Linné, 1758) Familie: Cyprinidae

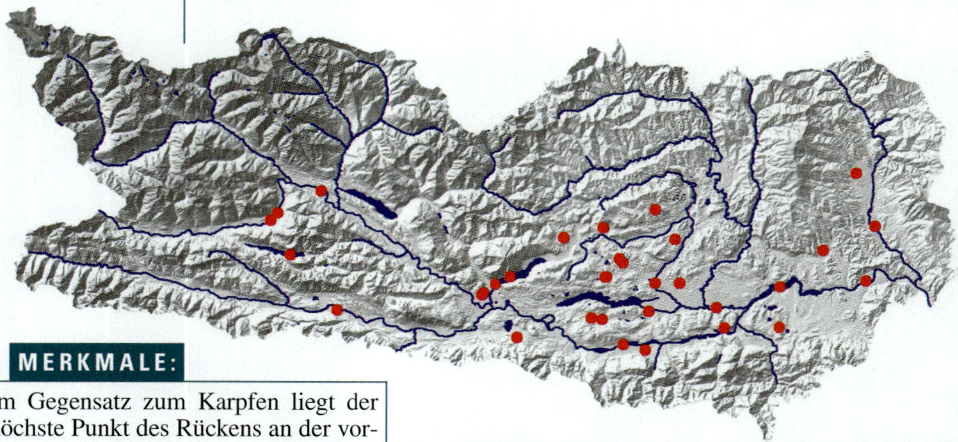

MERKMALE:

Im Gegensatz zum Karpfen liegt der höchste Punkt des Rückens an der vorderen Ansatzstelle der Rückenflosse oder knapp dahinter; keine Barteln, immer Beschuppung; mittlere Länge: 15 bis 25 cm; im Gegensatz zum Giebel mit dunklem Fleck an der Schwanzwurzel; 1. Strahl der Rückenflosse bei Karausche nur schwach gesägt, im Gegensatz beim Giebel stark gesägt.

Rote Liste Kärnten	*–*	*v*	*r*	*3*	*2*	*1*	*0*	EU-Schutz				
Rote Liste Österreich	*–*	*v*	*r*	*3*	*2*	*1*	*0*	–				
Laichzeit	*J*	*F*	*M*	*A*	*M*	*J*	*J*	*A*	*S*	*O*	*N*	*D*
Schonzeit/Fangverbot	*J*	*F*	*M*	*A*	*M*	*J*	*J*	*A*	*S*	*O*	*N*	*D*
Fischregionen	*OFR*		*UFR*		*ÄSR*		*BAR*		*BRR*		*SGW*	
Gewässertypen	*Augewässer, Teich, See, Flussstau*											
Mindestfangmaß	*Keine Fangbeschränkung*											

LEBENSWEISE:

Der Pflanzenlaicher kommt bevorzugt in wärmeren, stark verkrauteten stehenden Gewässern vor. Die Karausche ist als besonders widerstandsfähiger, zäher Fisch bekannt. Sie bewohnt Gewässer, in welchen andere Fischarten vielfach nicht mehr zu überleben vermögen. Gegenüber niedrigem oder stark schwankendem Sauerstoffgehalt sind Karauschen anspruchslos. Die Nahrung besteht aus Pflanzen und kleinen Bodentieren. Während der kalten Jahreszeit gräbt sie sich in den Boden ein und verfällt in eine Art Winterschlaf; auch wenn ihr Wohngewässer auszutrocknen beginnt, verbirgt sie sich im Schlamm.

Bei HECKEL & KNER (1857) wird angegeben, dass der Transport dieser Fischart in Schnee oder feuchten Blättern stundenlang möglich ist. Die lange Überlebensmöglichkeit außerhalb des Wassers wird auf die Weite der Kiemenspalten zurückgeführt, wodurch mehr Sauerstoff aus der Luft aufgenommen werden kann.

ALLGEMEINE VERBREITUNG UND VORKOMMEN IN KÄRNTEN:

Die Karausche besiedelt den größten Teil Europas bis auf die nördlichsten Gebiete und das Mittelmeer. In Kärnten kommt sie vor allem in sehr gering durchfluteten und sommerwarmen Augewässern und Teichen vor (z. B. Tanzenberger Teich, Tatschnigteich, Dietrichsteiner Teich, Webersee und Griffner See), aber auch in flachen Bereichen der Unterkärntner Seen (z. B. Keutschacher See) sowie vereinzelt in Flachbereichen der Stauräume der unteren Drau und im Ossiacher Seeabfluss.

Abb. 62:
Karauschen lieben Gewässer mit dichten Wasserpflanzenbeständen, sie kommen auch mit einem geringen Sauerstoffgehalt aus.
(Foto: W. Köstenberger)

GEFÄHRDUNG UND SCHUTZ:

Aufgrund des Verlustes von Augewässern und natürlichen Kleingewässern vor allem im 20. Jahrhundert, sowie des Besatzes und der Bewirtschaftung mit in den entsprechenden Gewässern nicht vorkommenden Arten ist der Bestand an Karauschen in Kärnten deutlich zurückgegangen. Durch die Schaffung neuer Augewässer (z. B. im oberen Drautal) können wieder Lebensräume für diese Art geschaffen werden.

FISCHEREI:

Die Karausche hat in unseren Breiten eigentlich keine fischereiwirtschaftliche Bedeutung. In den Ländern am Donaudelta (Rumänien, Ukraine), zählt sie sehr wohl zu den fischereilich bedeutenden Fischen, zumal sie auch entsprechende Größen erreicht. Die Fische werden eingeschnitten und über dem Rost gegrillt. Auf manchen Ausflugsbooten wird diese Speise angeboten.
In den 1950-er Jahren hat es Versuche gegeben, Karpfen und Karauschen zu kreuzen, in der Hoffnung, gegen die Bauchwassersucht widerstandsfähigere Fische zu erhalten. Das Wachstum der Bastarde ist allerdings schlechter als das der Karpfen. Da die Versuche nicht den gewünschten Erfolg brachten, wurden sie wieder eingestellt.

Giebel, Silberkarausche, Goldfisch

Carassius auratus gibelio (Bloch, 1782) Familie: Cyprinidae

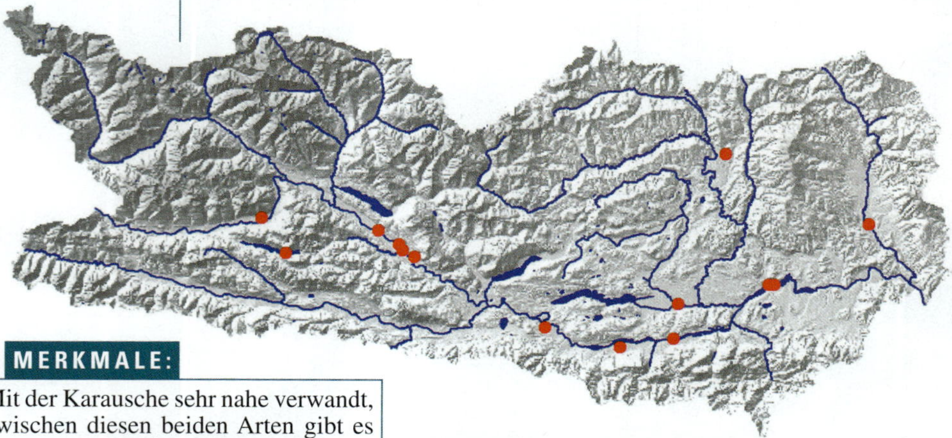

MERKMALE:

Mit der Karausche sehr nahe verwandt, zwischen diesen beiden Arten gibt es oft Verwechslungen. Wenn sich die Fischarten auch durch ihre Färbung (Giebel mit leichtem Silberglanz) unterscheiden, so kann eine deutliche Differenzierung jedoch nur aufgrund der Zahl der Kiemenreusendornen sowie der Zahl der Schuppen entlang der Seitenlinie getroffen werden.

Rote Liste Kärnten	–	*v*	*r*	*3*	*2*	*1*	*0*	EU-Schutz				
Rote Liste Österreich	–	*v*	*r*	*3*	*2*	*1*	*0*	–				
Laichzeit	*J*	*F*	*M*	*A*	*M*	*J*	*J*	*A*	*S*	*O*	*N*	*D*
Schonzeit/Fangverbot	*J*	*F*	*M*	*A*	*M*	*J*	*J*	*A*	*S*	*O*	*N*	*D*
Fischregionen	*OFR*		*UFR*		*ÄSR*		*BAR*		*BRR*		*SGW*	
Gewässertypen*	*Teich, See, Flussstau*											
Mindestfangmaß	*keine Fangbeschränkung*											

* *in Kärnten nicht heimisch*

LEBENSWEISE:

Die Zuchtform des Giebels, der Goldfisch, laicht in Freigewässern im Frühjahr bis Sommer bei einer Wassertemperatur zwischen 18° und 22° C. Die fast durchsichtigen Larven heften sich mit Hilfe ihrer auf dem Kopf befindlichen Klebedrüsen an Wasserpflanzen fest (Terofal 1984). Wie die Wildformen sind die Jungfische anfangs grau oder olivgrün gefärbt, erst nach einigen Monaten beginnt die Umfärbung zum Goldfisch.

Abb. 63: Der Goldfisch ist eine alte Zuchtform des Giebels. (Foto: W. Köstenberger)

Im Gegensatz zu Karausche und Goldfisch treten männliche Giebel nur selten auf. Die in gemischten Laichschwärmen mit anderen Arten abgegebenen Eier werden durch das Eindringen fremder Spermien in ihrer Entwicklung angeregt, ohne dass es zu einer Befruchtung mit Kernverschmelzung kommt (Gynogenese). Aus diesen Eiern entstehen wiederum ausschließlich weibliche Giebel (GERSTMEIER & ROMIG 1998).

ALLGEMEINE VERBREITUNG UND VORKOMMEN IN KÄRNTEN:

Ob diese Fischart zur autochthonen Fischfauna Europas zählt, ist bisher noch nicht eindeutig geklärt (SCHMUTZ et al. 2000), jedoch ist das Vorkommen in Europa schon seit dem 16. Jahrhundert bekannt. In Kärnten wurde der Giebel erst kürzlich erstmals für den Völkermarkter Draustau im Bereich des Flachwasserbiotopes Neudenstein nachgewiesen (FRIEDL 1996b). Ein großer Bestand befindet sich im Weizelsdorfer Badesee.
Die Zuchtformen des Giebels spielen vor allem im Zierfischhandel eine große Rolle. Der Goldfisch und seine zahlreichen Varianten (z. B. Schleierschwanz) wurden in China und Japan durch sorgfältige, langwierige Auswahl geeigneter Laichfische gezüchtet und bereits im 17. Jahrhundert als Zierfisch nach Europa gebracht. Man findet heute vereinzelt auch in Kärnten verwilderte Goldfische, insbesondere in Teichen (z. B. Baggerteiche bei Kleblach oder Wunderstätten und im Lanzendorfer Moor, Abb. 64). Goldfische haben in natürlichen Gewässern längerfristig kaum eine Überlebenschance, da sie durch ihre auffallende Färbung leichte Beute für verschiedene Fressfeinde (Vögel, Fische, Säugetiere) sind.

Abb. 64
Auch im Naturdenkmal „Lanzendorfer Moor" bei Poggersdorf wurden Goldfische eingesetzt.
(Foto: D. Streitmaier)

Nase

Chondrostoma nasus (Linné, 1758) Familie: Cyprinidae

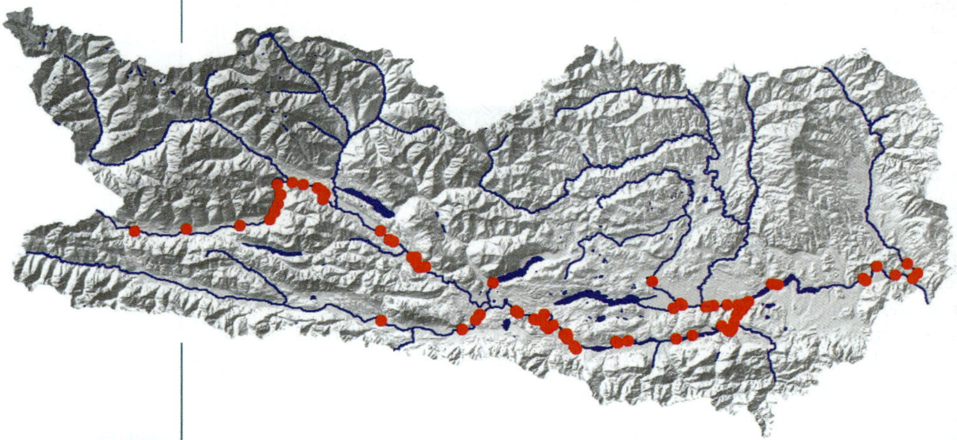

MERKMALE:

Die Oberlippe ist zu einem dicken, nasenartigen Fortsatz vergrößert, der Mund ist stark unterständig; hornige Unterlippe, schwarzes Bauchfell; alle Flossen graurot bis gelblichrot; Länge: bis etwa 50 cm.

Rote Liste Kärnten	–	*v*	*r*	*3**	*2*	*1*	*0*	EU-Schutz				
Rote Liste Österreich	–	*v*	*r*	*3*	*2*	*1*	*0*	–				
Laichzeit	*J*	*F*	*M*	*A*	*M*	*J*	*J*	*A*	*S*	*O*	*N*	*D*
Schonz./Fangverb.**	*J*	*F*	*M*	*A*	*M*	*J*	*J*	*A*	*S*	*O*	*N*	*D*
Fischregionen	*OFR*		*UFR*		*ÄSR*		*BAR*		*BRR*		*SGW*	
Gewässertypen	*Fluss, Flussstau*											
Mindestfangmaß	*25 cm*											

* Gefährdung anzunehmen; ** 16. März bis 15. Juni

LEBENSWEISE:

Die Nase ist eine Leitfischart der Barbenregion, sie kommt aber vereinzelt auch in der Äschenregion vor. Die Nahrung besteht hauptsächlich aus Algen, die von den Steinen und Wurzelwerk abgeweidet werden, und Kleintieren aller Art. Sie bevorzugt einen Lebensraum mit grob kiesigem oder felsigem Untergrund, auf welchem sich Aufwuchsalgen festsetzen können. Im Winter halten sich die Nasen in dichten Schwärmen an tieferen Stellen im sogenannten Winterlager auf. Die Fische sind Kieslaicher und tragen zur Laichzeit einen Laichausschlag (Abb. 66).

ALLGEMEINE VERBREITUNG UND VORKOMMEN IN KÄRNTEN:

Die Nase kommt in Europa vom Ural bis nach Frankreich vor, in Italien oder Skandinavien fehlt sie. In Kärnten lebt sie vor allem in den Stauwurzelbereichen und schnell fließenden Abschnitten der Draustaue (BAUMGARTNER 1988), auch in der unteren Gurk, Gail, unteren Lavant und Glan sowie in der Sattnitz. Im April bis Mai steigen die Nasen zu Tausenden aus dem darunter liegenden Stauraum Feistritz in die Rosegger Schleife (siehe Abb. 9) auf, um dort abzulaichen.

GEFÄHRDUNG UND SCHUTZ:

Früher sind die Nasen vor allem zur Laichzeit in der Drau flussaufwärts bis in die obere Drau gewandert. Die Jungfische waren dabei bevorzugte Nahrung der Huchen. Durch die Errichtung der Stauwerke ist der Nasenzug unterbunden worden. Im Rahmen des LIFE-Projektes „Auenverbund Obere Drau" wurden dort wieder Nasen besetzt, die aus der Rosegger Drauschleife stammen.

Abb. 65:
Die Nase besitzt einen nasenartigen Fortsatz und ein deutlich unterständiges Maul.
(Foto: W. Köstenberger)

Abb. 66:
Nasen besitzen während der Paarungszeit einen typischen Laichausschlag auf der Kopfoberseite.
(Foto: W. Köstenberger)

FISCHEREI:

Nasen sind interessante Angelfische, die vor allem mit der Grundangel gefangen werden. Das Fleisch ist im Vergleich zu anderen Karpfenarten besonders fettreich (Gerstmeier & Romig 1998) und gilt trotz des relativen Gräten-Reichtums als wohlschmeckend.

Gründling

Gobio gobio (Linné, 1758) Familie: Cyprinidae

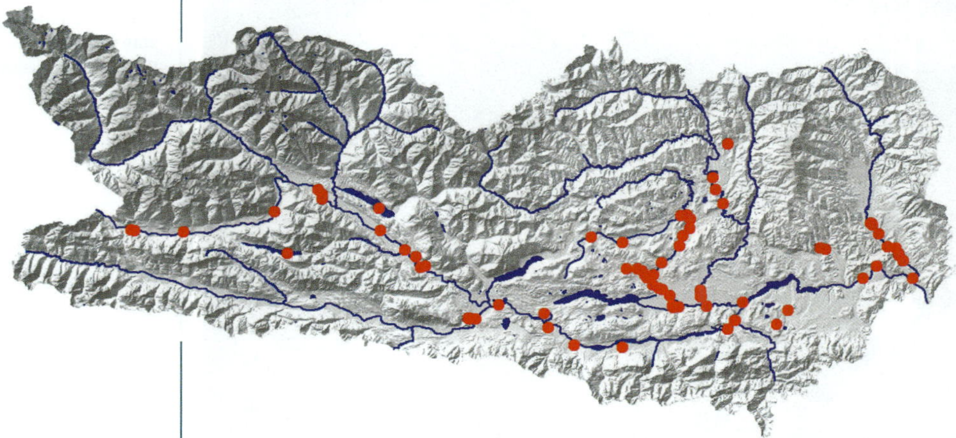

Rote Liste Kärnten	–	*v*	*r*	*3*	*2*	*1*	*0*	EU-Schutz				
Rote Liste Österreich	–	*v*	*r*	*3*	*2*	*1*	*0*	–				
Laichzeit	*J*	*F*	*M*	*A*	*M*	*J*	*J*	*A*	*S*	*O*	*N*	*D*
Schonzeit/Fangverbot	*J*	*F*	*M*	*A*	*M*	*J*	*J*	*A*	*S*	*O*	*N*	*D*
Fischregionen	*OFR*	*UFR*	*ÄSR*	*BAR*	*BRR*	*SGW*						
Gewässertypen	*Bach, Fluss, Seeabfluss, Flussstau*											
Mindestfangmaß	*keine Fangbeschränkung*											

MERKMALE:

Kleiner Fisch, mittlere Länge: 8–14 cm; unterständiges Maul, am Hinterrand des Oberkiefers je ein kurzer Bartfaden.

LEBENSWEISE:

Als gesellig lebender Bodenfisch bevorzugt der Gründling Sand- oder Kiesgrund. Die Nahrung setzt sich aus kleinen Insektenlarven, Würmern und Kleinkrebsen zusammen. Die Eier werden an seichten, überströmten Stellen auf Steinen oder Pflanzen abgelegt.

Abb. 67: Der Gründling ist ein gesellig lebender Bodenfisch.
(Foto: W. Köstenberger)

ALLGEMEINE VERBREITUNG UND VORKOMMEN IN KÄRNTEN:

Der vor allem in fließenden Gewässern der Äschen- und Barbenregion lebende Gründling kommt auch in der Uferzone stehender Gewässer und in den Stauräumen der Drau vor. Auch findet er sich häufig in den Zu- und Abflüssen der größeren Kärntner Seen (z. B. in der Sattnitz), in Lauenbächen an der Drau, sowie in anderen vom Grundwasser gespeisten Kleingewässern und Altarmen. Auch in den Restwasserstrecken der Gurk bei den Kraftwerken Rain bzw. Pölling und im sogenannten Ledererbach in Althofen ist er zu finden. Ein häufigeres Vorkommen kann im Mettersdorfer Altarm, der Glan, der Wölfnitz sowie in der unteren Lavant belegt werden.

FISCHEREI:

Bei Hartmann (1898) wird angeführt, dass der Gründling am Weißensee „Bauer" oder „Lettenwühler" genannt wurde. In den Millstätter See wurde der Fisch vor etwa 100 Jahren als „Futterfisch für Forellen" eingesetzt. Das Fleisch des Gründlings gilt als wohlschmeckend.

Zwischen 1995 und 1997 wurden in Kärnten drei weitere Gründlingsarten neu entdeckt, nämlich der Steingreßling, der Weißflossengründling und der Kessler-Gründling. Diese Gründlingsarten waren sicherlich schon immer in Kärnten, konnten aber aufgrund der äußerlichen Ähnlichkeit bislang nicht unterschieden werden.

Abb. 68: Gründlinge leben meist in mehr oder weniger großen Schwärmen. (Foto: W. Köstenberger)

Kessler-Gründling

Gobio kessleri (Dybowski, 1862) Familie: Cyprinidae

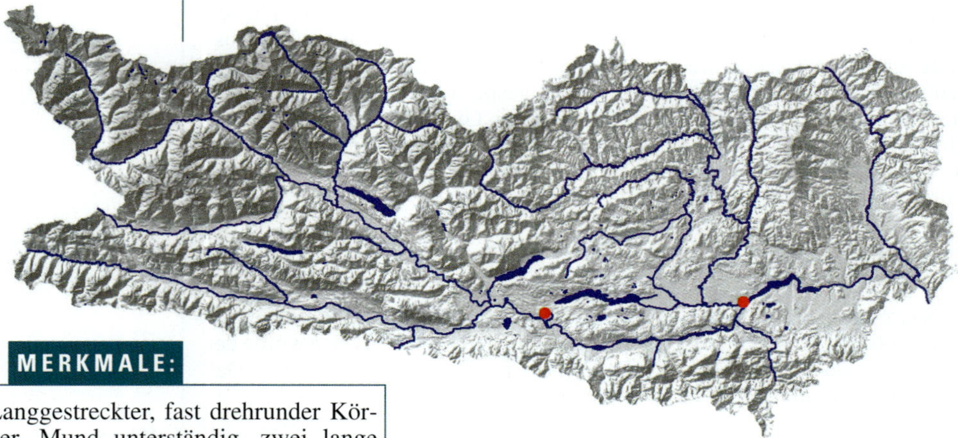

MERKMALE:

Langgestreckter, fast drehrunder Körper. Mund unterständig, zwei lange Barteln. Die Rückenflosse besteht im Gegensatz zu den drei anderen Gründlings-Arten (7 Strahlen) aus 8 Strahlen. Der Anus liegt näher dem Bauchflossenansatz als dem Afteransatz. Der Augendurchmesser ist so groß wie der Augenabstand, die beiden Bartfäden erreichen zurückgelegt den Hinterrand der Augen. Länge: bis 15 cm.

Rote Liste Kärnten	*–*	*v*	*r*	*3*	*2*	*1*	*0*	EU-Schutz				
Rote Liste Österreich	*–*	*v*	*r*	*3*	*2*	*1*	*0*	–				
Laichzeit	*J*	*F*	*M*	*A*	*M*	*J*	*J*	*A*	*S*	*O*	*N*	*D*
Schonzeit/Fangverbot	*J*	*F*	*M*	*A*	*M*	*J*	*J*	*A*	*S*	*O*	*N*	*D*
Fischregionen	*OFR*		*UFR*		*ÄSR*		*BAR*		*BRR*		*SGW*	
Gewässertypen	*Fluss*											
Mindestfangmaß	*keines, ganzjährig geschont*											

LEBENSWEISE:

Der Kessler-Gründling ist ein gesellig lebender Bodenfisch, der bevorzugt an stark überströmten, seichten Kiesbänken vorkommt. Die Nahrung setzt sich aus kleinen Bodentieren und Algen zusammen. Ansonsten ist die Lebensweise der des Gründlings sehr ähnlich.

ALLGEMEINE VERBREITUNG UND VORKOMMEN IN KÄRNTEN:

Gobio kessleri blieb jahrzehntelang in Österreich unerkannt und konnte erst 1988 im Zuge von genaueren Untersuchungen und durch Sichtung von Belegmaterial für die Donau bei Wien eindeutig nachgewiesen werden (WANZENBÖCK et al. 1989). Im Jahre 1997 konnte er anläßlich einer Fischbestandesaufnahme im Rahmen eines Forschungsprojektes in der Rosegger Drauschleife erstmals für Kärnten nachgewiesen werden (KERSCHBAUMER & PROCHINIG 1999). In der Zwischenzeit gelang auch für die unterste Gurk (Rückstaubereich bei der Mündung) ein Nachweis. Auch für das benachbarte Slowenien wurde diese Art erst kürzlich festgestellt (HONSIG-ERLENBURG & POVŽ 1999). Der Kessler-Gründling ist von anderen Gründlingsarten schwer zu unterscheiden. Er dürfte daher nicht immer richtig erkannt worden sein und wahrscheinlich auch noch in anderen Gewässerabschnitten in Kärnten vorkommen. Die Verbreitung dieser Art war vermutlich auch früher viel häufiger.

Abb. 69:
Der Kessler-Gründling wurde erst kürzlich in Kärnten festgestellt.
(Foto: W. Köstenberger)

GEFÄHRDUNG UND SCHUTZ:

Aufgrund der kleinräumigen Verbreitung und der Tatsache, dass diese Fischart im Bereich von energiewirtschaftlich genutzten Abschnitten der Drau vorkommt, wo sie von Schwellbetrieb und Restwasserstrecken bedrängt wird, kann diese Art als stark gefährdet angesehen werden. Der Erhalt schnell fließender und strukturreicher Fließgewässerabschnitte ist eine Grundvoraussetzung für den Schutz des Kessler-Gründlings. Für die energiewirtschaftlich genutzten Streckenabschnitte sind Managementmaßnahmen erforderlich. Diesbezüglich wird auf die Ergebnisse des Forschungsprojektes „Ökosystem Rosegg-St. Jakob“ verwiesen (KERSCHBAUMER et al. 2002).

Weißflossen-Gründling

Gobio albipinnatus (Lukasch, 1933) Familie: Cyprinidae

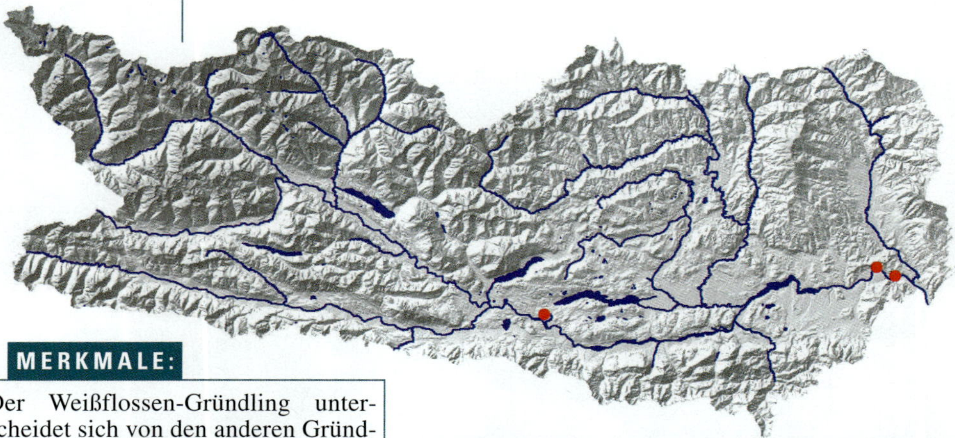

MERKMALE:

Der Weißflossen-Gründling unterscheidet sich von den anderen Gründlingsarten durch die ungefleckte Rücken-, After- und Schwanzflosse; Poren der Seitenlinie sind oben und unten dunkel eingefasst. Im Gegensatz zu den anderen in Kärnten nachgewiesenen Gründlingsarten liegt außerdem beim Weißflossen-Gründling der After näher dem Bauchflossenansatz als dem Afterflossenansatz; große Augen (Augendurchmesser mindestens so groß wie der Augenabstand), der Bartfaden reicht zurückgelegt bis etwa zum Augenhinterrand; mittlere Länge: 10–15 cm.

Rote Liste Kärnten	–	*v*	*R*	*3*	*2*	*1*	*0*	EU-Schutz				
Rote Liste Österreich	–	*v*	*R*	*3*	*2*	*1*	*0*	*Anhang II*				
Laichzeit	*J*	*F*	*M*	*A*	*M*	*J*	*J*	*A*	*S*	*O*	*N*	*D*
Schonzeit/Fangverbot	*J*	*F*	*M*	*A*	*M*	*J*	*J*	*A*	*S*	*O*	*N*	*D*
Fischregionen	*OFR*		*UFR*		*ÄSR*		*BAR*		*BRR*		*SGW*	
Gewässertypen	*Fluss, Flussstau*											
Mindestfangmaß	*ganzjährig geschont*											

LEBENSWEISE:

Der Weißflossen-Gründling ist ein gesellig lebender Bodenfisch, der als Nahrung kleine Bodentiere und Algen aufnimmt. Er bevorzugt Flussabschnitte mit höheren Strömungsgeschwindigkeiten, die jedenfalls frei von Schlammablagerungen sind (Banarescu 1962; Wanzenböck et al. 1989), laut Gerstmeier & Romig (1998) kommt er jedoch auch in langsam strömenden, tieferen Bereichen des Flussbettes und in Altarmen vor.

ALLGEMEINE VERBREITUNG UND VORKOMMEN IN KÄRNTEN:

Diese Fischart lebt vor allem im Don- und Wolgabecken. Der Weißflossen-Gründling wurde erst im 20. Jahrhundert beschrieben. Sein Vorkommen in Österreich blieb jahrzehntelang unerkannt. Aufgrund der Erstbeschreibung im Jahre 1933 war diese Art auch in Kärnten um die Jahrhundertwende nicht bekannt und konnte daher von Hartmann (1998) nicht erfasst werden. Für den niederösterreichischen Donauabschnitt stellt *Gobio albipinnatus* die dominierende Gründlingsart dar (Wanzenböck et al. 1989). Von Friedl (1991) wurde ein Nachweis dieser Fischart für das Gewässersystem der Leitha im Burgenland erbracht, wobei sich der Bestand vor allem auf die Begleitkanäle beschränkte. Für das benachbarte Slowenien wird der Weißflossen-Gründling für die Mur und die Drau angegeben (Povž & Sket 1990). Aus steirischen Gewässern gibt es einen sicheren Nachweis dieser Art von der unteren Lafnitz (Kainz & Gollmann 1990).
Anlässlich einer Fischbestandesaufnahme im Zuge einer Diplomarbeit (Maier 1997) im Draustau Lavamünd konnte der Weißflossen-Gründling im Jahre 1996 erstmals für Kärnten durch den Fang von mehreren Exemplaren nachgewiesen werden (Honsig-Erlenburg et al. 1997a). So wurde mittels Elektrobefischung auf einer Uferlänge von 1 km ein Bestand von ca.

400 Stück ermittelt. Die Fische wurden in erster Linie während der Nachtstunden gefangen, am Tag halten sie sich offensichtlich in tieferen Regionen des Stauraumes auf. Von den Fischern des flussaufwärts liegenden Stauraumes Schwabeck wird mitgeteilt, dass neben dem bekannten Gründling noch eine zweite Gründlingsart unterschieden werden kann, vermutlich handelt es sich dabei auch um den Weißflossen-Gründling.
Inzwischen konnte der Weißflossen-Gründling auch in der Rosegger Drauschleife nachgewiesen werden (KERSCHBAUMER et al. 2002).

Abb. 70: Der Weißflossen-Gründling ist nur in der unteren Drau nachgewiesen. (Foto: W. Köstenberger)

GEFÄHRDUNG UND SCHUTZ:

Die Erhaltung der noch fließenden Bereiche in der Flussstaukette der unteren Drau sowie die Einbindung von Zubringerbächen ist für den Schutz der Bestände in Kärnten von großer Bedeutung.

Steingreßling

Gobio uranoscopus (Agassiz, 1828) Familie: Cyprinidae

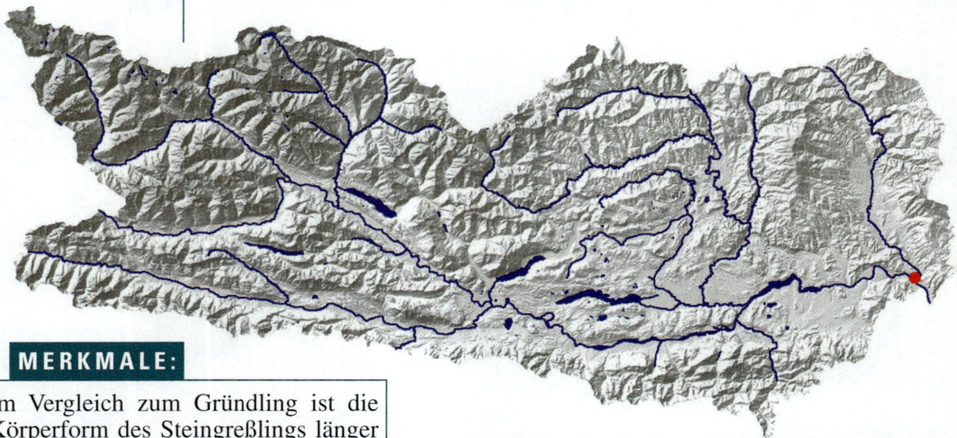

MERKMALE:

Im Vergleich zum Gründling ist die Körperform des Steingreßlings länger gestreckt, wobei der Schwanzstiel lang, dünn und zylindrisch ausgebildet ist. Die Augen sind schräg nach oben gestellt. Die Bartfäden erreichen zurückgelegt mindestens den Augenhinterrand. Außerdem ist die Kehle im Gegensatz zu allen anderen bekannten Gründlingsarten beschuppt. Rücken grau-braun bis schwärzlich-grau mit fünf dunklen, verwaschenen Querbinden, die bis zur Seitenlinie herabreichen; Länge: bis 15 cm.

Rote Liste Kärnten	–	*v*	*r*	*3*	*2*	*1*	*0*	EU-Schutz				
Rote Liste Österreich	–	*v*	*r*	*3*	*2*	*1*	*0*	*Anhang II*				
Laichzeit	*J*	*F*	*M*	*A*	*M*	*J*	*J*	*A*	*S*	*O*	*N*	*D*
Schonzeit/Fangverbot	*J*	*F*	*M*	*A*	*M*	*J*	*J*	*A*	*S*	*O*	*N*	*D*
Fischregionen	*OFR*		*UFR*		*ÄSR*		*BAR*		*BRR*		*SGW*	
Gewässertypen	*Fluss (in Ktn. nur in der unteren Lavant)*											
Mindestfangmaß	*ganzjährig geschont*											

LEBENSWEISE:

Der Steingreßling lebt meist in kleinen Rudeln in seichten Flussbereichen und auch Bächen. Die bevorzugte Fließgeschwindigkeit dieses bodenorientierten Fisches liegt zwischen 0,5 und 1,5 m/sec. (Gerstmeier & Romig 1998). Zur Laichzeit weisen die Männchen einen Laichausschlag auf. Die Eier werden an flachen, überströmten Uferstellen an Steinen, seltener auch zwischen Pflanzen abgesetzt. Die Nahrung setzt sich hauptsächlich aus kleinen Bodentieren sowie Aufwuchs zusammen.

ALLGEMEINE VERBREITUNG UND VORKOMMEN IN KÄRNTEN:

Der Steingreßling bewohnt ausschließlich die Donau und ihr Einzugsgebiet, wobei die Verbreitung im Donaugebiet viel eingeschränkter ist als die des Gründlings. Agassiz entdeckte den Steingreßling zuerst im Inn. Nach Heckel & Kner (1857) war er ursprünglich auch aus der Salzach sowie aus Bayern bekannt. In neuerer Zeit gibt es Nachweise für die Donau im Raum von Wien (Wanzenböck et al. 1989), wobei der Steingreßling dort sehr selten zu finden und im vergleichbaren Donauabschnitt früher wesentlich häufiger gefangen worden ist. Für das benachbarte Slowenien wird *Gobio uranoscopus* für den Unterlauf der Savinija, die Save und deren kleinere Zuflüsse, die Sora und ihre Zuflüsse sowie die kleineren Zuflüsse zur Mur an der Grenze zu Österreich angegeben (Povž & Sket 1990).
Anläßlich einer Elektrokontrollbefischung in der Lavant bei Lavamünd konnte im Jahre 1994 erstmals für Kärnten der Steingreßling nachgewiesen werden (Honsig-Erlenburg & Friedl 1995). Die Fische wurden auf Feinsediment gefangen, ähnlich wie dies von Wanzenböck et al. (1989) für die Donau beschrieben ist.

Abb. 71:
Der Steingreßling besitzt zwei lange Bartfäden.
(Foto: H. Frei)

GEFÄHRDUNG UND SCHUTZ:

Aufgrund der sehr kleinräumigen Verbreitung lediglich in der untersten Lavant, wird diese Art als vom Aussterben bedroht angesehen. Der Erhalt schnell fließender und strukturreicher Barbenstrecken ist eine Grundvoraussetzung für den Schutz des Steingreßlings. Die untere Lavant wurde aufgrund des Vorkommens dieser seltenen Fischart gemeinsam mit anderen seltenen Fischarten von europaweiter Bedeutung als Natura 2000-Gebiet ausgewiesen. Es sollte getrachtet werden, den Lebensraum für den Steingreßling in der zum Großteil regulierten unteren Lavant zu erhalten bzw. zu vergrößern, wobei eine finanzielle Unterstützung durch die EU, wie z. B. im Rahmen eines LIFE-Projektes anzustreben wäre.

Moderlieschen

Leucaspius delineatus (Heckel, 1843) Familie: Cyprinidae

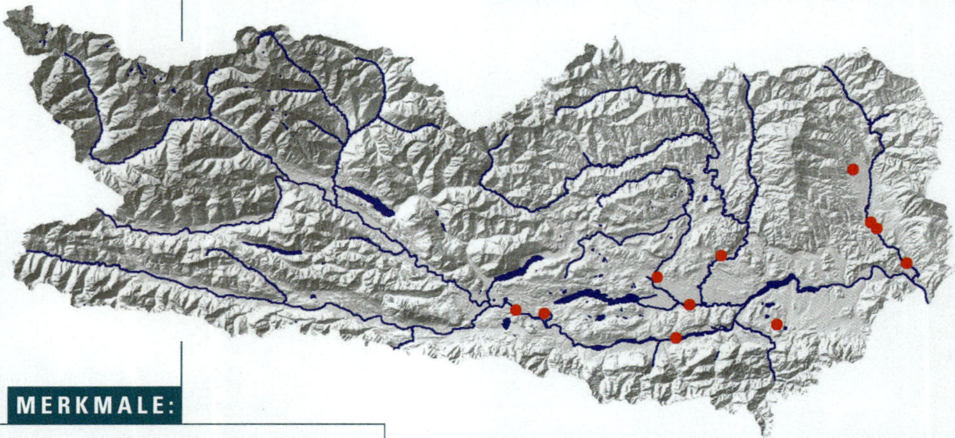

MERKMALE:

Kleiner, schlanker silberglänzender Fisch, mittlere Länge: 6–9 cm; mit oberständigem Mund; Seitenlinie ist unvollständig ausgebildet, sie beschränkt sich auf die ersten 7–12 Schuppen. Moderlieschen werden leicht mit Jungfischen der Laube verwechselt.

Rote Liste Kärnten	*–*	*v*	*r*	*3*	*2*	*1*	*0*	EU-Schutz				
Rote Liste Österreich	*–*	*v*	*r*	*3*	*2*	*1*	*0*	*–*				
Laichzeit	*J*	*F*	*M*	*A*	*M*	*J*	*J*	*A*	*S*	*O*	*N*	*D*
Schonzeit/Fangverbot	*J*	*F*	*M*	*A*	*M*	*J*	*J*	*A*	*S*	*O*	*N*	*D*
Fischregionen	*OFR*		*UFR*		*ÄSR*		*BAR*		*BRR*		*SGW*	
Gewässertypen	*Besatz in versch. Teichen (nicht heimisch)*											
Mindestfangmaß	*keine Fangbeschränkung*											

LEBENSWEISE:

Die Schwarmfische halten sich vor allem zwischen der dichten Vegetation kleinerer stehender Gewässer der tieferen Lagen auf. Als Nahrung dienen dem Moderlieschen tierisches und pflanzliches Plankton sowie Anflug.
Zur Laichzeit klebt das Weibchen ca. 150 Eier in Bändern spiralförmig an Pflanzenstängel (GERSTMEIER & ROMIG 1998). Das Männchen betreibt Brutpflege, wobei um das Gelege mit den Flossen eine Wasserbewegung erzeugt wird. Außerdem schützt der immer wieder abgegebene Hautschleim die Eier gegen Verpilzung und Bakterienbefall. Eier und Brut können durch Wasservögel verbreitet werden, da sie in deren Federkleid kleben bleiben und so in andere Gewässer vertragen werden (RIEHL 1991). Im Plattdeutschen deutet der Ausdruck „Moderloseken" darauf hin, was soviel bedeutet, dass diese Fischchen plötzlich durch „Urzeugung" in Kleingewässern auftauchen können.

ALLGEMEINE VERBREITUNG UND VORKOMMEN IN KÄRNTEN:

Diese Fischart kommt in Europa vom Ural bis zum Rheinsystem vor, jedoch nicht in Skandinavien (außer Südschweden) und Italien.
In Österreich kommt das Moderlieschen natürlicherweise überall, nur nicht in Salzburg und Kärnten vor (SPINDLER et al. 1997). Unter dem Motto „Rettet das Moderlieschen", welches seinen Ausgang in Oberösterreich nahm, wurden von dort Ende der 1980-er Jahre Moderlieschen in Teiche um Klagenfurt wie z. B. den Ehrentaler Teich, der Sandgrube Pfaffendorf und im Lavanttal ausgesetzt. Heute kommt diese Art auch im Pischeldorfer Badeteich vor. Im Jahre 1991 wurden zahlreiche Moderlieschen auch im Sablatnigmoor besetzt. Eine Verdrängung der Laube, die ähnliche Lebensräume bewohnt, ist in diesen Gewässern bemerkbar. Die Verschleppung des Moderlieschens nach Kärnten ist als Ergebnis eines falsch verstandenen Naturschutzes zu sehen.

Im Jahre 1995 wurden erstmals Fische dieser Art auch in anderen Gewässern des unteren Lavanttales nachgewiesen (HONSIG-ERLENBURG et al. 1996). So lebt sie heute im St. Andräer Badesee, wo sie bestandesbildend ist, in einem Altarm der Lavant bei Altach, im Mühldorfer Altarm sowie in einer Flusskrebszuchtanlage bei Eitweg. In der Rosegger Drauschleife konnte das Moderlieschen ebenfalls nachgewiesen werden. Die Verbreitung in diese Gewässer erfolgte mit großer Wahrscheinlichkeit über Wasservögel.

Abb. 72:
Das Moderlieschen kam ursprünglich in Kärnten nicht vor und wurde erst vor wenigen Jahren eingeschleppt.
(Foto: W. Köstenberger)

GEFÄHRDUNG UND SCHUTZ:

Dort wo das Moderlieschen ursprünglich vorkommt – das sind alle Bundesländer außer Salzburg und Kärnten – gilt es als stark gefährdet. Da die Art in Kärnten nicht heimisch ist, wird sie hier auch nicht als gefährdet eingestuft.

FISCHEREI:

Das Moderlieschen hat keine wirtschaftliche Bedeutung. Die Fischchen werden jedoch als Köder für Zander, Barsch und Aal verwendet.

Aitel, Döbel

Leuciscus cephalus (Linné, 1758) Familie: Cyprinidae

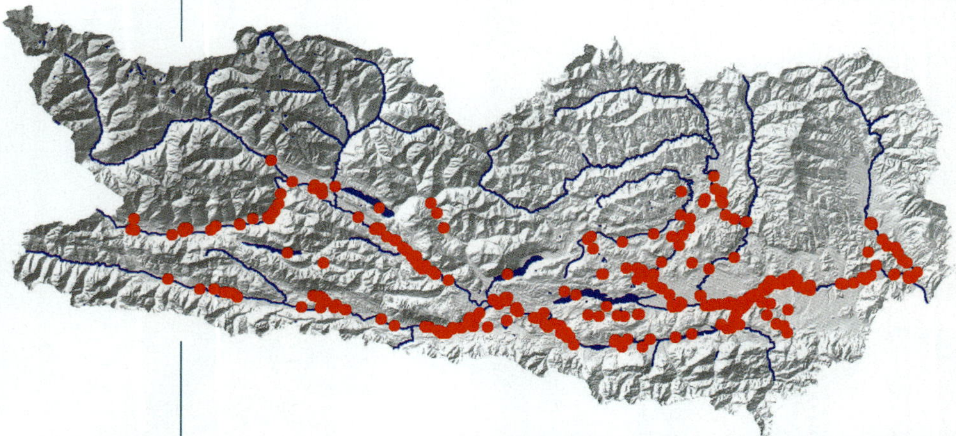

Rote Liste Kärnten	–	*v*	*r*	*3*	*2*	*1*	*0*	EU-Schutz				
Rote Liste Österreich	–	*v*	*r*	*3*	*2*	*1*	*0*	–				
Laichzeit	*J*	*F*	*M*	*A*	*M*	*J*	*J*	*A*	*S*	*O*	*N*	*D*
Schonzeit/Fangverbot	*J*	*F*	*M*	*A*	*M*	*J*	*J*	*A*	*S*	*O*	*N*	*D*
Fischregionen	*OFR*	*UFR*	*ÄSR*	*BAR*	*BRR*	*SGW*						
Gewässertypen	*Versch. Fließ- und Stillgewässertypen*											
Mindestfangmaß	*Keine Fangbeschränkung*											

MERKMALE:

Im Querschnitt fast drehrunder Körper. Große Schuppen, die dunkel umrandet sind (Netzzeichnung). Bauch- und Afterflosse rötlich; mittlere Länge: 30–50 cm.

LEBENSWEISE:

Der Aitel lebt als Jungfisch gesellig, wird mit zunehmendem Alter aber immer mehr zum Einzelgänger. Jungfische ernähren sich hauptsächlich von Würmern, Kleinkrebsen, Insektenlarven, Anflugnahrung und auch Pflanzenkost; größere Aitel stellen jedoch auch anderen Fischen, Fröschen und selbst Kleinsäugern nach, außerdem ist er ein Laichräuber. Die Eier haften an Steinen oder Pflanzen.

ALLGEMEINE VERBREITUNG UND VORKOMMEN IN KÄRNTEN:

In Kärnten ist der Aitel sehr häufig und weit verbreitet. Er kommt bis auf die obere Forellenregion nahezu in allen Fließgewässern und auch in vielen Seen und Teichen vor. In Kärnten findet man ihn vor allem in den Tallagen. In der Gurk kommt er etwa flussauf bis in das Krappfeld, in der Gail bis oberhalb von Hermagor vor.

FISCHEREI:

Hartmann (1898) schreibt, dass der Aitel häufig auf den Klagenfurter Markt gekommen ist, aber wegen des weichen, grätenreichen Fleisches wenig geschätzt war und nur zuweilen von unkundigen Käufern mit dem Karpfen verwechselt und „über Gebühr" bezahlt worden ist. Auch hatte diese Fischart damals noch ein gesetzlich vorgeschriebenes Brittelmaß von 20 cm sowie eine Schonzeit im April und Mai. In Forellengewässern ist der Aitel meist unerwünscht, da er vor allem junge Forellen erbeutet. Daher werden die Aitel dort oft mit großem Aufwand entfernt („Entaitelung"). Dabei ist die Forelle mindestens ein gleich großer Räuber wie der Aitel und frisst neben ihren eigenen Artgenossen auch junge Aitel. Eine starke Vermehrung von Aiteln in Forellengewässern erfolgt meist in verbauten und beeinträchtigten Gewässern. Gertsmeier & Romig (1998) schlagen daher vor, das Geld und die Mühe, die für die „Entaitelung"" von Forellengewässern auf-

gewendet werden, besser in eine naturnahe Rückgestaltung der Gewässer zu investieren. Dies würde nicht nur den Forellen, sondern der ganzen Lebensgemeinschaft nützen. Trotz des relativen Grätenreichtums besitzt der Aitel ein schmackhaftes Fleisch, das nach dem Faschieren zu vorzüglichen Fischlaibchen zubereitet werden kann.

Aitel sind oft an Stellen zu beobachten, an denen Wasservögel (Enten, Schwäne, Blässhühner) gefüttert werden, so z. B. im Bereich des Metnitzstrandes am Wörthersee. Sie zeigen dabei keine Scheu und mischen sich unter das Federvieh.

Abb. 73:
Der Aitel gehört zu den häufigsten Arten der heimischen Fischfauna.
(Foto: W. Köstenberger)

Hasel

Leuciscus leuciscus (Linné, 1758)

Familie: Cyprinidae

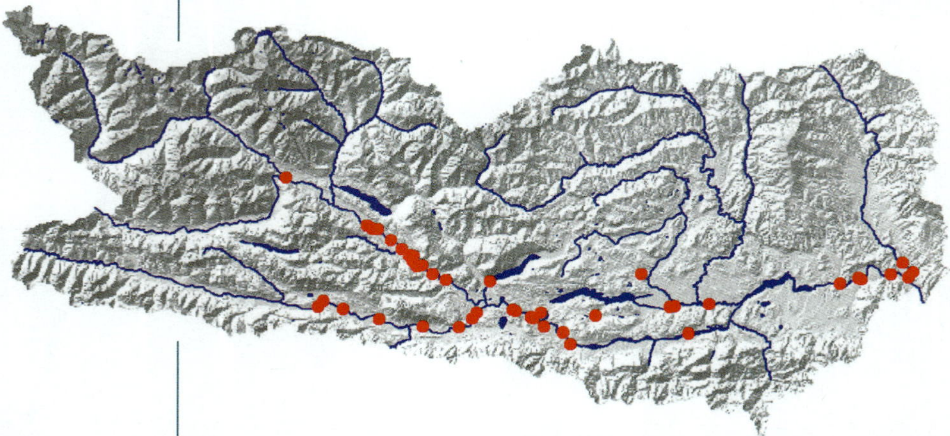

Rote Liste Kärnten	–	v	r	3	2	1	0	EU-Schutz			
Rote Liste Österreich	–	v	r	3	2	1	0	–			
Laichzeit	J	F	M	A	M	J	J	A	S	O	N	D
Schonzeit/Fangverbot	J	F	M	A	M	J	J	A	S	O	N	D
Fischregionen	OFR		UFR		ÄSR		BAR		BRR		SGW	
Gewässertypen	Fluss											
Mindestfangmaß	keine Fangbeschränkung											

MERKMALE:

Spindelförmiger, fast drehrunder Körper mit enger Mundspalte; Rand der Afterflosse eingebuchtet; mittlere Länge: 15–20 cm.

LEBENSWEISE:

Die Hasel, ein gesellig lebender Oberflächenfisch, bevorzugt schnell strömende Gewässer mit Sand- oder Kiesgrund und gilt als einer der besten Schwimmer unter den Karpfenfischen. Die Nahrung besteht aus Bodentieren, Anflug und Pflanzen. Das Ablaichen erfolgt an sandigen oder kiesigen Stellen mit Pflanzenwuchs. Die Eier sinken zu Boden und haften an Wasserpflanzen und Steinen.

Abb. 74: Die Hasel ist ein typischer Vertreter der Barbenregion. (Foto: W. Hauer)

ALLGEMEINE VERBREITUNG UND VORKOMMEN IN KÄRNTEN:

Die Hasel ist ein typischer Vertreter der Barbenregion der Fließgewässer. In Kärnten kommt diese Fischart insbesondere in stärker durchströmten Bereichen der Draustaue (z. B. Rosegger Schleife, Stauwurzel des Stauraumes Annabrücke), aber auch in der mittleren und unteren Gail und deren Seitengewässern (Abb. 75; HONSIG-ERLENBURG & W. PETUTSCHNIG 2000), der unteren Gurk, der unteren Glan, der Wölfnitz, der unteren Lavant sowie in Seeabflüssen (z. B. Ossiacher Seebach) vor. HARTMANN (1898) gibt diese Fischart auch für den Ossiacher See an.

GEFÄHRDUNG UND SCHUTZ:

In den letzten Jahren ist ein deutlicher Rückgang der Haselbestände feststellbar, daher ist die Art zumindest für das Bundesland Kärnten zukünftig als stärker gefährdet einzustufen.

FISCHEREI:

Da die Hasel eine große Ähnlichkeit mit dem Aitel aufweist, wird sie von Fischern oft nicht als eigene Art erkannt.
In der Drau bei Glainach wurde kürzlich eine Hasel mit einer Länge von 45 cm gefangen (M. Rainer, mündl. Mitteilung).

Abb. 75: In der Gail und deren Seitengewässern leben auch Haseln. (Foto: W. Honsig-Erlenburg)

Strömer

Leuciscus souffia agassizi (Risso, 1826) Familie: Cyprinidae

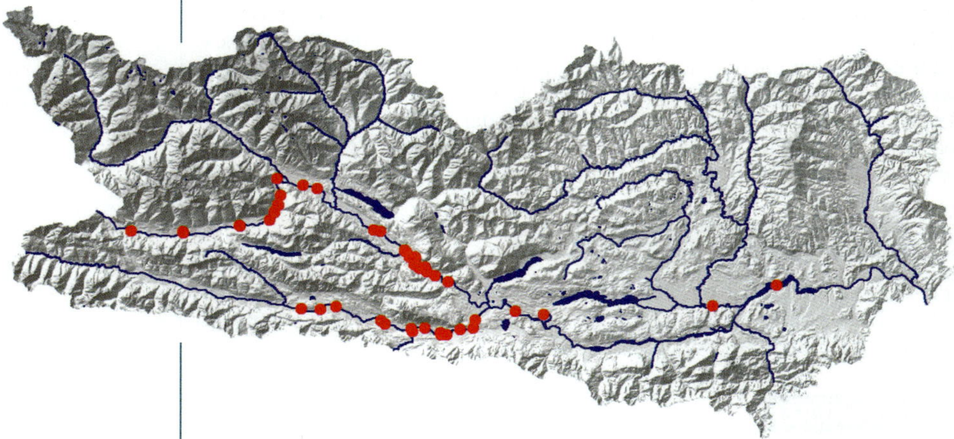

Rote Liste Kärnten	–	v	r	3	2	1	0	EU-Schutz			
Rote Liste Österreich	–	v	r	3	2	1	0	Anhang II			
Laichzeit	J	F	M	A	M	J	J	A	S	O	N	D
Schonzeit/Fangverbot	J	F	M	A	M	J	J	A	S	O	N	D
Fischregionen	OFR	UFR	ÄSR	BAR	BRR	SGW					
Gewässertypen	Fluss										
Mindestfangmaß	keines, ganzjährig geschont										

MERKMALE:

Unterständiger Mund, orange-gelbe Seitenlinie; vor allem zur Laichzeit eine dunkle, violett-glänzende Längsbinde vom Auge bis zur Schwanzflossenbasis; mittlere Länge: 12–17 cm.

LEBENSWEISE:

Als typische Fließgewässerart ist der Strömer meist in den Mittelläufen größerer Flüsse zu finden. Er lebt gesellig und hält sich bevorzugt am Rande tieferer Stellen auf (Pedroli et al. 1991), wo die Fließgeschwindigkeit noch relativ hoch ist. Von großer Bedeutung für die Schwarmfische sind Deckungs- und Versteckmöglichkeiten im Uferbereich (Wurzelwerk, Stämme und Äste) und die damit verbundene Beschattung (Schwarz 1998).
Im Winter halten sich die Strömer fast ausschließlich an sehr tiefen Stellen, in gut strukturierten Kolken auf; im Sommer kommen sie auch an schneller fließenden Stellen mit mittlerer Wassertiefe vor, wobei Sand und Kies als Substrat bevorzugt werden.
Durch Habitatwechsel gibt es große jahreszeitliche Dichteschwankungen; die großen Strömer wandern im Frühjahr – zu Beginn der Laichzeit – aus den Winterhabitaten ab. Kleine Strömer werden dabei oft sehr stark verdriftet.
Die Strömer erreichen im dritten Lebensjahr bei einer Totallänge von ca. 11 cm ihre Geschlechtsreife. Die Eiablage erfolgt über Kiesgrund. Die Nahrung besteht aus Bodentieren, Anflugnahrung, aber auch Plankton.

ALLGEMEINE VERBREITUNG UND VORKOMMEN IN KÄRNTEN:

Die Verbreitung des seltenen und gefährdeten Fisches ist auf Europa beschränkt. Bei Hartmann (1898) ist diese Fischart für Kärnten noch nicht beschrieben. Findenegg (1948) bezeichnet den Strömer als Lauge und gibt ihn für das Drausystem im Bereich der Barbenregion an. Heute kommen Strömer in der Gail und in der oberen Drau sowie in Lauenbächen im Draugebiet und in den Drau-Stauräumen Paternion, Kellerberg, Villach und vereinzelt in der unteren Gurk vor. Die Fischaufstiegshilfe beim Kraftwerk Schütt an der Gail wird als Laichhabitat genutzt, auch in der Fischaufstiegshilfe aus der Drau in die Kellerberger Schleife wurden Strömer nachgewiesen.

Abb. 76: Der Strömer gehört österreichweit zu den stark gefährdeten Fischarten. (Foto: W. Köstenberger)

GEFÄHRDUNG UND SCHUTZ:

Ursprünglich weit verbreitet, weist der Strömer einen signifikanten Bestandsrückgang in vielen Fließgewässern auf. In Kärnten ist der Strömer aufgrund der Habitatverluste durch Regulierungen und Kraftwerksbauten, insbesondere in den größeren Flüssen, stark gefährdet (HONSIG-ERLENBURG & FRIEDL 1999b). Dieser Gefährdungsstatus gilt auch für den gesamten österreichischen Raum (SPINDLER et al. 1997). Zum Schutze des Strömers sollten bestehende Strömergewässer in ihrer natürlichen Vielfalt bewahrt und die verbauten Flüsse wieder rückgebaut werden. Ein Erhalt der Art ist nur möglich, wenn die lebensnotwendigen Strukturen wie die verschiedenen Strömungsgeschwindigkeiten, die unterschiedlichen Korngrößen des Substrates und die abwechselnden Gewässertiefen wieder hergestellt werden bzw. durch Aufweitungen der Fließgewässer von neuem entstehen können. Neben den dynamischen Umlagerungsstrecken sind auch tiefe Kolke und Totholz, z. B. in Form von ins Wasser gefallenen Bäumen im Rahmen der Gewässerinstandhaltung zuzulassen.
Von einem Besatz mit Forellen und anderen Raubfischen im Bereich der Strömerhabitate rät SCHWARZ (1998) ab.

FISCHEREI:

Aufgrund des Kärntner Fischereigesetzes ist der Strömer in Kärnten ganzjährig geschont.

Elritze, Pfrille

Phoxinus phoxinus (Linné, 1758) Familie: Cyprinidae

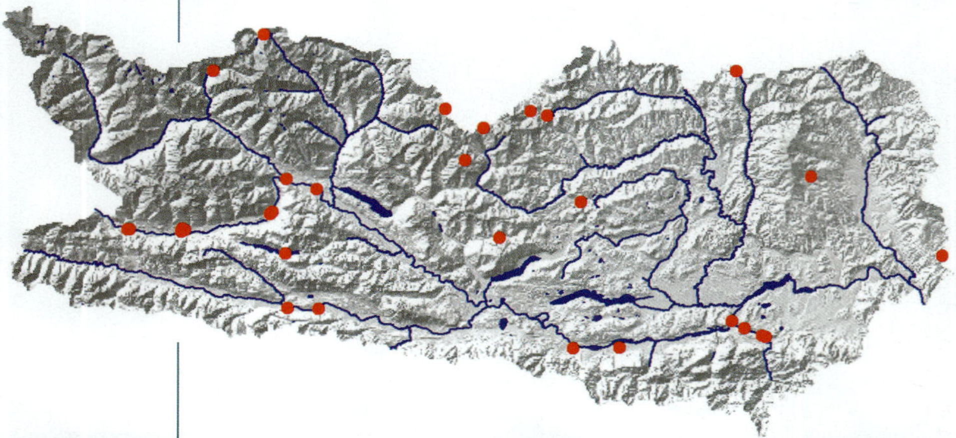

MERKMALE:

Fast drehrunder Körper; sehr kleine Schuppen, kaum sichtbar; dunkle Querbinden; während der Laichzeit beide Geschlechter mit Laichausschlag, Männchen mit schöner Laichfärbung; mittlere Länge: 7–10 cm.

Rote Liste Kärnten	–	*v*	*r*	*3*	*2*	*1*	*0*	EU-Schutz				
Rote Liste Österreich	–	*v*	*r*	*3*	*2*	*1*	*0*	–				
Laichzeit	*J*	*F*	*M*	*A*	*M*	*J*	*J*	*A*	*S*	*O*	*N*	*D*
Schonzeit/Fangverbot	*J*	*F*	*M*	*A*	*M*	*J*	*J*	*A*	*S*	*O*	*N*	*D*
Fischregionen	*OFR*	*UFR*	*ÄSR*	*BAR*	*BRR*	*SGW*						
Gewässertypen	*Bach, Fluss, Quelltümpel, Gebirgssee*											
Mindestfangmaß	*keine Fangbeschränkung*											

LEBENSWEISE:

Die Elritze ist ein Schwarmfisch, der klare, sauerstoffreiche Fließgewässer und Seen mit Kiesgrund bevorzugt, in denen er sich meist nahe der Wasseroberfläche aufhält. Die Nahrung besteht aus kleinen Bodentieren und Anflug. Außerdem ist die Pfrille ein wichtiger Futterfisch für größere Forellen. Der Laich wird über feinem Kies oder grobem Sand abgegeben, wobei ein Weibchen 200 bis 1.000 Eier abgibt.

Abb. 77: Elritzen leben gesellig in Schwärmen. (Foto: W. Köstenberger)

ALLGEMEINE VERBREITUNG UND VORKOMMEN IN KÄRNTEN:

Eigenartigerweise ist die Elritze nicht in allen Gewässern vorhanden, von denen man annehmen kann, dass sie geeignete Lebensbedingungen bieten. Bekannt sind Vorkommen im Flattnitzer See, Turracher See, Turracher Grünsee, Falkertsee, Stappitzer See (Abb. 78) und in anderen Bergseen. Im Weißensee gibt es heute kaum mehr Elritzen, lediglich im Zu- und Abfluss. Elritzen sind weiters noch aus Lauenbächen und Schotterteichen im oberen Drautal, Altarmen der Drau und der Vellach sowie aus der Glan bei der Einmündung des Abflusses des Hörzendorfer Sees (Reinitzbach) bekannt. In den Koralm-Stausee wurden kurz nach dessen Fertigstellung im Jahre 1992 Elritzen aus Niederösterreich (Lunz am See) eingesetzt. Diese haben sich dort vermehrt (PROCHINIG 1997) und bilden eine stabile Population, obwohl der Speicher zur Energiegewinnung jährliche Spiegelschwankungen von bis zu 50 m aufweist.
Früher kamen in den sogenannten Moosbächen, die in die Metnitz bei Friesach münden und in offenen Wasserstellen im Moor, den sogenannte „Meeraugen" Elritzen vor (Wagner, mündl. Mitteilung). Auch hat es bis vor kurzem in einem kleinen Gerinne bei Arnoldstein Elritzen gegeben, die vom Fischereiberechtigten zum Zwecke der Köderfischgewinnung abgefischt worden sind.
In den sogenannten „Kelchtöpfen" (mit Wasser gefüllte Moortrichter mit teilweisem Kiesgrund) im Naturschutzgebiet Hörfeld-Moor leben ebenfalls Elritzen. Da man ursprünglich gedacht hatte, dass die Elritzen dort verschwunden sind, wurden im Jahre 1997 zusätzlich aus der Steiermark, aus einer Fischzucht bei Ligist welche besetzt (HONSIG-ERLENBURG 2000).
In Moortümpeln bei Himmelberg sollen Sumpfelritzen (*Phoxinus percnurus*) vorgekommen sein (Raunikar, mündl. Mitteilung). Normalerweise lebt diese Elritzenart nur in Russland und Polen.

GEFÄHRDUNG UND SCHUTZ:

Der frühere „Massenfisch" ist heute in weiten Gebieten Mitteleuropas fast verschwunden, einer der Gründe ist auch der Besatz mit Forellen in noch so kleinen Gewässern (GERSTMEIER & ROMIG 1998). Auch in vielen Kärntner Gewässern ist der Bestand stetig zurückgegangen, deshalb ist diese Fischart auch auf der Roten Liste als „gefährdet" zu finden.
Im Rahmen des von der EU geförderten LIFE-Projektes „Auenverbund Obere Drau" wurden auch im oberen Drautal Verbesserungen an den Lebensräumen der Elritzen sowie Wiederbesatzmaßnahmen durchgeführt.

ANMERKUNG:

Elritzen sind berühmte Labortiere. Vieles von dem, was wir heute über Sinnesleistungen von Fischen wissen, wurde ursprünglich an Elritzen erforscht.

Abb. 78:
Im Stappitzer See bei Mallnitz kommen neben Seesaiblingen auch Elritzen vor.
(Foto: D. Streitmaier)

Bitterling

Rhodeus sericeus amarus (Bloch, 1782) Familie: Cyprinidae

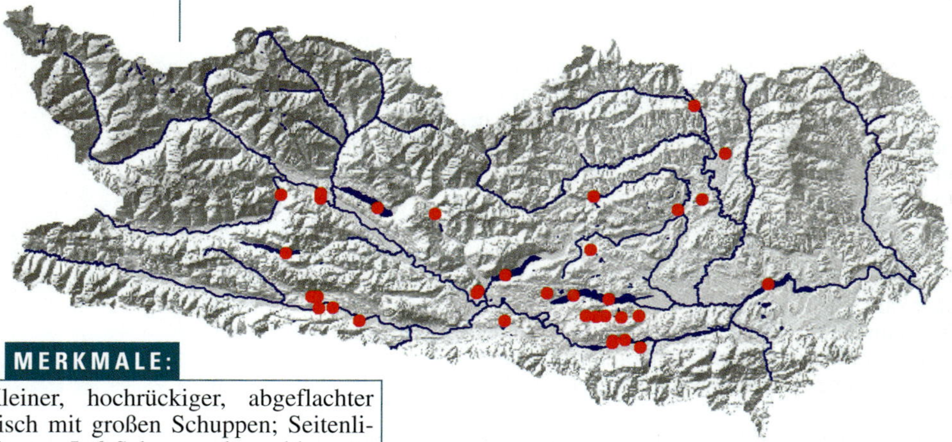

MERKMALE:

Kleiner, hochrückiger, abgeflachter Fisch mit großen Schuppen; Seitenlinie nur 5–6 Schuppen lang; blaugrün schillernde Längsbinde von der Körpermitte bis zur Schwanzflossenwurzel; Augen mit roten Streifen; Männchen während der Paarungszeit prächtig rot gefärbt, Weibchen mit Legeröhre; kleinster heimischer Fisch mit einer mittleren Länge zwischen 5 und 7 cm.

Rote Liste Kärnten	*–*	*v*	*r*	*3*	*2*	*1*	*0*	EU-Schutz				
Rote Liste Österreich	*–*	*v*	*r*	*3*	*2*	*1*	*0*	*Anhang II*				
Laichzeit	*J*	*F*	*M*	*A*	*M*	*J*	*J*	*A*	*S*	*O*	*N*	*D*
Schonzeit/Fangverbot	*J*	*F*	*M*	*A*	*M*	*J*	*J*	*A*	*S*	*O*	*N*	*D*
Fischregionen	*OFR*		*UFR*		*ÄSR*		*BAR*		*BRR*		*SGW*	
Gewässertypen	*Stillgew. mit Großmuschelvorkommen*											
Mindestfangmaß	*Keines, ganzjährig geschont*											

LEBENSWEISE:

Bewohnt pflanzenbewachsene Uferzonen stehender und langsam fließender Gewässer mit Schlamm- oder Sandgrund; auch in Altarmen größerer Flüsse. Die Nahrung besteht vorwiegend aus Pflanzen und Kleintieren. Das Fortpflanzungsverhalten dieses Fisches ist äußerst interessant und eng mit dem Vorhandensein von Großmuscheln verknüpft. Zu Beginn der Laichzeit verändern sich die Bitterlinge sehr stark. Die Männchen nehmen ein prächtig gefärbtes, in verschiedenen Farben schillerndes Hochzeitskleid an. Bei den Weibchen verändert sich die an und für sich unscheinbare Färbung kaum, dafür bildet sich eine mehrere Zentimeter lange Legeröhre aus. Das laichreife Weibchen stellt sich mit dem Kopf nach unten über eine Muschel, und sobald sich die Schalen öffnen, führt es blitzschnell seine Legeröhre in die Kloakenöffnung der Muschel ein und lässt ein bis zwei Eier in den Kiemenraum der Muschel gleiten. Unmittelbar darauf spritzt das Männchen seinen Samen über die Muschel, der mit dem Atemwasser durch die Atemöffnung der Muschel eingesaugt wird und die abgelegten Eier befruchtet.

ALLGEMEINE VERBREITUNG UND VORKOMMEN IN KÄRNTEN:

Bei KÄHSBAUER (1961) werden Bitterlinge für den Wörthersee, Millstätter See sowie Ossiacher See, aber auch für die Drau angegeben. Bitterlinge kommen aber auch im Hafnersee, Keutschacher See und Längsee, im Weißensee und im Maltschacher See bei Feldkirchen vor. Weiters findet sich diese Fischart auch in anderen Kärntner Talseen, wie z. B. im Feldsee und in einigen Teichen (z. B. Baldramsdorfer Teich, Obiltschnigteich bei Keutschach, Althofener Moorteich).

Der Webersee, ein Altarmrest der Gail im unteren Gailtal, beherbergt ebenfalls eine starke Bitterlingspopulation (HONSIG-ERLENBURG et al. 1992). Bitterlinge werden manchmal auch über einen Muschelbesatz in Kleinbadeteiche und Gartenteiche eingeschleppt.

Abb. 79: Bitterlinge bei der Paarung. Das Männchen weist eine intensivere Färbung auf (links im Bild). Das Weibchen legt seine Eier mit einer Legeröhre in eine Großmuschel ab. (Foto: W. Köstenberger)

GEFÄHRDUNG UND SCHUTZ:

Obwohl Eiablagen auch in große Exemplare von Wandermuscheln erfolgen können, ist bei den Kärntner Gewässern beobachtbar, dass durch das massenhafte Auftreten von Wandermuscheln und den dadurch verbundenen Rückgang der Teichmuscheln (*Anodonta* sp.) und auch der Malermuschel (*Unio* sp.) die Bitterlingbestände verarmt sind.

FISCHEREI:

Der Name „Bitterling" rührt von der Tatsache her, dass sein Fleisch einen bitteren Geschmack besitzt. Früher wurde das Schuppenkleid des Bitterlings zur Herstellung von Perlessenz herangezogen.
Im Ossiacher See hat man früher ganze Schwärme von Bitterlingen gefangen. Die Fische wurden mit einer, aus der Schale herausgelösten Teichmuschel in einem Sieb angelockt und gefangen (HARTMANN 1898). Bitterlinge waren früher beliebte Köderfische für den Fang auf Barschen und sie wurden auch als Schweinefutter verwendet.

Frauennerfling, Frauenfisch

Rutilus pigus virgo (Heckel, 1852) Familie: Cyprinidae

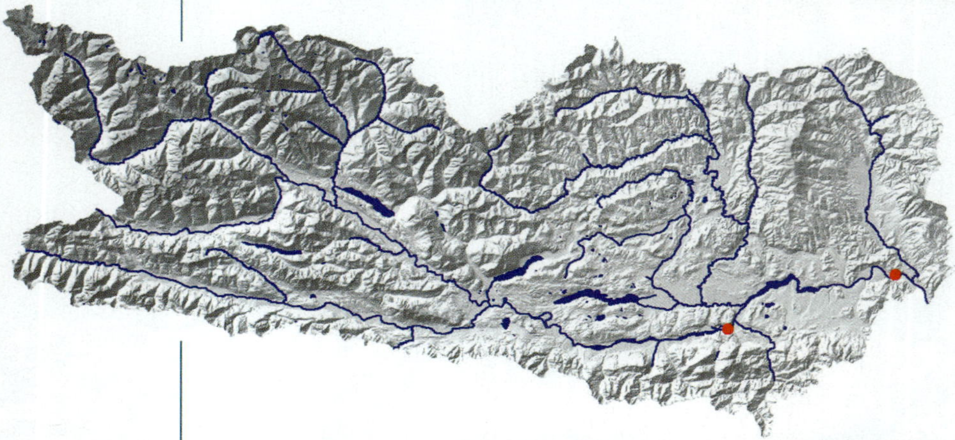

Rote Liste Kärnten	–	*v*	*r*	*3*	*2*	*1*	*0*	EU-Schutz			
Rote Liste Österreich	–	*v*	*r*	*3*	*2*	*1*	*0*	*Anhang II*			
Laichzeit	*J*	*F*	*M*	*A*	*M*	*J*	*J*	*A*	*S*	*O*	*N*	*D*
Schonzeit/Fangverbot	*J*	*F*	*M*	*A*	*M*	*J*	*J*	*A*	*S*	*O*	*N*	*D*
Fischregionen	*OFR*	*UFR*	*ÄSR*	*BAR*	*BRR*	*SGW*						
Gewässertypen	*Fluss, Flussstau*											
Mindestfangmaß	*keines, ganzjährig geschont*											

MERKMALE:

Maul leicht unterständig; Kopf und Augen relativ klein; 44–49 Seitenlinienschuppen; mittlere Länge: 20–30 cm (in Kärnten bis über 50 cm).

LEBENSWEISE:

Der Frauennerfling ist eine Unterart des *Pigo*, der in Norditalien und in der Schweiz lebt. Der im strömenden Wasser der tiefen Flussbette lebende Fisch ernährt sich von kleinen Bodentieren. Zur Laichzeit weisen die Männchen einen intensiven Laichausschlag auf, weshalb dieser Fisch fälschlicher Weise örtlich auch als „Perlfisch“ bezeichnet bzw. diesem zugeordnet wird. Die klebrigen Eier haften an Steinen und Wasserpflanzen.

ALLGEMEINE VERBREITUNG UND VORKOMMEN IN KÄRNTEN:

Der Frauennerfling kommt in Kärnten nur mehr vereinzelt vor und wird sehr selten gefangen. In der Drau lebt er v. a. unterhalb des Kraftwerkes Lavamünd, aber auch vereinzelt in den Stauräumen flussaufwärts (z. B. Stauraum Annabrücke). Für Kärnten können in der älteren Literatur keine Angaben über diese Fischart gefunden werden. Der letzte Nachweis stammt aus dem Jahre 1999 für die Linsendorfer Drauschleife. Der Fisch hatte eine Länge von 50 cm und ein Gewicht von 1,3 kg. Auch in der Drau bei Guntschach werden hin und wieder Frauennerflinge gefangen (M. Rainer, mündl. Mitteilung).

Von Haempel (zitiert in Findenegg 1948) wird für den Ossiacher See eine Fischart mit dem Namen Nerfling (*Idus melanotus*; Synonym: *Leuciscus idus*; Orfe bzw. Aland) angegeben, jedoch dürfte es sich dabei laut Findenegg um den Aitel gehandelt haben. Außerdem soll in der Drau unterhalb des Kraftwerkes Lavamünd auch der Perlfisch (*Rutilus frisii meidingeri*) leben (Werschitz, mündl. Mitteilung). Dies konnte jedoch nicht bestätigt werden.

Abb. 80:
Der Frauennerfling ist einer der seltensten Fische Kärntens.
(Foto: J. Harra)

GEFÄHRDUNG UND SCHUTZ:

Diese Art ist in ihrem gesamten Verbreitungsgebiet bereits vom Aussterben bedroht und sehr selten geworden (SCHMUTZ et al. 2000). Die Ursachen liegen in erster Linie in den für die Wasserkraftnutzung erfolgten Aufstau vieler Flüsse der Barbenregion.

FISCHEREI:

Der Frauennerfling ist nur sehr schwer vom Rotauge (*Rutilus rutilus*) zu unterscheiden. So ist es durchaus möglich, dass in den unteren Stauräumen der Drau von Fischern gefangene Frauennerflinge irrtümlich für Rotaugen gehalten werden. Hat man ein ca. 1 kg schweres „Rotauge“ an der Angel, dürfte es sich allein auf Grund der Größe um einen Frauennerfling handeln.

Rotauge, Plötze

Rutilus rutilus (Linné, 1758) Familie: Cyprinidae

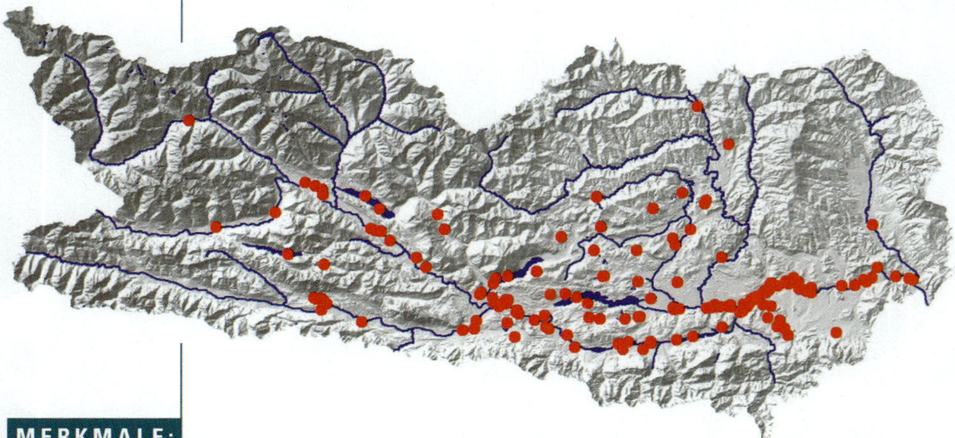

MERKMALE:

Rotes Auge; vorderes Ende der Rückenflosse über oder knapp hinter der Basis der Bauchflosse (so von der ähnlichen Rotfeder zu unterscheiden, bei der die Bauchflossen deutlich vor dem Vorderrand der Rückenflossen ansetzen); mittlere Länge: 20–25 cm.

Rote Liste Kärnten	–	*v*	*r*	*3*	*2*	*1*	*0*	EU-Schutz				
Rote Liste Österreich	–	*v*	*r*	*3*	*2*	*1*	*0*	–				
Laichzeit	*J*	*F*	*M*	*A*	*M*	*J*	*J*	*A*	*S*	*O*	*N*	*D*
Schonzeit/Fangverbot	*J*	*F*	*M*	*A*	*M*	*J*	*J*	*A*	*S*	*O*	*N*	*D*
Fischregionen	*OFR*		*UFR*		*ÄSR*		*BAR*		*BRR*		*SGW*	
Gewässertypen	*Fluss, Flussstau, Teich, See*											
Mindestfangmaß	*keine Fangbeschränkung*											

LEBENSWEISE:

Die Rotaugen stehen meist in Schwärmen in der verkrauteten Uferzone von Seen und in Fließgewässern in Ruhigwasserbereichen. Nahrung: Kleintiere aller Art, aber auch Wasserpflanzen, größere Exemplare erbeuten gelegentlich auch Jungfische. Das Ablaichen erfolgt bei einer Wassertemperatur von 10° C, wobei Wasserpflanzen, Wurzelwerk oder Steine notwendig sind, an denen die

Abb. 81: Das Rotauge ist eine häufig vorkommende Fischart.
(Foto: W. Köstenberger)

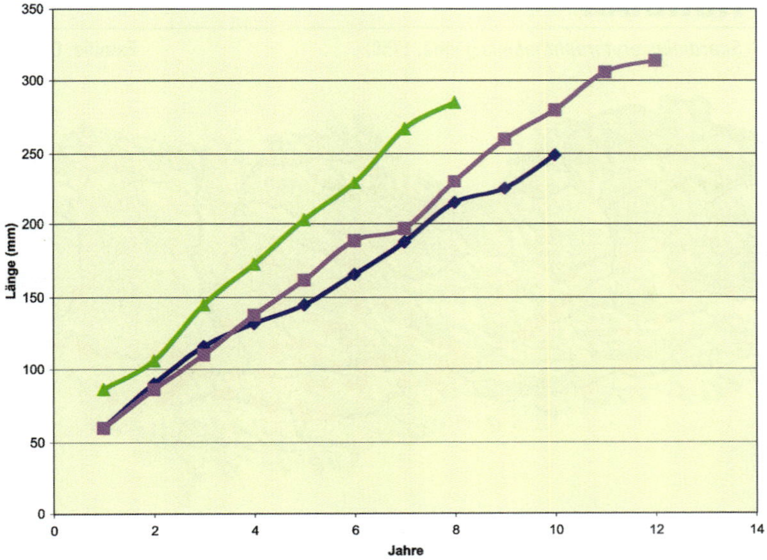

Abb. 82: Wachstumskurven von Rotfedern aus drei Kärntner Gewässern.
(Quelle: Amt d. Ktn. LR, Abt. 15)

Eier und frischgeschlüpften Larven durch ein Sekret haften. In Gewässern mit fehlenden Wasserpflanzenbeständen und verarmter Nährtierfauna (z. B. in stark eutrophen Seen) „verbutten“ die Rotaugenpopulationen, dies bedeutet sie wachsen sehr langsam und bleiben zeitlebens klein.

ALLGEMEINE VERBREITUNG UND VORKOMMEN IN KÄRNTEN:

Das Rotauge kommt in fast ganz Europa mit Ausnahme des Mittelmeerraums und Nordwest-Skandinaviens vor. Auch in Kärnten ist die Art sehr weit verbreitet. Man findet Rotaugen in fast allen Kärntner Seen und Teichen sowie in den Stauräumen der Drau, weiters auch in Seeabflüssen, Lauenbächen der oberen Drau sowie in der unteren Gurk, Glan und Gail, aber auch in langsam, durchströmten Bereichen anderer Fließgewässerstrecken. Das Rotauge ist weit verbreitet und zählt zu den häufigen Fischarten Kärntens.

FISCHEREI:

Am Ossiacher See wurde dieser Fisch früher Alze, am Millstätter See Bleditze genannt (Hartmann 1898). Sehr große Exemplare von Rotaugen kommen im Faaker See vor. Rotaugen sind beliebte Köderfische zum Angeln auf Raubfische.

Rotfeder

Scardinius erythrophthalmus (Linné, 1758) Familie: Cyprinidae

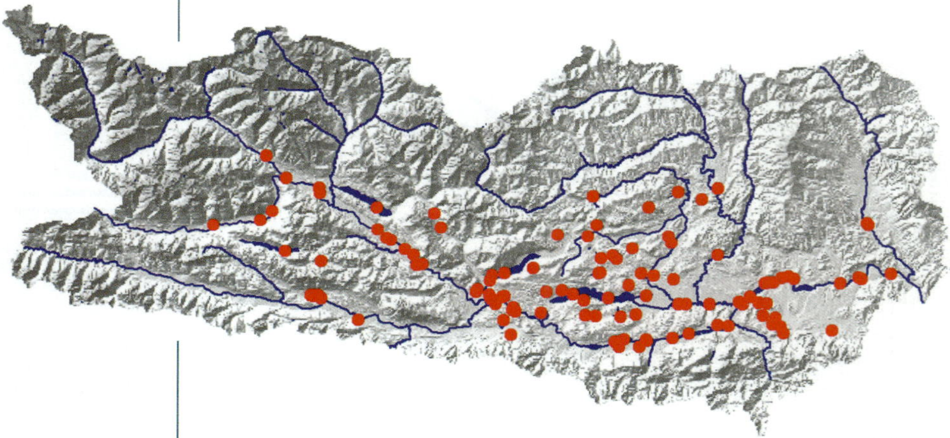

Rote Liste Kärnten	–	*v*	*r*	*3*	*2*	*1*	*0*	EU-Schutz				
Rote Liste Österreich	–	*v*	*r*	*3*	*2*	*1*	*0*	–				
Laichzeit	*J*	*F*	*M*	*A*	*M*	*J*	*J*	*A*	*S*	*O*	*N*	*D*
Schonzeit/Fangverbot	*J*	*F*	*M*	*A*	*M*	*J*	*J*	*A*	*S*	*O*	*N*	*D*
Fischregionen	*OFR*		*UFR*		*ÄSR*		*BAR*		*BRR*		*SGW*	
Gewässertypen	*Flussstau, Teich, See, Seeabfl., Augew.*											
Mindestfangmaß	*keine Fangbeschränkung*											

MERKMALE:

Bauch-, After- und Schwanzflosse zumindest außen hellrot; Vorderende der Rückenflosse deutlich hinter der Basis der Bauchflossen (im Gegensatz zum Rotauge); mittlere Länge 20–30 cm.

LEBENSWEISE:

Rotfedern halten sich besonders gern in kleinen Gruppen in Pflanzenbeständen der Uferregion nahe der Wasseroberfläche auf. Sie leben in Seen aber auch in ruhigen flachen Buchten und Altarmen der Flüsse. Sie treten wie die Rotaugen in kleineren Gruppen und Schwärmen auf. Die Nahrung besteht in erster Linie aus Makrophyten, aber auch aus Algen, in geringerem

Abb. 83: Ihren Name hat die Rotfeder von den roten Flossen. **(Foto: W. Köstenberger)**

Maße aus verschiedenen Kleintieren. Gelegentlich kommt es zu gemischten Laichschwärmen von Rotfedern, Rotaugen, Güstern und anderen pflanzenlaichenden karpfenartigen Fischen. Dabei können Artbastarde entstehen. Rotfedern werden alt, sie können ein Alter von 19 Jahren erreichen (GERSTMEIER & ROMIG 1998).

Abb. 84: Schwärme von Rotfedern findet man in pflanzenreichen Stillgewässern.
(Foto: W. Köstenberger)

ALLGEMEINE VERBREITUNG UND VORKOMMEN IN KÄRNTEN:

Bevorzugte Lebensräume sind Seen, Teiche sowie langsam fließende Gewässer mit weichem Grund. Im Längsee und Ossiacher See „wachsen die Rotfedern besonders gut ab“; sie erreichen eine Länge bis über 40 cm.
HARTMANN (1898) gibt für den Weißensee eine Varietät an, welche in der Färbung von den Rotfedern anderer Gewässer des Landes bedeutend abweicht (blasse Flossen und hellgelbes Auge). Auch erwähnt er eine Varietät mit einem besonderen Goldglanz aus den Hallegger Teichen.

FISCHEREI:

Das Fleisch der Rotfedern wird wegen des Grätenreichtums nur wenig geschätzt, obgleich nach dem Faschieren bekömmliche Fischlaibchen zubereitet werden können.
Der Besatz mit Rotfedern in stark verkrauteten Gewässern zur Verringerung des Pflanzenbewuchses stellt eine sinnvolle Alternative zum nicht heimischen Amurkarpfen (Besatzverbot) dar.

Schleie

Tinca tinca (Linné, 1758) Familie: Cyprinidae

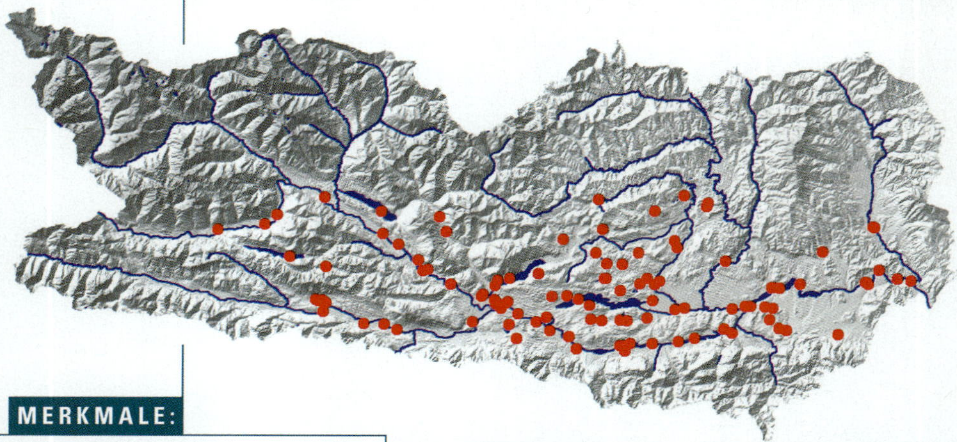

MERKMALE:

Hoher Schwanzstiel; ein Paar kleine Bartfäden in den Mundwinkeln; dicke, schleimige Haut mit sehr kleinen Schuppen, abgerundete Flossen, die Männchen unterscheiden sich durch einen verdickten zweiten Flossenstrahl der Bauchflosse von den Weibchen; mittlere Länge: 20 bis 30 cm.

Rote Liste Kärnten	*–*	*v*	*r*	*3*	*2*	*1*	*0*	EU-Schutz				
Rote Liste Österreich	*–*	*v*	*r*	*3*	*2*	*1*	*0*	–				
Laichzeit	*J*	*F*	*M*	*A*	*M*	*J*	*J*	*A*	*S*	*O*	*N*	*D*
Schonzeit/Fangverbot	*J*	*F*	*M*	*A*	*M*	*J*	*J*	*A*	*S*	*O*	*N*	*D*
Fischregionen	*OFR*		*UFR*		*ÄSR*		*BAR*		*BRR*		*SGW*	
Gewässertypen	*Flussstau, Teich, See, Augewässer*											
Mindestfangmaß	*25 cm*											

LEBENSWEISE:

Schleien bevorzugen langsam fließende Gewässer und flache, wärmere Seen und Teiche mit dichten Pflanzenbeständen und Schlammgrund (weicher Untergrund). Tagsüber ruht der Fisch meist an geschützten Stellen und wird erst in der Nacht aktiv. Nahrung: kleine Bodentiere (Insektenlarven, Schnecken, kleine Muscheln), die aus dem Schlamm gewühlt werden, außerdem Pflanzen und halb verrottete Pflanzenreste. Die Schleie laicht bei einer Wassertemperatur von 19 bis 20° C (Pflanzenlaicher). Wie viele andere Cypriniden hält sie im Bodenschlamm eine Winterruhe, kann aber auch bei Temperaturen über 30° C einen „Wärmeschlaf" halten. Dadurch kann die Schleie auch sehr flache Gewässer mit hohen Temperaturschwankungen besiedeln. Die Schleie ist in Bezug auf ihren Sauerstoffbedarf sehr anspruchslos, und sie ist auch sonst gegenüber verschiedenen Verschmutzungsparametern relativ unempfindlich.

ALLGEMEINE VERBREITUNG UND VORKOMMEN IN KÄRNTEN:

Die Schleie lebt fast im gesamten gemäßigten Asien und Europa. In Kärnten findet man sie in fast allen stehenden Gewässern der Tallagen, in den Stauräumen der mittleren und unteren Drau, in Seeabflüssen, im Lendkanal, in der Wölfnitz und unteren Glan sowie im Warmbach bei Villach. Sie kommt auch in naturnahen Teichen, wie dem Krastowitzer Teich bei Klagenfurt, dem Tatschnigteich bei Liebenfels oder dem Kapeller Teich bei Lendorf, aber auch in Altarmresten der oberen Drau oder im Sablatnigmoor vor.

Abb. 85: Typisch für die Schleie sind die abgerundeten Flossen.
(Foto: W. Köstenberger)

FISCHEREI:

Hartmann (1898) gibt Maximalgewichte für Schleien bis 5 kg an. In jüngerer Zeit wurden im Jahre 1999 im Millstätter See eine Schleie mit 4,2 kg und 1990 im Ossiacher See eine mit über 3 kg und einer Länge von 59 cm gefangen. Im Jahre 1997 konnte im Weißensee eine Schleie mit einem Gewicht von 2,75 kg und einer Länge von ebenfalls 59 cm geangelt werden, auch in den Stauräumen der unteren Drau werden immer wieder Schleien mit über 3 kg gefangen. Sie ist ein wichtiger Nebenfisch in der Karpfenteichwirtschaft und wird wegen ihres wohlschmeckenden Fleisches geschätzt.

Große Schleien mit Gewichten bis über 3 kg kommen auch im Walterskirchner Teich vor. Dieses Gewässer mit moorigem Charakter (dystroph), weist insgesamt nur eine geringe Produktion auf, die Nahrungsgrundlage für Schleien (verschiedene Muschelarten, Wasserschnecken, Pflanzenreste) ist jedoch in ausreichendem Maße gegeben.

Schleien werden manchmal zur Bekämpfung von an Karpfen parasitierenden Kiemenkrebsen (*Argulus* sp.) besetzt, da sie bevorzugt vom Kiemenkrebs befallen werden und danach mit dem Parasiten entnommen werden können.

Zährte, Rußnase, Blaunase

Vimba vimba (Linné, 1758) Familie: Cyprinidae

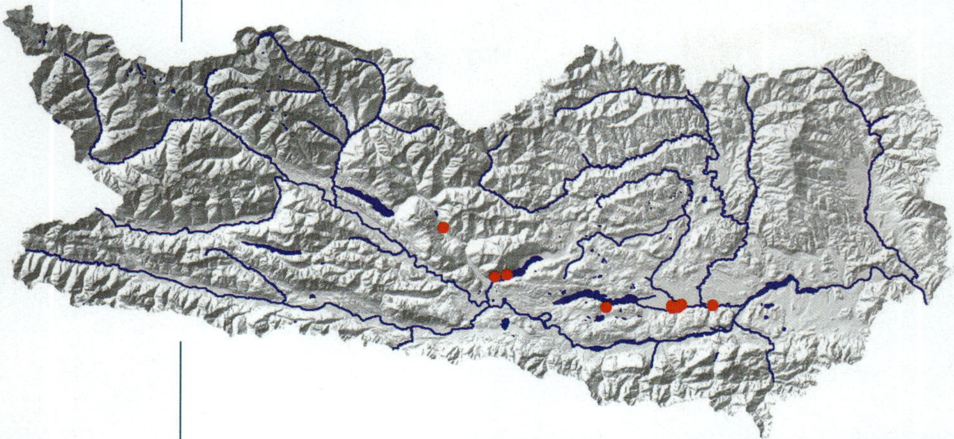

Rote Liste Kärnten	–	*v*	*r*	*3*	*2*	*1*	*0*	EU-Schutz				
Rote Liste Österreich	–	*v*	*r*	*3*	*2*	*1*	*0*	–				
Laichzeit	*J*	*F*	*M*	*A*	*M*	*J*	*J*	*A*	*S*	*O*	*N*	*D*
Schonzeit/Fangverbot*	*J*	*F*	*M*	*A*	*M*	*J*	*J*	*A*	*S*	*O*	*N*	*D*
Fischregionen	*OFR*		*UFR*		*ÄSR*			*BAR*	*BRR*		*SGW*	
Gewässertypen	*Fluss, Seeabfluss, Flussstau, Alpensee*											
Mindestfangmaß	*25 cm*											

* von 1. Jänner bis 15. Juni

MERKMALE:

Mund unterständig; Schnauze nasenartig vorragend, fleischig, dunkel berußt; lange Afterflosse; mittlere Länge: 20–30 cm.

LEBENSWEISE:

Die Zährte ist ein gesellig lebender Grundfisch und frisst kleine Bodentiere (Würmer, Insektenlarven, Weichtiere), die sie aus dem Schlamm wühlt. Das Ablaichen erfolgt an flachen, kiesigen oder mit Pflanzen bestandenen Stellen im strömenden Wasser. Die klebrigen Eier werden nachts unter lautem Geplätscher ratenweise abgelegt und haften an Steinen und Pflanzen. Zur Laichzeit bildet sich bei den sonst unscheinbaren Fischen ein schwarz-oranges „Hochzeitskleid" aus, dann gehört die Zährte zu den schönsten europäischen Süßwasserfischen.

ALLGEMEINE VERBREITUNG UND VORKOMMEN IN KÄRNTEN:

Die Rußnase ist eine typisch osteuropäische Art. In Österreich existieren heute nur noch Vorkommen in den Bundesländern Wien, Niederösterreich, Oberösterreich und Kärnten. Ursprünglich gab es auch Bestände in Salzburg und in der Steiermark, dort sind sie heute jedoch erloschen (Spindler et al. 1997).

In Kärnten lebt diese Fischart im Ossiacher See sowie in dessen Abfluss, dem Seebach, weiters in der unteren Glan, in der Sattnitz, im Reifnitzbach oder im Afritzer See. Vereinzelt kommt sie auch in den Stauräumen der unteren Drau vor. Kähsbauer (1961) gibt die Zährte für den Wörthersee, Keutschacher See und Hafnersee an. Bei Hartmann (1898) wird diese Art auch noch für den Faaker See erwähnt.

Aus dem Mondsee wird in den letzten Jahren eine eigene Art, der Seerüßling oder die Mondsee-Zährte (*Vimba elongatus*) beschrieben. Tatsächlich dürfte es sich jedoch nur um eine Seen-Variation der Rußnase handeln (Spindler et al. 1997).

Abb. 86:
Die Zährte wird wegen ihres nasenartigen Fortsatzes auch als Rußnase bezeichnet.
(Foto: J. Harra)

GEFÄHRDUNG UND SCHUTZ:

Österreichweit ist die Zährte eine gefährdete Fischart, da die Lebensräume zurückgedrängt wurden.
Wenn sie auch gegenüber organischer Verschmutzung relativ tolerant ist, reagiert sie empfindlich auf Industrieabwässer (GERSTMEIER & ROMIG 1998) und Regulierungen.

FISCHEREI:

Trotz des grätenreichen Fleisches wird dieser Fisch mancherorts als Speisefisch geschätzt.
Von den Fischern wird die Rußnase des öfteren mit der Nase verwechselt.

Amur, Amurkarpfen, Graskarpfen, Weißer Amur

Ctenopharyngodon idella (Valenciennes, 1844) Familie: Cyprinidae

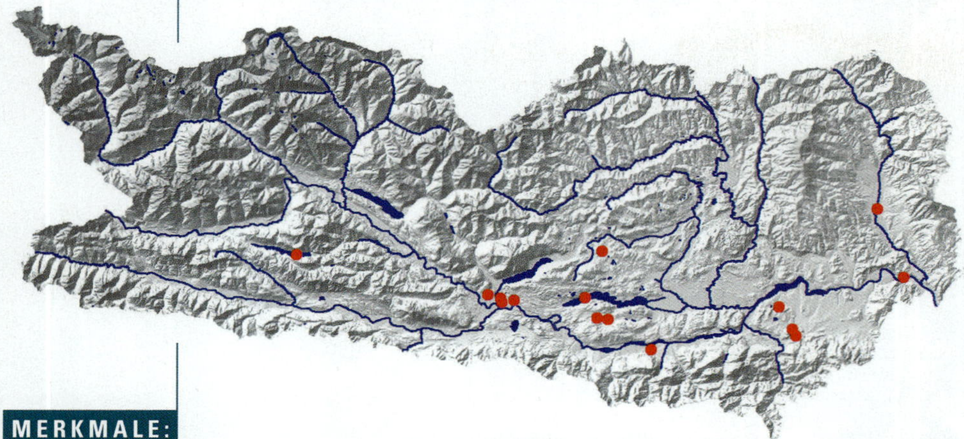

MERKMALE:

Runder Querschnitt; große starke Schuppen; Flossenanordnung und Körperform sind dem Aitel sehr ähnlich, jedoch besitzt der Amur ein größeres, unterständiges Maul und verhältnismäßig kleine, tiefliegende Augen; mittlere Länge: 50–70 cm.

Rote Liste Kärnten	–	*v*	*r*	*3*	*2*	*1*	*0*	EU-Schutz				
Rote Liste Österreich	–	*v*	*r*	*3*	*2*	*1*	*0*	–				
Laichzeit*	*J*	*F*	*M*	*A*	*M*	*J*	*J*	*A*	*S*	*O*	*N*	*D*
Schonzeit/Fangverbot	*J*	*F*	*M*	*A*	*M*	*J*	*J*	*A*	*S*	*O*	*N*	*D*
Fischregionen	*OFR*		*UFR*		*ÄSR*		*BAR*		*BRR*		*SGW*	
Gewässertypen	*Flussstau, See, Teich (Bes.), nicht heimisch*											
Mindestfangmaß	*keine Fangbeschränkung*											

* keine Fortpflanzung in Österreich

LEBENSWEISE:

Die ursprüngliche Heimat dieses Fisches ist das gesamte Stromgebiet des Amur in Ostasien, wo er Längen bis über 1 m erreicht und an die 50 kg schwer wird. Da der Fisch zur Laichreife in seiner Heimat eine Laichwanderung durchführt und gleichzeitig eine Temperatur über 20° C benötigt (Weber 1971), ist eine Fortpflanzung unter natürlichen Verhältnissen bei uns nicht möglich. So sind die Bestände in Europa, Amerika und Australien ausschließlich auf künstliche Vermehrung bzw. Besatzmaßnahmen zurückzuführen. Jedoch gibt es auch bei uns immer wieder Meldungen, dass in flacheren, wärmer werdenden stehenden Gewässern Jungamure gesichtet wurden, die angeblich nicht nachbesetzt worden sind. Die abgegebenen Eier quellen auf das 60-fache ihres Volumens auf und schwimmen frei (pelagisch) im Wasser. Die Nahrung dieses Pflanzenfressers besteht vorwiegend aus Unterwasserpflanzen und Fadenalgen; typisches Anzeichen dafür, dass es sich beim Amurkarpfen um einen Vegetarier handelt, ist der lange Darm. Er weist ein Mehrfaches der Länge jener von Raubfischen auf. Trotz der großen Darmlänge können jedoch nur 15–30 % der Pflanzennahrung in körpereigene Substanzen umgebaut werden (Jungwirth 1979), der Rest wird wieder ausgeschieden. In Teichwirtschaften wird der Amur auch mit Gras zugefüttert. Versuche in einem Gitterkäfig im Lendkanal in Klagenfurt im Jahre 1985 zeigten, dass vier Graskarpfen mit einem Gesamtgewicht von 8 kg im Hochsommer nach 20 Tagen eine Pflanzenmenge von kanadischer Wasserpest (*Elodea canadensis*) mit einem Trockengewicht von etwa 40 kg aufgefressen hatten.

ALLGEMEINE VERBREITUNG UND VORKOMMEN IN KÄRNTEN:

Amurkarpfen wurden in Kärnten vor etwa 25–30 Jahren verstärkt in Teiche, aber auch in Seen eingesetzt. Leider erfolgte der Einsatz von Amurkarpfen teilweise unkontrolliert. Bei der Bekämpfung unerwünschter Wasserpflanzen kam es nach dem Besatz von Amurkarpfen selbst in ablassbaren Gewässern zu Problemen, der Besatz in nicht ablassbare Gewässer hat aber noch größere Schwierigkeiten mit sich gebracht: Durch den Graskarpfenbesatz wurden die

Abb. 87: **Der Besatz mit Amurkarpfen ist sehr problematisch, da die aus Ostasien stammenden Fische den gesamten Wasserpflanzenbestand eines Gewässers vernichten können.**
(Foto: W. Köstenberger)

Unterwasserpflanzen und sogar die Schilfbestände so sehr dezimiert, dass diese für die meisten Fischarten außerordentlich wichtigen Lebensräume verloren gingen. Dies zeigte sich am deutlichsten beim Maltschacher See, an dem nach dem Besatz kaum mehr Schilf vorhanden war. Dort sollen die Amurkarpfen sogar versucht haben, in der Dämmerung in den Flachbereichen überhängendes Gras von den Böschungen aufzunehmen. Durch den Verlust von Wasserpflanzen verschwanden auch andere Tierarten aus den mit Amur besetzten Gewässern, so z. B. erlosch der Brutbestand des Zwergtauchers in der Wernberger Schleife, nachdem Amurkarpfen in das Gewässer eingesetzt wurden (S. Wagner, mündl. Mitteilung). Auch im Weißensee hat der Besatz des Amurkarpfens Probleme für die Wasserpflanzen gebracht. Amurkarpfen scheiden die für die Pflanzenproduktion wichtigen Nährstoffe Phosphor und Stickstoff nach der Verdauung wieder aus. Die Nährstoffe sind dann für freischwebende Algen frei verfügbar, welche sich dann umso schneller vermehren können. Auf diese Weise haben sich Kleingewässer, in die Graskarpfen eingesetzt wurden, von ökologisch intakten, mit Schilf bestandenen und verkrauteten Gewässern zu solchen mit sehr starken Algenblüten und getrübtem Wasser umgewandelt. Am Beispiel des Amur lässt sich demonstrieren, dass falscher Fischbesatz in Gewässern schwere ökologische Schäden bewirken kann. Der Besatz von nicht heimischen Fischen ist daher in Kärnten nur mit einer Ausnahmebewilligung der Kärntner Landesregierung erlaubt.
Amurkarpfen gibt es neben den beiden erwähnten Seen noch in einigen anderen Kärntner Seen, wie etwa dem Wörthersee, Ossiacher See, Klopeiner See und Urbansee. Auch in den Stauräumen der mittleren und unteren Drau kommen vereinzelt Amurkarpfen vor, die dort durch Besatz hineingekommen sind. Auch im Leonharder See bei Villach kommen Amur vor, die durch einen erst kürzlich durchgeführten, nicht genehmigten Besatz eingebracht wurden.

FISCHEREI:

Interessanterweise ist festzustellen, dass bei der Angelfischerei im Weißensee der Amurkarpfen zeitweise an dritter Stelle der Fänge rangiert hat. Es wurden dort Amurkarpfen mit über 1 m Länge und bis zu 15 kg gefangen.

Tolstolob, Silberkarpfen

Hypophthalmichthys molitrix (Valenciennes, 1844) Familie: Cyprinidae

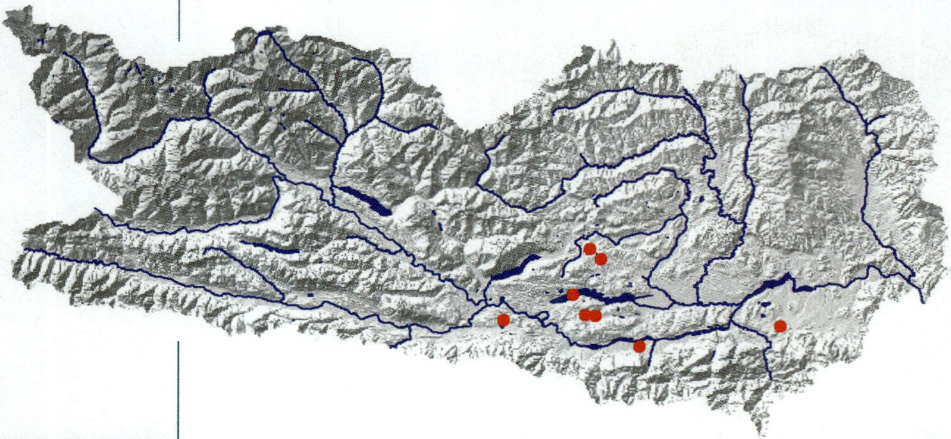

MERKMALE:

Sehr tief liegende Augen; auffallend großes und oberständiges Maul sowie riesige Kiemendeckel mit großen Kiemenbögen; Schuppen wesentlich kleiner als beim Amur; wird bis über 20 kg schwer.

Rote Liste Kärnten	–	v	r	3	2	1	0	EU-Schutz				
Rote Liste Österreich	–	v	r	3	2	1	0	–				
Laichzeit*	J	F	M	A	M	J	J	A	S	O	N	D
Schonzeit/Fangverbot	J	F	M	A	M	J	J	A	S	O	N	D
Fischregionen	OFR		UFR		ÄSR		BAR		BRR		SGW	
Gewässertypen	Teich, See, Flussstau (Bes., nicht heimisch)											
Mindestfangmaß	keine Fangbeschränkung											

* keine Fortpflanzung in Österreich

LEBENSWEISE:

Durch hohe Wassertemperaturen sowie eine sehr geringe Fließgeschwindigkeit können sich in den südostasiatischen Heimatflüssen des Tolstolob pflanzliche Kleinorganismen (Phytoplankton) optimal entwickeln. Diese sind auch die Nahrungsgrundlage für den Tolstolob. Mit Hilfe eines spezialisierten Kiemenreusenapparates (PICHLER-SEMMELROCK 1988) kann er nur wenige tausendstel Millimeter große Planktonlebewesen aus dem Wasser filtrieren. Der Silberkarpfen pflanzt sich bei uns nicht natürlich fort, er wird wie der Amur künstlich gezüchtet.

ALLGEMEINE VERBREITUNG UND VORKOMMEN IN KÄRNTEN:

Die ursprüngliche Heimat des Tolstolob sind die großen Monsunflüsse Südostasiens (Jangtsekiang oder Hoangho).
Der Tolstolob wurde als Nebenfisch gleichzeitig mit dem Amurkarpfen in Teiche eingesetzt. In Freigewässern kommt er nur vereinzelt, etwa im Hafnersee, im Faaker See und im Maltschacher See vor. Man erwartete sich vom Besatz dieses Fisches gemeinsam mit dem Amurkarpfen neben einer Verringerung der Unterwasserpflanzen auch eine Dezimierung von Schwebealgen und von Zooplankton. Jedoch scheint der Tolstolob nur spezielle Algen aus dem Wasser herauszufiltern, so dass eine vorher durch Schwebealgen beobachtete Trübung weiterhin bestehen bleibt. Tolstolob wurden auch im Strußnigteich bei Tigring zu Zuchtzwecken gehalten. Im Frühjahr 1988 hat dort die Massenentwicklung einer Blaualge (*Aphanizomenon flos aquae*) mit den dadurch gebildeten Giftstoffen (Algentoxine) ein größeres Fischsterben verursacht. Ein Besatz mit Tolstolob kann ähnlich wie der Besatz mit Amurkarpfen zu großen ökologischen Schäden im Gewässer führen.

Abb. 88:
Der Tolstolob filtert mit Hilfe eines speziellen Kiemenreusenapparates pflanzliches Plankton aus dem Wasser.
(Foto: W. Köstenberger)

FISCHEREI:

Fischereiwirtschaftlich gesehen hat der Silberkarpfen in der Teichwirtschaft Kärntens keine Bedeutung. Angelfischereilich wäre er auf Grund seiner Größe von Interesse, ist aber, zumal er seine Nahrung lediglich durch Filtrieren des Wassers aufnimmt, nur durch Zufall zu fangen.
In Osteuropa ist er ein wichtiger Beifisch der Karpfenteichwirtschaft und wird auch in die größeren Flüsse besetzt. Bei den großen Fischen, die infolge des durch den Cyanidaustritt in Rumänien verursachten Fischsterben in Theiß und Donau in der Berichterstattung gezeigt wurden, handelte es sich Großteils um Silberkarpfen (Farkas, mündl. Mitteilung).
Im sogenannten Bürmooser See in Salzburg wurde im Jahre 2000 ein Tolstolob mit einem Gewicht von 36,5 kg gefangen (Machacek, schriftl. Mitteilung).
Im Keutschacher See lebt eine Albino-Form mit weißlicher Färbung. Der Fisch weist eine Länge von ca. 1,5 m auf (Grohar, schriftl. Mitteilung).

Pseudokeilfleckenbarbe, Blaubandbärbling

Pseudorasbora parva (Temminck & Schlegel, 1842) Familie: Cyprinidae

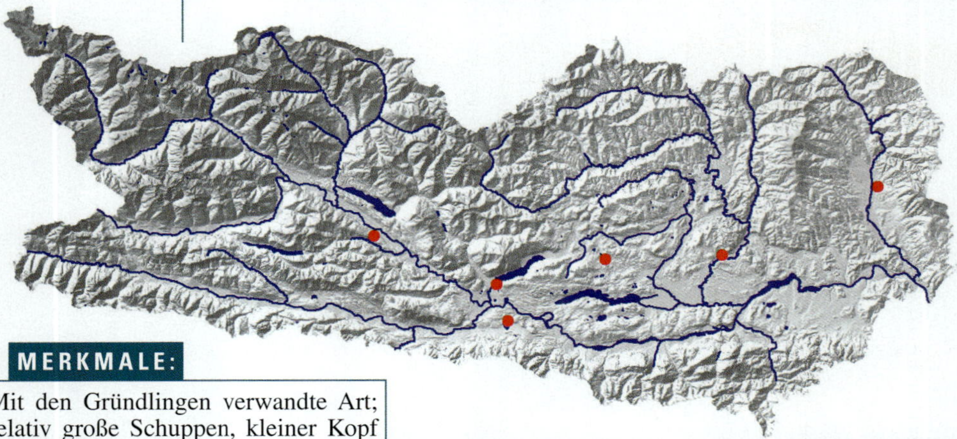

MERKMALE:

Mit den Gründlingen verwandte Art; relativ große Schuppen, kleiner Kopf und kleines Maul. Färbung silbrig, gegen den Rücken grünlich-braun; bei Beunruhigung besonders bei jüngeren Fischen auffallender dunkelbrauner bis schwarzer Längsstreifen, der am Maul beginnt und sich über die Augen und den ganzen Körper bis zur Schwanzflosse erstreckt. Zur Laichzeit Schuppen der Männchen mit besonders ausgeprägtem schwarzen Rand; mittlere Länge: 8–10 cm.

Rote Liste Kärnten	–	*v*	*r*	*3*	*2*	*1*	*0*	EU-Schutz				
Rote Liste Österreich	–	*v*	*r*	*3*	*2*	*1*	*0*	–				
Laichzeit	*J*	*F*	*M*	*A*	*M*	*J*	*J*	*A*	*S*	*O*	*N*	*D*
Schonzeit/Fangverbot	*J*	*F*	*M*	*A*	*M*	*J*	*J*	*A*	*S*	*O*	*N*	*D*
Fischregionen	*OFR*		*UFR*		*ÄSR*		*BAR*		*BRR*		*SGW*	
Gewässertypen	*Besatz in Teichen (nicht heimisch)*											
Mindestfangmaß	*Keine Fangbeschränkung*											

LEBENSWEISE:

Die Männchen werden größer als die Weibchen und besitzen zwei Hornfortsätze während der Laichzeit. Die Fische laichen in Österreich in warmen Teichen ab, wobei sich die Laichzeit über lange Zeit (von Mai bis zum Herbst) erstreckt. Die Eier sind stark klebend und werden bevorzugt auf Steinen abgelegt.

ALLGEMEINE VERBREITUNG UND VORKOMMEN IN KÄRNTEN:

Die Pseudokeilfleckenbarbe stammt aus dem gemäßigten Ostasien. Die Art breitete sich von den Flüssen Dnjepr und Dnjestr, die in das Schwarze Meer münden, immer mehr in der Donau flussaufwärts aus. In Österreich wurde sie erstmals im Jahre 1982 in der March und in der Großen Tulln bei der Donaumündung beobachtet (Weber 1984) und hat sich rasch in die Oststeiermark, das Burgenland und in viele Teichwirtschaften Ostösterreichs ausgebreitet (Ahnelt 1989).

Diese Fischart wurde aus Rumänien in die Südsteiermark als Zanderfutter für die Teichwirtschaft Waldschach importiert. Die Fische kommen von dort als Besatz immer wieder auch in den Strußnigteich bei Tigring nach Kärnten, obwohl sie dort keine eigene Population bilden und im Herbst nach dem Ablassen des Teiches wieder verschwinden. Außerdem kommt die Pseudokeilfleckenbarbe in einigen Teichen bei Wolfsberg, im sogenannten Tragailer Teich und vereinzelt sogar im Faaker See und Ossiacher See-Abfluss vor.

Abb. 89:
Die Pseudokeilfleckenbarbe wurde erstmals in Kärnten im Strußnigteich als Zanderfutter eingeschleppt.
(Foto: W. Köstenberger)

FISCHEREI:

Die Pseudokeilfleckenbarbe wird als Köderfisch verwendet. Zumal in Kärnten dieser Fisch nicht heimisch ist und die ökologischen Auswirkungen nicht vorhergesehen werden können, ist ein Besatz verboten.

Schmerle, Bartgrundel, Bachschmerle

Barbatula barbatula (Linné, 1758) Familie: Balitoridae

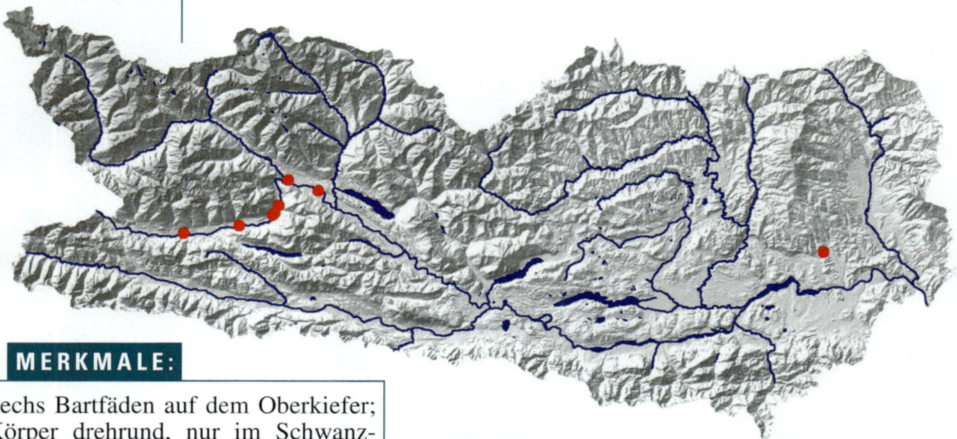

MERKMALE:

Sechs Bartfäden auf dem Oberkiefer; Körper drehrund, nur im Schwanzteil seitlich etwas abgeflacht; Länge 8–15 cm. Die Schmerlen (früherer Name von *Barbatula barbatula*: *Noemacheilus barbatulus*) wurden früher der Familie der Cobitidae zugeordnet. Anatomische und phylogenetische Untersuchungen haben aber gezeigt, dass sie eher einer Familie zuzuordnen sind, die im Südosten Asiens ihr Hauptverbreitungsgebiet haben. Diese Familie wird Balitoridae genannt (Kottelat 1997). Diese Zuordnung wurde von der Internationalen Kommission für zoologische Nomenklatur im Jahre 1993 anerkannt.

Rote Liste Kärnten	–	v	r	3	2	1	0	EU-Schutz				
Rote Liste Österreich	–	v	r	3	2	1	0	–				
Laichzeit	J	F	M	A	M	J	J	A	S	O	N	D
Schonzeit/Fangverbot	J	F	M	A	M	J	J	A	S	O	N	D
Fischregionen	OFR		UFR		ÄSR		BAR		BRR		SGW	
Gewässertypen	Bach, Fluss											
Mindestfangmaß	keines, ganzjährig geschont											

LEBENSWEISE:

Die Schmerle ist ein nachtaktiver Grundfisch, der meist in klaren, von Grundwasser beeinflussten fließenden Gewässern mit Stein- und Sandgrund vorkommt. Sie frisst Kleinkrebse, Insektenlarven und teilweise auch Fischlaich. Zur Laichzeit haben beide Geschlechter auf der Innenseite der Bauchflosse einen feinen Laichausschlag in Form von 5 Knötchenreihen. Die Eier werden an Steine angeheftet und bis zum Schlüpfen vom Männchen bewacht.

Abb. 90: Die Schmerle war früher weit verbreitet. Restbestände findet man heute noch in den Gewässern des Oberen Drautales. (Foto: W. Köstenberger).

Abb. 91: Schmerlen besitzen 6 Barteln auf dem Oberkiefer.
(Foto: W. Köstenberger)

ALLGEMEINE VERBREITUNG UND VORKOMMEN IN KÄRNTEN:

Die Schmerle kommt vom Ural bis Irland und Ostspanien vor, nicht jedoch in Nordskandinavien, Mittel- und Süditalien und auf dem südlichen Balkan. Dort wo Schmerlen vorkommen, können sie in großer Dichte auftreten, wie z. B. in oststeirischen Bächen (Kainz & Gollmann 1989) oder im Saarland (Klos & Krotten 2001).
In Kärnten kam die Schmerle früher viel häufiger vor als heute, so z. B. in der Lavant zwischen Krottendorf und Lavamünd (Honsig-Erlenburg & Schulz 1989a) oder auch im Uferbereich des Ossiacher Sees (Hartmann 1898). Heute bekannte Vorkommen sind in den Lauenbächen der oberen Drau bei Kleblach und Dellach, im Siflitzbach vor der Mündung in die Drau, in der Möll vor der Mündung oder auch im Zufluss des sogenannten Griffner Sees.

GEFÄHRDUNG UND SCHUTZ:

Aufgrund verschiedener Eingriffe in unsere Fließgewässer, vor allem durch Regulierungsmaßnahmen, aber auch ständige Sohlräumungen kleiner Bäche, ist die Schmerle in Kärnten schon sehr selten und zählt bei uns zu den stark gefährdeten Arten (Honsig-Erlenburg & Friedl 1999b). Auch durch den Besatz von Regenbogen- und Bachforellen in kleinere Gewässer sind die Bestände reduziert worden.

FISCHEREI:

Das Fleisch der Schmerle ist zart und wohlschmeckend, weshalb diese Fischart in einigen Ländern wie z. B. in Böhmen in eigenen Teichen gehegt wurde (Hartmann 1898). Gebackene Schmerlen, die als Grundeln bezeichnet wurden, sind in den Straßen mancher Städte ähnlich wie Sardellen an der Adria verkauft worden. Im „Fisch-, Vogel- und Thierbuch“ von Leonhard Baldner aus dem Jahre 1666 heißt es: „Ein Grundel (oder Schmerle) ist ein Herrenfisch unter den kleinen Fischen, diesse werdten theuer verkauft und mit einem Maß gemessen, darin man den Wein ausmeßet.“ Auch Goethe schreibt z. B. an Christiane Vulpius: „... hebe mir, meine Liebe, einige Schmerlen auf, daß ich einige Bissen finde.“

Steinbeißer, Dorngrundel

Cobitis taenia (Linné, 1758) Familie: Cobitidae

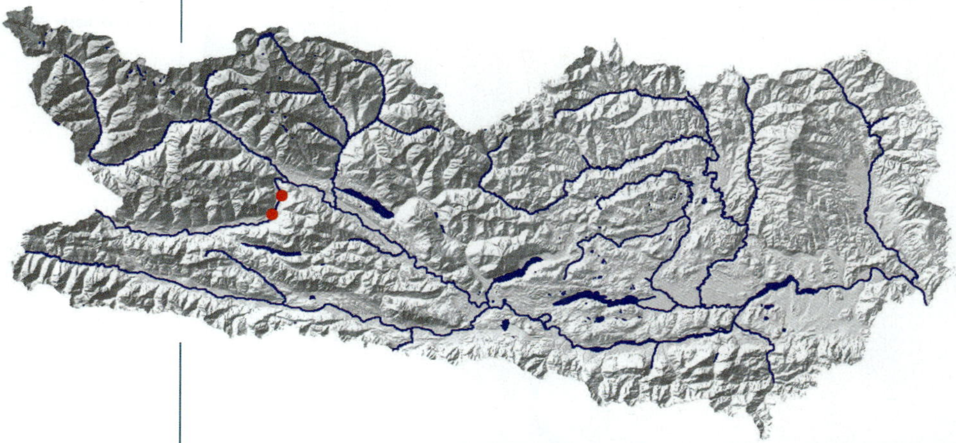

Rote Liste Kärnten	–	*v*	*r*	*3*	*2*	*1*	*0**	EU-Schutz				
Rote Liste Österreich	–	*v*	*r*	*3*	*2*	*1*	*0*	*Anhang II*				
Laichzeit	*J*	*F*	*M*	*A*	*M*	*J*	*J*	*A*	*S*	*O*	*N*	*D*
Schonzeit/Fangverbot	*J*	*F*	*M*	*A*	*M*	*J*	*J*	*A*	*S*	*O*	*N*	*D*
Fischregionen	*OFR*		*UFR*		*ÄSR*		*BAR*		*BRR*		*SGW*	
Gewässertypen	*Bach, Fluss, Augewässer, Schotterteich*											
Mindestfangmaß	*Ganzjährig geschont*											

* Wiedereinbürgerungsversuch an der oberen Drau

MERKMALE:

Mit der Schmerle verwandt; sechs kurze Bartfäden, Kopf und Körper seitlich stark zusammengedrückt; unter dem Auge ein beweglicher, zweispitziger Dorn; sehr kleine, dünne Schuppen; Länge: 5–10 cm.

LEBENSWEISE:

Der Steinbeißer bewohnt klare, fließende oder stehende Gewässer mit Sandgrund, wobei er sich tagsüber meist bis zum Kopf in den Sand eingräbt. Erst in der Nacht wird er aktiv. Die Nahrung besteht aus Insektenlarven, kleinen Schnecken und Würmern sowie organischen Abfällen. Die Bodenpartikel werden dabei ins Maul genommen und nach dem Abfiltrieren von essbaren Bestandteilen durch die Kiemen wieder ausgeschieden, deshalb der Name „Steinbeißer". Die Eier werden an Steinen oder Wurzelwerk im flachen Wasser abgelegt.

ALLGEMEINE VERBREITUNG UND VORKOMMEN IN KÄRNTEN:

Bei HARTMANN (1898) wird der Steinbeißer erwähnt, wobei er u. a. auch im Ossiacher See vorgekommen ist. Vor etwa 15 Jahren war der Steinbeißer noch aus der untersten Lavant (vor Lavamünd) bekannt, angeblich soll diese Fischart auch noch im Reinitzbach (Abfluss des Hörzendorfer Sees) und in der Sattnitz gelebt haben (HONSIG-ERLENBURG & SCHULZ 1989a). Außerdem soll es auch Steinbeißer in der Drau bei Glainach bis vor dem Aufstau des Stauraumes Annabrücke gegeben haben.
Wegen seiner Lebensweise dürfte dieser Fisch nur schwer nachzuweisen sein, obwohl er dort, wo er vorkommt, sehr häufig ist, so etwa im Copacabana-Freizeitsee in der Steiermark (SAMEK 2000). Für Osttirol wurde er in der Tristacher Aue nachgewiesen (KOFLER 1980).

Abb. 92: **Der über längere Zeit verschollene Steinbeißer wurde erst kürzlich im Rahmen des LIFE-Projektes „Auenverbund Obere Drau“ in Seitengewässern der oberen Drau wieder angesiedelt.**
(Foto: W. Köstenberger)

GEFÄHRDUNG UND SCHUTZ:

Da diese Fischart spezifische Ansprüche an ihren Lebensraum stellt (kleinere Fließgewässer mit sandigem Untergrund in tieferen Lagen, die in Kärnten nicht sehr häufig sind) und oftmals dort Sohlräumungsarbeiten, vor allem zur Hintanhaltung der Verkrautung stattfinden, konnte die Fischart in Kärnten seit etwa 15 Jahren nicht mehr nachgewiesen werden.

Im Zuge des LIFE-Projektes „Auenverbund Obere Drau“ wurden im August 2000 und Juni 2002 insgesamt 450 Stück Steinbeißer in einen Lauenbach und ein Augewässer bei Kleblach eingesetzt. Die Fische stammen aus dem Badesee „Copacabana“ in der Steiermark. Eine Elektrokontrollbefischung im Februar 2002 erbrachte, dass sich die Fische vermehrt und gut adaptiert haben. Zahlreiche Steinbeißer wurden vor allem in Bereichen mit Wasserpflanzen vorgefunden (Farkas, mündl. Mitteilung).

In der benachbarten Steiermark (Grabenlandbäche im Südosten) und im Südburgenland lebt eine mit dem Steinbeißer verwandte Art, nämlich der Goldsteinbeißer (*Sabanejewia balcanica*), welcher hier seine westlichste Verbreitungsgrenze aufweist.

Wels, Waller

Silurus glanis (Linné, 1758) Familie: Siluridae

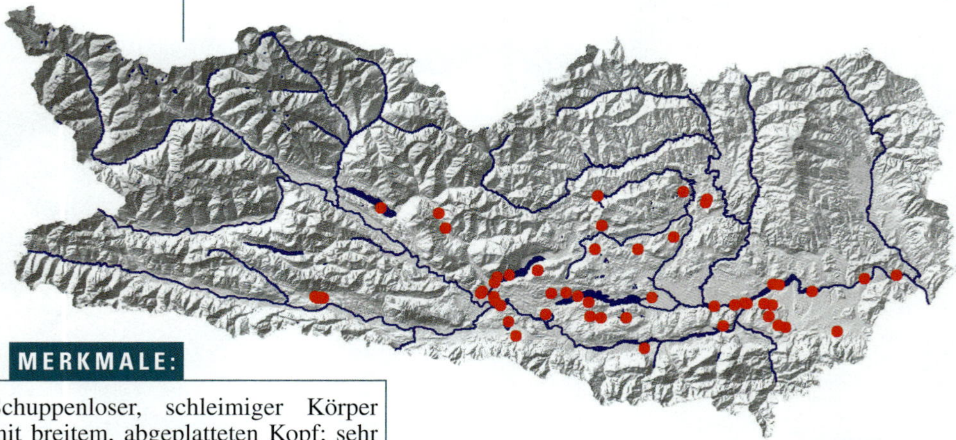

MERKMALE:

Schuppenloser, schleimiger Körper mit breitem, abgeplatteten Kopf; sehr kurze Rücken- und sehr lange Afterflosse; zwei sehr lange Bartfäden auf dem Oberkiefer, vier kürzere auf der Kopfunterseite; durchschnittliche Länge: ca. 1 m und Gewicht: ca. 10 kg, in Einzelfällen deutlich schwerer; größter Fisch Kärntens. Der Fang des bislang längsten Welses ist aus dem Dnjepr in Russland belegt. Dieser Fisch hatte eine Länge von fast 5 m und ein Gewicht von 367 kg.

Rote Liste Kärnten	–	*v*	*r*	*3*	*2*	*1*	*0*	EU-Schutz				
Rote Liste Österreich	–	*v*	*r*	*3*	*2*	*1*	*0*	–				
Laichzeit	*J*	*F*	*M*	*A*	*M*	*J*	*J*	*A*	*S*	*O*	*N*	*D*
Schonzeit/Fangverbot*	*J*	*F*	*M*	*A*	*M*	*J*	*J*	*A*	*S*	*O*	*N*	*D*
Fischregionen	*OFR*		*UFR*		*ÄSR*		*BAR*		*BRR*		*SGW*	
Gewässertypen	*Flussstau, Teich, Flachlandsee, Augew.*											
Mindestfangmaß	*70 cm*											

* 15. Mai bis 15. Juli

LEBENSWEISE:

Der Wels bewohnt Seen und größere, tiefe Flüsse mit weichem Untergrund. Er ist ein ausgeprägter Bodenfisch, der sich tagsüber in seinem Schlupfwinkel verbirgt und erst nachts aktiv wird. Als Nahrung dienen ihm Fische, Frösche, Wasservögel und Kleinsäuger. Zum Ablaichen benötigt er eine Wassertemperatur von mindestens 18° C, dies erfolgt an seichten Uferstellen mit dichten Pflanzenbeständen. Die Eier werden in ein einfaches Nest abgelegt und haften in dessen Boden und Wandungen. Welse können sehr alt werden (über 100 Jahre).

ALLGEMEINE VERBREITUNG UND VORKOMMEN IN KÄRNTEN:

Der Wels kommt insbesondere in größeren, tieferen Seen Kärntens vor. Gute Bestände gibt es im Ossiacher See, Wörthersee und Keutschacher See, im Zmulner See (Sygergutsee bei Zweikirchen), im Goggau- und Längsee sowie anderen Unterkärntner Seen, aber auch im Abfluss des Presseggersees. Auffallend große Exemplare werden im Keutschacher See und v. a. im Ossiacher See gefangen (etwa im Jahre 1946 ein Waller mit 65 kg und einer Länge von 230 cm oder erst kürzlich ein Exemplar mit einer Länge von 1,95 m und einem Gewicht von 45 kg, Abb. 93).
Welse kommen auch in der Drau unterhalb von Villach vor, z. B. im Stauraum Völkermarkt, und hier wiederum im Rückstaugebiet der Gurk.

FISCHEREI:

Der Wels ist ein beliebter Angelfisch; bereits die Erbhuldigungen aus dem Jahre 1666 zeigen einen ca. 240 cm langen und ca. 65 kg schweren Wels (siehe Abb. 137). Hawlitschek (1892) schreibt über den Ossiacher See, dass „man an warmen Sommerabenden das pelotonartige Klatschen der Kiemendeckel von Wallern dem Ufer entlang hören und ihre dunklen colos-

Abb. 93: **Dieser kapitale Wels mit einer Länge von 1,95 m und einem Gewicht von 45 kg wurde im Juli 2002 im Ossiacher See gefangen und anschließend wieder zurückgesetzt.** (Fotoarchiv: Kleine Zeitung)

salen Gestalten, gleich finsteren Dämonen aus der Tiefe des Sees auftauchen sieht". Sehr große Welse leben im benachbarten Italien im Po-Delta. So wurde etwa im Jahre 1998 dort von einem Villacher ein Exemplar mit einer Länge von 2,30 m und einem Gewicht von 95 kg gefangen. Auch aus dem Mündungsbereich der Drau in die Donau (bei Osijek in Kroatien) sind kapitale Welse bekannt. Im Wörthersee wurde im Jahre 1999 bei Pörtschach in der Schonzeit ein Wels mit einer Länge von 1,76 m und einem Gewicht von 45 kg gefangen, was zu großer Aufregung in der Bevölkerung und zu Anzeigen führte. Im Längsee lebt ein Waller mit einer Länge von etwa 2,2 m. Dieser wurde vom bekannten Unterwasserfilmer Dr. Gerald Arnold für die TV-Sendereihe „Universum" gefilmt und vermessen. Aufsehen erregten auch Fotos von einem Wels im Wörthersee bei Krumpendorf mit einer Länge von über 2 m (ARNOLD & FREI 1995). Kürzlich wurde auch im Millstätter See ein kapitaler, sechzehn Jahre alter Wels mit einer Länge von 204 cm und einem Gewicht von 42 kg gefangen.

Im Rückstaugebiet der Gurk bei der Mündung in die Drau fing man im Jahre 1990 einen kapitalen Wels mit einer Länge von 185 cm und einem Gewicht von 41,7 kg, der Fisch erhielt den Namen „Moby Dick Rosenberg" und wurde wieder in die Gurk zurückgesetzt. Im Jahre 1998 erbeutete ein Fischer im Völkermarkter Draustau einen Waller mit 185 cm und einem Gewicht von 64 kg. Der größte Wels wurde im Jahre 1616 in der Drau in der Nähe der Hollenburg mit 2,5 m und 75,6 kg gefangen (WAGNER 1955). HARTMANN (1898) gibt an, dass der Wels früher am häufigsten mit Reusen, Nacht- oder Schleppangeln gefangen wurde. Er wird auch in größeren Teichen gehalten, besitzt ein sehr schmackhaftes Fleisch und zählt zu den bestbezahlten Speisefischen des Klagenfurter Marktes.

Aalrutte, Rutte, Quappe, Trüsche

Lota lota (Linné, 1758) Familie: Gadidae

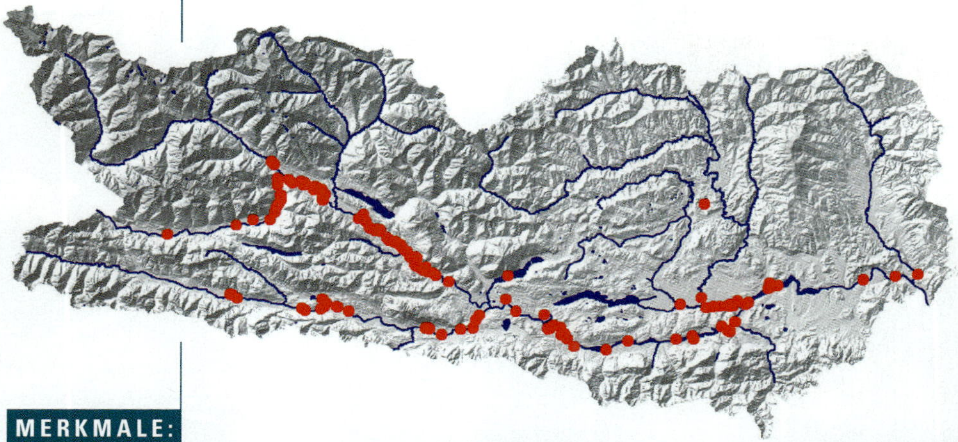

MERKMALE:

Mit breitem, flachem Kopf und nur einem Bartfaden am Unterkiefer, 1. Rückenflosse kurz, 2. Rückenflosse und Afterflosse lang, sehr kleine Schuppen; einzige Süßwasserart der Dorschfische; Länge: durchschnittlich 20–40 cm.

Rote Liste Kärnten	–	*v*	*r*	*3*	*2*	*1*	*0*	EU-Schutz			
Rote Liste Österreich	–	*v*	*r*	*3*	*2*	*1*	*0*	–			
Laichzeit	*J*	*F*	*M*	*A*	*M*	*J*	*J*	*A*	*S*	*O*	*N*	*D*
Schonzeit/Fangverbot	*J*	*F*	*M*	*A*	*M*	*J*	*J*	*A*	*S*	*O*	*N*	*D*
Fischregionen	*OFR*	*UFR*	*ÄSR*	*BAR*	*BRR*	*SGW*					
Gewässertypen	*Bach, Fluss, Flussstau*										
Mindestfangmaß	*35 cm*										

LEBENSWEISE:

Die Aalrutte, ein räuberisch lebender Grundfisch, bevorzugt kühle, klare, stehende oder langsam fließende Gewässer. Sie ist nachtaktiv, tagsüber verlässt sie ihre Schlupfwinkel unter Steinen, Wurzelwerk oder dgl. nur selten. Jungfische ernähren sich von Plankton, kleinen Muscheln und Schnecken sowie Insektenlarven. Die Nahrung der erwachsenen Aalrutten besteht in der Hauptsache aus Fischen, Krebsen und Neunaugen. Die Aalrutte ist auch ein Laich- und Bruträuber vor allem in Forellengewässern.
Die Eier enthalten eine Ölkugel und sie werden an Astwerk etc. abgelegt. Von Farkas (1993) konnte nachgewiesen werden, dass Aalrutten ihre Eier auch in Laichgruben ablegen, die im feinen Sediment ausgeschlagen werden.

ALLGEMEINE VERBREITUNG UND VORKOMMEN IN KÄRNTEN:

Die Aalrutte kommt in fast ganz Europa, Asien und Amerika nördlich des 40. Breitengrades vor. In Kärnten lebt sie in der Drau, bevorzugt im mittleren und unteren Abschnitt. Jungfische halten sich auch in den Seichtwasserzonen (Ausständen) der Draustaue auf. Aalrutten kommen auch in der oberen Drau, in den Lauenbächen bei Rosenheim bzw. Lendorf und in den größeren Zubringern der Drau sowie in der Glan und Glanfurt vor. Ebenfalls sind sie in der Tiefe einiger Kärntner Seen (z. B. Ossiacher See, Wörthersee und Millstätter See) zu finden.

GEFÄHRDUNG UND SCHUTZ:

Durch den Aufstau der Drau wurden die Laichwanderungen unterbrochen, sodass im Winter unterhalb der Staumauern bei den Kraftwerken Ferlach, Feistritz und Annabrücke Aalrutten sehr zahlreich anzutreffen sind. Durch die Errichtung von Fischaufstiegshilfen könnten die erforderlichen Wanderungen zur Laichzeit wieder ermöglicht werden.

Abb. 94:
Die Aalrutte ist der einzige Vertreter der Dorschfische im Süßwasser.
(Foto: W. Köstenberger)

FISCHEREI:

Das Fleisch der Aalrutte ist sehr wohlschmeckend, vor allem wird auch die große Leber (dorschartiger Fisch!) geschätzt. Im Völkermarkter Draustau konnte 1998 ein Exemplar mit einem Gewicht von 3,65 kg gefangen werden (Machacek, schriftl. Mitteilung).
Wegen ihres Rufes als Laich- und Bruträuber wurde die Aalrutte in vielen Gewässern zu unrecht stark dezimiert, auch andere Fischarten (z. B. Bachforellen, Barsche, sogar Reinanken etc.) fressen Fischlaich.
Früher wurde Aalruttenleber gegen Schilddrüsenerkrankungen bei Jodmangel verschrieben (Arnold & Frei 1995).

Dreistacheliger Stichling

Gasterosteus aculeatus (Linné 1758) Familie: Gasterosteidae

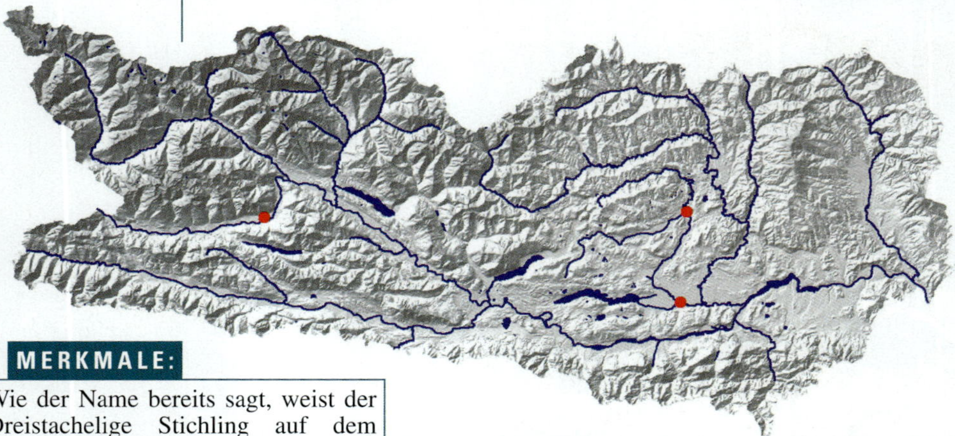

MERKMALE:

Wie der Name bereits sagt, weist der Dreistachelige Stichling auf dem Rücken meistens drei (es können auch zwei bis fünf sein) einzelstehende, bewegliche Stacheln auf; auch Bauchflossen mit kräftigem Stachel. Kopf und Körper schuppenlos, lediglich entlang der Seitenlinie eine Reihe von Knochenplatten, die am Schwanzstiel gekielt sind. Rücken blaugrau bis olivgrün gefärbt, Flanken erzfarbig. Zur Laichzeit Männchen mit blaugrünem Rücken sowie rötlicher Brust; mittlere Länge: 5–8 cm.

Rote Liste Kärnten	–	*v*	*r*	*3*	*2*	*1*	*0*	EU-Schutz				
Rote Liste Österreich	–	*v*	*r*	*3*	*2*	*1*	*0*	–				
Laichzeit	*J*	*F*	*M*	*A*	*M*	*J*	*J*	*A*	*S*	*O*	*N*	*D*
Schonzeit/Fangverbot	*J*	*F*	*M*	*A*	*M*	*J*	*J*	*A*	*S*	*O*	*N*	*D*
Fischregionen	*OFR*		*UFR*		*ÄSR*		*BAR*		*BRR*		*SGW*	
Gewässertypen	*Drainagegraben, Teich**											
Mindestfangmaß	*keine Fangbeschränkung*											

** Besatz, nicht heimisch*

LEBENSWEISE:

Der Stichling bevorzugt pflanzenreiche, besonnte Buchten von Stillgewässern sowie langsam fließende Wiesenbäche und Entwässerungsgräben. Das Männchen baut zu Beginn der Laichzeit am Gewässergrund ein Nest aus Pflanzenfasern, die durch ein klebriges Nierensekret verfestigt werden. In weiterer Folge drängt es ein Weibchen zur Eiablage ins Nest. Das Gelege sowie die schlüpfende Brut wird vom Männchen bewacht bzw. betreut (TEROFAL 1984). Die Nahrung besteht aus Kleintieren wie Würmern, Kleinkrebsen und Insektenlarven.

ALLGEMEINE VERBREITUNG UND VORKOMMEN IN KÄRNTEN:

Das natürliche Verbreitungsgebiet des Dreistacheligen Stichlings erstreckt sich von Westeuropa (mit Ausnahme weiter Teile von Spanien) über Polen und die Ukraine bis hin zum Schwarzen Meer (MUUS & DAHLSTRÖM 1993). Er ist in der Lage, sowohl das Meer in Küstennähe als auch Süßwasser zu besiedeln. Der Dreistachelige Stichling war ursprünglich in Österreich nicht beheimatet (SPINDLER et al. 1997). Die Vorkommen in Österreich sind meist auf Besatzmaßnahmen von Aquarianern und Gartenteichbesitzern zurückzuführen (AHNELT 1986; AMANN 1992). So kommt er etwa im Marchfeldkanal vor, wo er nach Fertigstellung dieses künstlichen Gewässers einer der ersten Besiedler war (Unfer, mündl. Mitteilung). In Österreich ist der Dreistachelige Stichling vor allem in Ober- und Niederösterreich, aber auch in Vorarlberg verbreitet (AHNELT et al. 1994). Im benachbarten Slowenien und Friaul kommt diese Fischart in den Gewässern in Küstennähe vor, außerdem im Lago di Cavazzo, der in den Tagliamento entwässert (STOCH et al. 1992 und POVŽ & SKET 1990). Neben dem Dreistacheligen Stichling kommt in Österreich noch eine zweite Stichlingsart, der Zwerg- oder Neunstachelige

Stichling (*Pungitius pungitius*) vor. Er wurde erstmals 1992 in einem Bach im Salzburger Stadtteil Aigen festgestellt (AHNELT & PATZNER 1992).

Im Herbst 1998 wurde in einem Baggersee westlich von Kleblach im Oberen Drautal im Rahmen eines Nachttauchganges der Dreistachelige Stichling mehrfach beobachtet. Er ist mit großer Wahrscheinlichkeit durch Besatz eines Aquarianers oder Gartenteichbesitzers in den Baggersee gelangt und vermehrt sich hier offensichtlich auch (J. PETUTSCHNIG & HONSIG-ERLENBURG 1999). Weiters konnte diese Fischart im Jahr 2001 in einem Drainagegraben bei St. Veit und in der Glan bei Ebenthal nachgewiesen werden.

Abb. 95:
Der Dreistachelige Stichling wurde bisher an drei Fundorten (wahrscheinlich von Aquarianern ausgesetzt) in Kärnten nachgewiesen, er zählt zu den kleinsten Fischarten.
(Foto: W. Köstenberger)

Barsch, Flussbarsch

Perca fluviatilis (Linné, 1758) Familie: Percidae

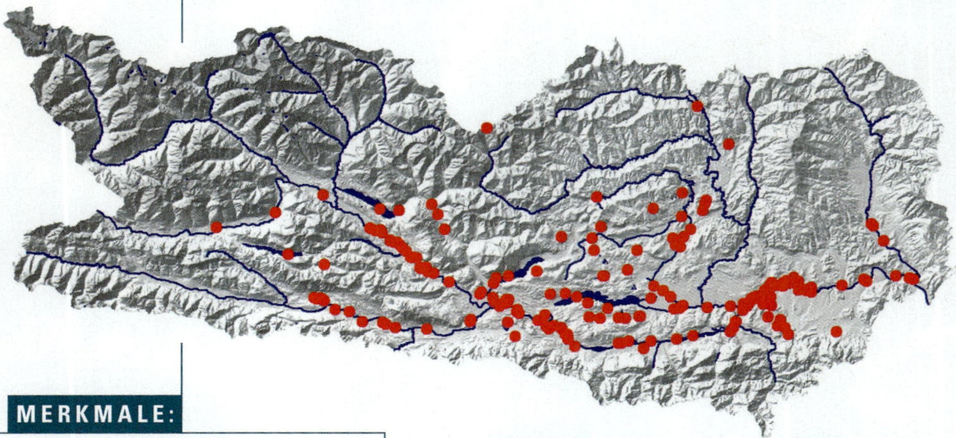

MERKMALE:

Rückenflosse in einen vorderen, stachelstrahligen und einen hinteren, weichstrahligen Abschnitt geteilt; am Hinterrand der 1. Rückenflosse ein dunkler Fleck; Körper mit 6–9 dunklen Querbinden. Der Kiemendeckel trägt einen starken Dorn; mittlere Länge: 15–30 cm.

Rote Liste Kärnten	–	*v*	*r*	*3*	*2*	*1*	*0*	EU-Schutz				
Rote Liste Österreich	–	*v*	*r*	*3*	*2*	*1*	*0*	–				
Laichzeit	*J*	*F*	*M*	*A*	*M*	*J*	*J*	*A*	*S*	*O*	*N*	*D*
Schonzeit/Fangverbot	*J*	*F*	*M*	*A*	*M*	*J*	*J*	*A*	*S*	*O*	*N*	*D*
Fischregionen	*OFR*		*UFR*		*ÄSR*		*BAR*		*BRR*		*SGW*	
Gewässertypen	*Bach, Fluss, See, Teich, Flussstau*											
Mindestfangmaß	*keine Fangbeschränkung*											

LEBENSWEISE:

Der Barsch ist ein Standfisch, der mit Vorliebe klare Gewässer ohne starke Strömungen mit hartem Grund bewohnt.
In der Jugend schließt er sich gerne zu Schwärmen zusammen, alte Exemplare sind jedoch oft Einzelgänger. Barsche benutzen Seeeinbauten gerne als Unterstände.
Die Nahrung der Jungbarsche besteht aus Kleintieren aller Art; sie stellen aber auch dem Laich und der Brut anderer Fische und der eigenen Art nach. Die Nahrung erwachsener Barsche besteht überwiegend aus kleinen Fischen.
Er laicht bei einer Temperatur von 7–8° C. Die Eier werden in Form von langen, netzartigen Gallertbändern an Wasserpflanzen, Steinen oder versunkenem Astwerk abgegeben (Abb. 97).

ALLGEMEINE VERBREITUNG UND VORKOMMEN IN KÄRNTEN:

In fast allen Kärntner Talseen, in den Stauräumen der Drau unterhalb von Villach, sowie in Seeabflüssen und Teichen, vereinzelt auch in der Barbenregion der Fließgewässer. In den meisten Seen, Teichen und auch in den Stauräumen der Drau bleiben die Barsche relativ klein (10–20 cm).
Nach Findenegg (1948) gab es Ende der 1940-er Jahre noch keine Barsche im Weißensee.

FISCHEREI:

Im Millstätter See, Weißensee und auch im Längsee werden die Fische über 30 cm groß und teilweise bis zu 2 kg schwer.
Infolge der Eutrophierung in den 1970-er Jahren kam es in vielen Kärntner Seen zu Massenentwicklungen von kleinen Barschen, die wegen der innerartlichen Konkurrenz nicht stärker wuchsen.
Durch die starke Entwicklung von kleinen Barschen, die auch Laich- und

Abb. 96:
Der Flussbarsch lebt im Alter meist als Einzelgänger.
(Foto: W. Köstenberger)

Bruträuber sind, können starke Einbußen beim Naturaufkommen anderer im betroffenen See lebender Fische auftreten.
Das Fleisch des Barsches ist eines der schmackhaftesten unter den Süßwasserfischen. Außerdem besitzt der Barsch nur wenige Gräten. Bekannt sind die „Eglifilets“ aus dem Bodensee.

Abb. 97:
Flussbarsch-Weibchen legen ihre Eier in Form typischer Gelege an verschiedenste Gegenstände.
(Foto: W. Köstenberger)

Zander, Schill

Sander lucioperca (Linné, 1758) Familie: Percidae

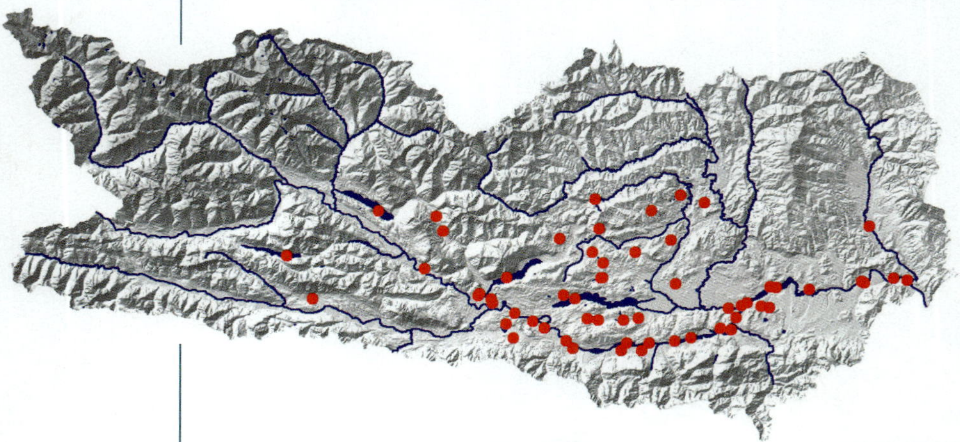

Rote Liste Kärnten	–	*v*	*r*	*3*	*2*	*1*	*0*	EU-Schutz				
Rote Liste Österreich	–	*v*	*r*	*3*	*2*	*1*	*0*	–				
Laichzeit	*J*	*F*	*M*	*A*	*M*	*J*	*J*	*A*	*S*	*O*	*N*	*D*
Schonzeit/Fangverbot	*J*	*F*	*M*	*A*	*M*	*J*	*J*	*A*	*S*	*O*	*N*	*D*
Fischregionen	*OFR*		*UFR*		*ÄSR*		*BAR*		*BRR*		*SGW*	
Gewässertypen	*Fluss, Flussstau und See, nicht heimisch*											
Mindestfangmaß	*45 cm, im Ossiacher See 50 cm*											

MERKMALE:

Gestreckter, spindelförmiger Körper mit zugespitztem Kopf; zwei getrennte Rückenflossen, erste davon längsgestreift; 8–10 dunkle Querbinden; mittlere Länge: 40–50 cm.

LEBENSWEISE:

Der Raubfisch des freien Wassers meidet die dichten Pflanzenbestände der Uferregion. Am besten gedeiht er in sommertrüben Gewässern, in denen der Hecht nicht mit ihm konkurrieren und er sich leichter an seine Beute heranmachen kann. Er bevorzugt große und mittlere warme Seen mit guten Sauerstoffverhältnissen sowie hartem Untergrund. Die Jungfische ernähren sich von Kleinkrebsen, beginnen aber schon bald, Jungfische anderer Arten zu fressen. Die Nahrung der größeren Zander besteht aus kleinen Fischen der Freiwasserregion (Lauben, Rotaugen, Barsche). Das Ablaichen erfolgt bei einer Wassertemperatur von 12–15° C. Als Laichplätze werden Stellen mit hartem Untergrund bevorzugt, an denen sich Wurzeln oder versunkenes Astwerk befindet. Dort wird eine Art Nest errichtet. Die Eier haften mit ihren klebrigen Hüllen an den im Nest freigelegten Pflanzenteilen oder an Steinen.

ALLGEMEINE VERBREITUNG UND VORKOMMEN IN KÄRNTEN:

Ursprünglich war der Zander vom Aralbecken bis zum Stromgebiet der Elbe verbreitet, in Kärnten kam er nicht vor. Nach HARTMANN (1898) wurden im April 1897 von der Fischzuchtsection der k. k. Landwirtschaftsgesellschaft 100.000 Zandereier erstmals in Kärnten in den Klopeiner See eingesetzt. Seit 1930 wurde der Zander intensiv in viele Seen Kärntens besetzt (SAMPL 1976a). Heute leben Zander in fast allen Seen Kärntens, besonders in den sommerwarmen, aber auch im etwas kühleren Weißensee. Außerdem leben sie in Teichen, Seeabflüssen sowie in den Stauräumen der Drau unterhalb von Villach, v. a. im Völkermarkter Draustau. Große Exemplare gibt es im Gurkmündungsgebiet. Gute Zanderbestände gab es und gibt es teilweise noch im Ossiacher See und im Längsee. Insgesamt zeigt sich aber ein Rückgang der Zanderbestände seit der Sanierung der Seen (höhere Sichttiefe) zugunsten anderer Fischarten. Ein Rückgang des Zanders ist auch in den Stauräumen zu beobachten (PROCHINIG et al. 2001).

Abb. 98:
Das Fleisch des Zanders ist wohlschmeckend.
(Foto: W. Köstenberger)

FISCHEREI:

Der Zander ist ein wichtiger Angel- und Wirtschaftsfisch und wird als Nebenfisch in Karpfenteichen gehalten. Im Jahre 1985 fing man einen 7 kg schweren Zander aus dem Völkermarkter Daustau. 1992 wurde im selben Gewässer nahe der Vellach-Mündung der größte Zander der letzten Jahre erbeutet; dieser hatte eine Länge von 97 cm und ein Gewicht von 11,3 kg. Die guten Bestände im Längsee sind seit dem Aalbesatz in den 1960-er Jahren und wegen der starken Konkurrenz des Hechtes zurückgegangen, vor allem aber nach dem Fischsterben 1983/1984 infolge Sauerstoffmangels unter Eis (HONSIG-ERLENBURG & SCHULZ 1989b). Im Sommer 1983, also vor dem Fischsterben konnte noch ein Zander mit einer Länge von 83 cm und einem Gewicht von 5,2 kg gefangen werden. Durch den Besatz mit Jungzandern und das Einbringen von Zandernestern (zusammengebundene versenkte Äste) wurde versucht, den Bestand wieder zu heben. Im Frühjahr 2002 haben seit langer Zeit erstmals wieder Zander auf den „Nestern" abgelaicht. Im Weißensee konnte im Jahre 1993 ein Zander mit einer Länge von 98 cm und einem Gewicht von 8,3 kg gefangen werden (Müller, schriftl. Mitteilung); in der unteren Gurk gelang 1992 der Fang eines 75 cm langen und 4,8 kg schweren Exemplares.

Kaulbarsch

Gymnocephalus cernuus (Linné, 1758) Familie: Percidae

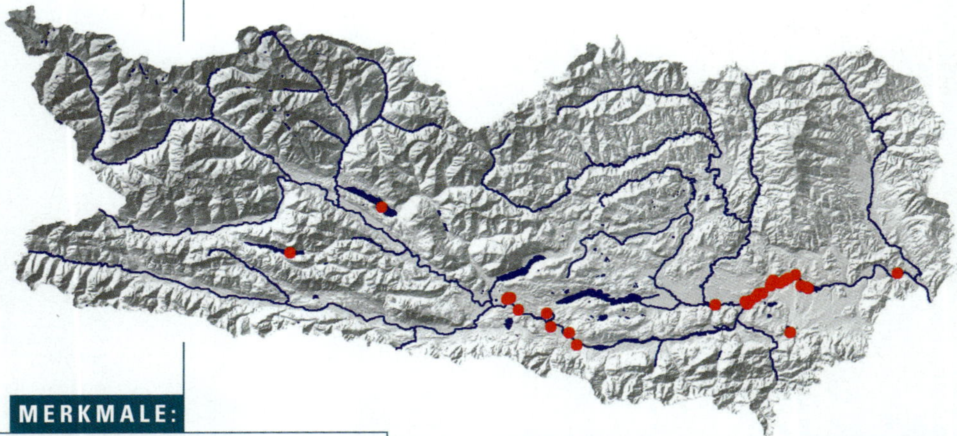

MERKMALE:

Ungeteilte Rückenflosse, vorderer Teil stachelstrahlig; stumpfschnauziger Kopf, der an der Unterseite runde, flache, stark entwickelte Schleimgruben aufweist. Kiemendeckel mit langem, starkem Dorn. Rücken- und Schwanzflosse mit dunklen Fleckenreihen; mittlere Länge: 12–15 cm.

Rote Liste Kärnten	–	*v*	*r*	*3*	*2*	*1*	*0*	EU-Schutz				
Rote Liste Österreich	–	*v*	*r*	*3*	*2*	*1*	*0*	–				
Laichzeit	*J*	*F*	*M*	*A*	*M*	*J*	*J*	*A*	*S*	*O*	*N*	*D*
Schonzeit/Fangverbot	*J*	*F*	*M*	*A*	*M*	*J*	*J*	*A*	*S*	*O*	*N*	*D*
Fischregionen	*OFR*		*UFR*		*ÄSR*		*BAR*		*BRR*		*SGW*	
Gewässertypen	*Flussstau, größere Seen; nicht heimisch*											
Mindestfangmaß	*keine Fangbeschränkung*											

LEBENSWEISE:

Der Kaulbarsch hält sich meist in Scharen an tieferen Stellen in Seen und größeren Fließgewässern mit Sandgrund auf. Nachts steht er ruhig auf dem Boden, tagsüber streift er in der Uferregion umher und sucht nach Nahrung. Diese besteht aus Würmern (*Tubifex*), Flohkrebsen, Insektenlarven (v. a. Chironomidenlarven), kleinen Weichtieren, aber auch aus Fischlaich und -brut. Das Ablaichen erfolgt bei einer Wassertemperatur von 10 bis 15° C. Die laichreifen Tiere schließen sich zu Schwärmen zusammen und suchen flache Uferstellen auf. Die Eier werden in gallertigen Schnüren und Klumpen an Steinen, seltener an Wasserpflanzen abgelegt.

ALLGEMEINE VERBREITUNG UND VORKOMMEN IN KÄRNTEN:

Der Kaulbarsch ist nördlich der Pyrenäen und Alpen von England bis zum Ural eine weit verbreitete Art. Im nördlichen Europa reicht die Arealgrenze bis Skandinavien (fehlt in Norwegen) und bis zu den Baltischen Staaten.

In Österreich fehlt der Kaulbarsch nur in Tirol, sowie ursprünglich in Vorarlberg und Kärnten, wo er jedoch eingeschleppt wurde (Spindler et al. 1997).

In Frühjahr 1989 wurden erstmals im Millstätter See einige wenige Kaulbarsche gefangen. Diese Fischart dürfte durch den Besatz von Flussbarschen im Jahre 1987 aus Frankreich in den Millstätter See mit eingeschleppt worden sein. Heute findet sich diese Fischart auch in den Draustauen unterhalb von Villach, z. B. im Völkermarkter Draustau (Prochinig et al. 2001) und vereinzelt im Weißensee (Honsig-Erlenburg et al. 1998b), im Sonnegger See (Hirsch 2001) und im Wörthersee.

Abb. 99:
**Der Kaulbarsch gehört nicht zur ursprünglichen Fischfauna, durch einen Barschbesatz im Millstätter See in den 1980-er Jahren gelangte er nach Kärnten.
Der Kaulbarsch breitet sich zunehmend in den Stauräumen der Drau aus.**
(Foto: W. Köstenberger)

FISCHEREI:

Nach Auskunft von Fischern, und wie auch Untersuchungen gezeigt haben (PROCHINIG et al. 2001), hat der Bestand im Völkermarkter Stau sehr stark zugenommen und ist teilweise auch für den Rückgang anderer Fischarten verantwortlich zu machen, da er den Laich von z. B. Lauben und Zandern dezimiert.

Nach dem Kaulbarsch wird eine eigene Fließgewässerregion benannt, nämlich die Kaulbarsch-Flunder-Region, die allerdings in Österreich nicht vorkommt, da sie die Region im Mündungsgebiet der großen Flüsse in das Meer charakterisiert.

Nahe verwandt mit dem Kaulbarsch ist der Donaukaulbarsch (*Gymnocephalus baloni*), der nur in der Donau und in den unmittelbaren Zubringern bis in den Bereich Passau vorkommt (SPINDLER et al. 1997).

Streber

Zingel streber (Siebold, 1863) Familie: Percidae

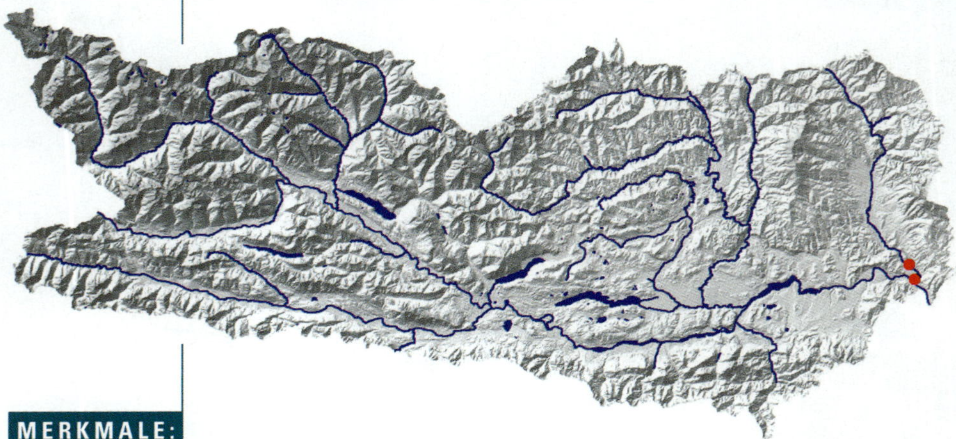

MERKMALE:

Spindelförmig, mit spitzem Kopf; auffallend langer, dünner, drehrunder Schwanzstiel; 4–5 deutliche, dunkle Querbinden; erste Rückenflosse mit 8–9 Stachelstrahlen. Die Schwimmblase ist völlig rückgebildet; mittlere Länge: 12–18 cm.

Rote Liste Kärnten	–	*v*	*r*	*3*	*2*	*1*	*0*	EU-Schutz				
Rote Liste Österreich	–	*v*	*r*	*3*	*2*	*1*	*0*	*Anhang II*				
Laichzeit	*J*	*F*	*M*	*A*	*M*	*J*	*J*	*A*	*S*	*O*	*N*	*D*
Schonzeit/Fangverbot	*J*	*F*	*M*	*A*	*M*	*J*	*J*	*A*	*S*	*O*	*N*	*D*
Fischregionen	*OFR*		*UFR*		*ÄSR*		*BAR*		*BRR*		*SGW*	
Gewässertypen	*Fluss*											
Mindestfangmaß	*keines, ganzjährig geschont*											

LEBENSWEISE:

Der Grundfisch lebt nur in fließendem Wasser an seichten Stellen mit Kiesgrund und ist nachtaktiv. Der Streber kann seinen Kopf nach den Seiten hin und die Augen unabhängig voneinander bewegen. Die Nahrung setzt sich aus kleinen Bodentieren zusammen. Die klebrigen Eier werden an Steinen abgelegt.

ALLGEMEINE VERBREITUNG UND VORKOMMEN IN KÄRNTEN:

Die Verbreitung des Strebers ist auf das Donaubecken beschränkt. Dort wo er vorkommt, tritt er meist nur in geringer Anzahl auf.
HARTMANN (1898) gibt den Streber für die Glan an, bei FINDENEGG (1948) ist diese Fischart für die Gurk nachgewiesen. In Kärnten kommt er heute lediglich in der unteren Lavant bis Altach und in der Drau unterhalb des Kraftwerkes Lavamünd (im Stauwurzelbereich des KW Dravograd nahe der österreichischen Staatsgrenze) vor. HECKEL & KNER (1857) geben den Streber auch für das benachbarte Krain an.

GEFÄHRDUNG UND SCHUTZ:

Diese Fischart ist in Kärnten v. a. infolge wasserbaulicher Maßnahmen (Kraftwerksbau) vom Aussterben bedroht.
In der Lavant findet man den Streber flussauf bis zu einer unüberwindbaren Schwelle unterhalb von St. Paul. Durch den Umbau dieser Schwelle hin zur Durchgängigkeit sowie die Errichtung einer Fischaufstiegshilfe bei der Wehranlage des Kraftwerkes St. Paul könnte eine Ausdehnung des Lebensraumes erfolgen. Infolge des Vorkommens des Strebers sowie anderer seltener, gefährdeter Fischarten, die ebenfalls nach der Fauna-Flora-Habitat-Richtlinie der EU geschützt sind, wurde die untere Lavant im Frühjahr 2002 als Natura 2000-Gebiet nominiert.

Abb. 100:
Der Streber ist ein sehr seltener Bodenfisch der unteren Lavant.
(Foto: W. Köstenberger)

FISCHEREI:

Der Streber ist fischereiwirtschaftlich unbedeutend, obwohl sein Fleisch als wohlschmeckend gilt.
Streber kommen auch in der Drau und in anderen Gewässern im benachbarten Slowenien vor (Povč & Sket 1990), so etwa auch in der Kolpa (Honsig-Erlenburg et al. 1997b).

Zingel

Zingel zingel (Linné, 1766) Familie: Percidae

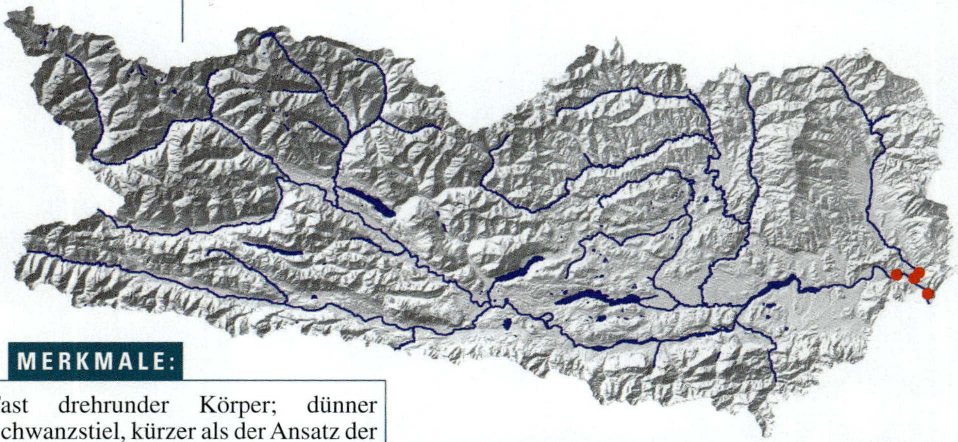

MERKMALE:

Fast drehrunder Körper; dünner Schwanzstiel, kürzer als der Ansatz der zweiten Rückenflosse; Kiemendeckel am Hinterrand mit starkem Dorn; kleine Kammschuppen, 82–95 in einer Längsreihe; zwei weit getrennte Rückenflossen, die erste mit 11–14 Stachelstrahlen, die zweite mit 1 bis 2 Stachelstrahlen und 16–18 Gliederstrahlen; 6 bis 7 unregelmäßige, verwaschene dunkle Querbinden. Die Schwimmblase ist völlig rückgebildet; mittlere Länge: 20–30 cm. Vom nahe verwandten Streber unterscheidet sich der Zingel durch die durchschnittlich größere Länge. Außerdem ist beim Streber der Schwanzstiel länger und er besitzt nur 4–5, aber sehr deutlich abgegrenzte Querbinden.

Rote Liste Kärnten	–	*v*	*r*	*3*	*2*	*1*	*0*	EU-Schutz				
Rote Liste Österreich	–	*v*	*r*	*3*	*2*	*1*	*0*	*Anhang V*				
Laichzeit	*J*	*F*	*M*	*A*	*M*	*J*	*J*	*A*	*S*	*O*	*N*	*D*
Schonzeit/Fangverbot	*J*	*F*	*M*	*A*	*M*	*J*	*J*	*A*	*S*	*O*	*N*	*D*
Fischregionen	*OFR*		*UFR*		*ÄSR*		*BAR*		*BRR*		*SGW*	
Gewässertypen	*Fluss*											
Mindestfangmaß	*keines, ganzjährig geschont*											

LEBENSWEISE:

Der Zingel ist ein nachtaktiver Bodenfisch, der seichte Uferpartien in Flüssen bewohnt. Er gleitet mit ruckartigen Bewegungen am Boden entlang, wobei dieses „Bauchrutschen" durch die Brustflossen und die Schwanzflosse unterstützt wird. Er kann seinen Kopf nach den Seiten hin und die Augen unabhängig von einander bewegen. Die Nahrung setzt sich aus Bodentieren, Fischlaich und -brut zusammen. Das Ablaichen erfolgt an stark strömenden Stellen über Kiesgrund, die klebrigen Eier werden an das Substrat geheftet. Im Gegensatz zum kleiner bleibenden Streber bevorzugt der Zingel im stärkerem Maße größere Flüsse bzw. auch die tieferen Bereiche eines Flusses (Berg et al. 1989).

ALLGEMEINE VERBREITUNG UND VORKOMMEN IN KÄRNTEN:

Kähsbauer (1961) gibt den Zingel für die Donau, die Salzach, die March sowie die Raab bei Jennersdorf für Österreich an. In der Donau kommt der Zingel in den nicht gestauten Abschnitten sowie in den Stauwurzelbereichen der Flussstaue vor. Zingel wurden sowohl östlich von Wien, in der Wachau, in der Stauwurzel des Stauraumes Altenwörth und des Stauraumes Aschach nachgewiesen (Waidbacher, mündl. Mitteilung). In der Steiermark kommt diese Fischart u. a. in der Feistritz sowie in der Lafnitz in der Oststeiermark und auch im burgenländischen Abschnitt vor (Spindler et al. 1997).
Für Kärnten wurde der Zingel bis Ende der 1980-er Jahre in der Literatur noch nicht angegeben, obwohl aufgrund historischer Aufzeichnungen des Benediktinerstiftes St. Paul in der unteren Lavant bereits der Schrätzer, ein Verwandter des Zingels vorgekommen ist (Haidvogl & Waidbacher 1997). Mit großer Wahrscheinlichkeit handelte es sich dabei nicht um den Schrät-

Abb. 101: **Der Zingel besitzt keine Schwimmblase.**
(Foto: W. Köstenberger)

zer, sondern um den Zingel. Im Jahre 1989 konnten Zingel in der Drau unterhalb des Kraftwerkes Lavamünd (v. a. bei der Mündung des Multerer Baches) erstmals bestätigt werden (HONSIG-ERLENBURG & SCHULZ 1990). In der Zwischenzeit wurde der Zingel auch mehrmals für die untere Lavant flussaufwärts bis nach Altach nachgewiesen (HONSIG-ERLENBURG et al. 1996).

GEFÄHRDUNG UND SCHUTZ:

Der Zingel ist mit großer Wahrscheinlichkeit früher in Kärnten noch viel häufiger vorgekommen und zum Teil auch mit dem Streber verwechselt worden. Infolge von wasserbaulichen Maßnahmen (Kraftwerksbau) ist sein Bestand in Kärnten zurückgedrängt worden. LELEK (1987) schlägt zum Schutz dieser Fischart die Erhaltung und die Schaffung von Biotopen mit geeignetem Substrat vor.

Sonnenbarsch, Sonnenfisch

Lepomis gibbosus (Linné, 1758) Familie: Centrarchidae

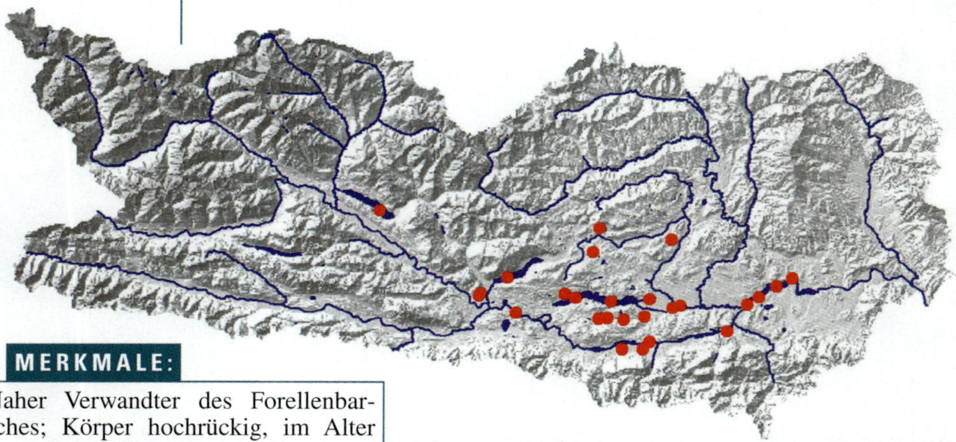

MERKMALE:

Naher Verwandter des Forellenbarsches; Körper hochrückig, im Alter fast scheibenförmig; ungeteilte, lange Rückenflosse; kleine Mundspalte; auffällige Färbung (olivbraune Grundfärbung mit kleinen gelblichbraunen und orangefarbenen Flecken; schwarzer, hinten rot gerandeter Fleck auf einem häutigen Anhang des Kiemendeckels); die Färbung ist vor allem bei den Männchen in der Laichzeit auffällig; mittlere Länge: 10–15 cm.

Rote Liste Kärnten	*–*	*v*	*r*	*3*	*2*	*1*	*0*	EU-Schutz				
Rote Liste Österreich	*–*	*v*	*r*	*3*	*2*	*1*	*0*	*–*				
Laichzeit	*J*	*F*	*M*	*A*	*M*	*J*	*J*	*A*	*S*	*O*	*N*	*D*
Schonzeit/Fangverbot	*J*	*F*	*M*	*A*	*M*	*J*	*J*	*A*	*S*	*O*	*N*	*D*
Fischregionen	*OFR*		*UFR*		*ÄSR*		*BAR*		*BRR*		*SGW*	
Gewässertypen	*Flussstau, Stillgewässer (Besatz)**											
Mindestfangmaß	*keine Fangbeschränkung*											

** nicht heimisch*

LEBENSWEISE:

Der Sonnenbarsch bevorzugt warme, stark verkrautete Teiche, Seen und zunehmend auch Baggerseen. Die Nahrung besteht aus Würmern, Kleinkrebsen, Insektenlarven, Fischlaich und -brut. Die Eier werden an seichten Uferstellen in flache Laichgruben abgelegt. Die Laichgruben befinden sich in der Nähe ausgedehnter Pflanzenbestände und werden von den Männchen als Reviere verteidigt. Das Balzen und Laichen findet nur bei Sonnenschein statt, wodurch die Strukturfarben der Männchen besonders zur Geltung kommen. Der Sonnenbarsch kann mehr als 10 Jahre alt werden. Aufgrund seines aggressiven Verhaltens und weil er ein Laich- und Fischbruträuber ist, kann er bei starker Vermehrung andere Fischarten verdrängen (PAULUZZI 2000).

ALLGEMEINE VERBREITUNG UND VORKOMMEN IN KÄRNTEN:

Der Fisch wurde 1887 aus Nordamerika in Europa eingeführt (MUUS & DAHLSTRÖM 1993). In Kärnten ist er in den 1980-er Jahren eingeschleppt worden und zunächst in einem Baggerteich bei St. Johann im Rosental aufgetreten. In weiterer Folge fand man ihn auch in anderen Kleingewässern, aber auch in der Sattnitz, im Wörthersee, Keutschacher See, Ossiacher See sowie im Völkermarkter und Rosegger Draustau sowie in der unteren Glan. Sonnenbarsche sind unbeabsichtigt durch Besatzmaßnahmen im Jahre 1987 und 1988 auch in den Millstätter See eingeschleppt worden.

Abb. 102:
Auch im Wörthersee leben größere Bestände des exotisch anmutenden Sonnenbarsches.
(Foto: W. Köstenberger)

FISCHEREI:

Im Wörthersee hat er sich sehr stark vermehrt und beeinträchtigt dort die Netzfischerei.
Sonnenbarsche sind in den flachen Uferzonen des Wörthersees anzutreffen und zeigen keinerlei Scheu vor dem Menschen. So kommt es immer wieder vor, dass zur Laichzeit ahnungslose Badende, die in die Nähe des Revieres oder der Laichgrube des Sonnenbarsches kommen, gezwickt werden. Auch gegenüber Tauchern zeigt er sein aggressives Verhalten.
In seiner ursprünglichen Heimat, in Nordamerika ist der Sonnenbarsch ein beliebter Angel- und Speisefisch (Gewicht bis 0,5 kg).

Forellenbarsch

Micropterus salmoides (Linné, 1758) Familie: Centrarchidae

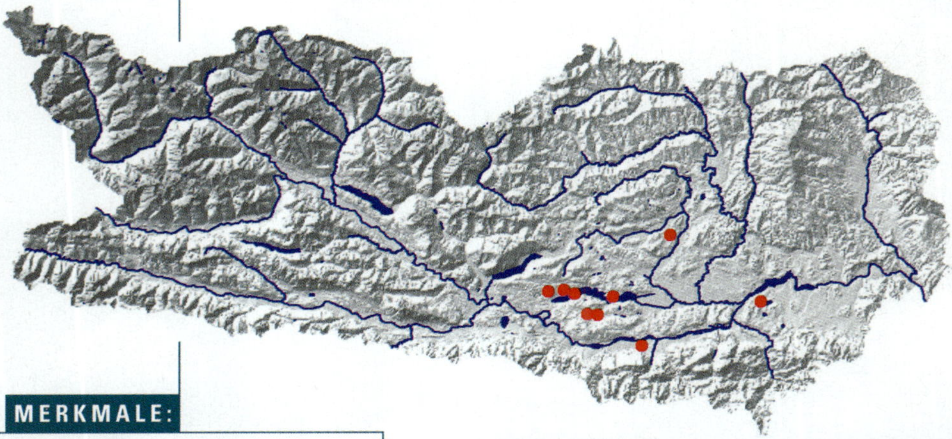

MERKMALE:

Naher Verwandter der echten Barsche (2 Rückenflossen); hoher, seitlich abgeflachter Körper; sehr weite Mundspalte mit vorstehendem Unterkiefer; 1. Rückenflosse niedriger als die 2., entlang der Seitenlinie unregelmäßiges dunkelgrünes Zick-Zack-Band; mittlere Länge: 20–50 cm.

Rote Liste Kärnten	–	*v*	*r*	*3*	*2*	*1*	*0*	EU-Schutz				
Rote Liste Österreich	–	*v*	*r*	*3*	*2*	*1*	*0*	–				
Laichzeit	*J*	*F*	*M*	*A*	*M*	*J*	*J*	*A*	*S*	*O*	*N*	*D*
Schonzeit/Fangverbot	*J*	*F*	*M*	*A*	*M*	*J*	*J*	*A*	*S*	*O*	*N*	*D*
Fischregionen	*OFR*		*UFR*		*ÄSR*		*BAR*		*BRR*		*SGW*	
Gewässertypen	*See (Besatz), nicht heimisch*											
Mindestfangmaß	*25 cm*											

* 16. April bis 30. Juni

LEBENSWEISE:

Hält sich vor allem unter Bootsstegen, bei Badehütten und anderen Verstecken auf. In der kalten Jahreszeit ziehen sich die Forellenbarsche in die Tiefe zurück. Nahrung: In der Jugend hauptsächlich Zooplankton, mit zunehmender Größe vor allem Fische, aber auch Würmer, Kleinkrebse, Insektenlarven, Schnecken, Kaulquappen und Frösche. Zur Laichzeit bereiten die Männchen ein Nest mit einem Durchmesser bis zu 1 m vor, wobei große Steine aus dem Nest herausgetragen werden und das Nest z. T. auch mit Wasserpflanzen ausgelegt wird; die Milchner (Männchen) bewachen das Nest und die Eier.

ALLGEMEINE VERBREITUNG UND VORKOMMEN IN KÄRNTEN:

Die Heimat des Forellenbarsches sind langsam fließende oder stehende Gewässer in Nordamerika. Dort werden die Fische bis über 10 kg schwer. Nach Europa wurde der Forellenbarsch erstmals 1883 von Max von dem Borne, einem deutschen Fischzüchter, eingeführt. Im Jahre 1900 erfolgte erstmals in den Forstsee und in den Hallegger Teichen ein Besatz zu Zuchtzwecken. Tschauko (1923) berichtet, dass Herr Dr. Stiegleitner Schwarz- und Forellenbarsche direkt aus Nordamerika bezogen und nach Kärnten gebracht hat. Im Wörthersee befindet sich heute eine gute Population von Forellenbarschen, wobei es sich dabei um einen der wenigen Fälle in Mitteleuropa handelt, wo sich ein isolierter Bestand weiterentwickelt hat. Nach Angaben von Herrn Josef Lex, einem inzwischen verstorbenen Berufsfischer vom Wörthersee, ist der Besatz des Wörthersees mit Forellenbarschen auf einen Unglücksfall im Jahre 1911 zurückzuführen. Durch einen Dammbruch der Schlossteiche in Velden gelangten Forellenbarsche in verschiedenen Altersklassen unabsichtlich in den Wörthersee. Außer im Wörthersee gibt es sich selbst erhaltende Populationen im Hafnersee, Keutschacher See sowie im Forstsee, der mit dem Wörthersee mit einer Pumpleitung verbunden ist. 1983 wurde ein Forellenbarsch auch im Hörzendorfer See gefangen.

Abb. 103:
Der Forellenbarsch wurde erstmals 1883 in Kärnten eingeführt.
(Foto: J. Harra)

FISCHEREI:

Laut Oberst Lebitsch wurde der Forellenbarsch im Wörthersee und Forstsee eingesetzt, „um einen Ersatzfisch für den durch die Hechtseuche arg dezimierten Hecht heranzuzüchten" (HARTLIEB 1966). Der Forellenbarsch hat sich zunächst im Wörthersee sehr stark vermehrt (wie dies allgemein sehr oft bei der Einschleppung nicht heimischer Tier- und Pflanzenarten anfangs der Fall ist), sodass eine Zeit lang mehr Forellenbarsche als Hechte im See vorkamen. Die Fische wurden bis über 3 kg schwer. Der Forellenbarsch war auch sehr schwer zu fangen, sowohl mit der Angel als auch mit dem Netz. Oberst Lebitsch schreibt weiter: „Er vermehrt sich derart, daß sein Überhandnehmen schon eine Gefahr für andere Fischarten bildet, denen er fleißig nachstellt. Ich warne daher alle Fischereivereine auf das ernstlichste, in Seen oder nicht ablaßbaren stehenden Wässern diesen Fisch auszusetzen, denn kein Mensch ist imstande, ihn wieder auszumerzen, wenn er allzu stark überhandnimmt."

Heute hat sich die Forellenbarschpopulation in ihrer Stärke gegenüber den anderen Fischarten angepasst, wobei ihr nun eine untergeordnete Rolle im Wörthersee zukommt.

Im Landesmuseum befindet sich ein Präparat eines Forellenbarsches aus dem Wörthersee (Krumpendorf) aus dem Jahre 1979 mit einem Gewicht von 1,65 kg und einer Länge von 42 cm. Im Jahre 2000 wurde im Wörthersee bei Maiernigg ein Exemplar mit einem Gewicht von 3 kg gefangen. Aber auch im Kleinsee, welcher in der Nähe des Klopeiner Sees liegt, konnte 1999 ein Exemplar mit einem Gewicht von 2 kg geangelt werden (Machacek, schriftl. Mitteilung).

Der **Schwarzbarsch** (*Micropterus dolomieni*), ein naher Verwandter des Forellenbarsches konnte vereinzelt für den Völkermarkter Draustau nachgewiesen werden (PROCHINIG et al. 2001).

Juwelen-Buntbarsch

Hemichromis letourneauxi (Sauvage 1880) Familie: Cichlidae

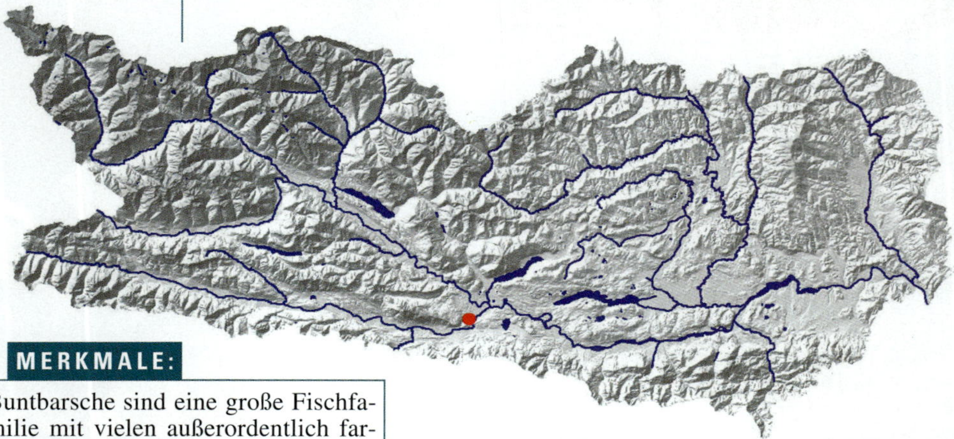

MERKMALE:

Buntbarsche sind eine große Fischfamilie mit vielen außerordentlich farbenprächtigen Vertretern; nur eine Nasenöffnung; die Seitenlinie besteht gewöhnlich aus zwei Teilen. Der Juwelen-Buntbarsch ist gelb-grünlich bis rot-bräunlich gefärbt und besitzt einen größeren dunklen Fleck auf der Seite sowie zwei kleinere Flecken am Kiemendeckel und am Schwanzstiel. Durchschnittliche Länge: 70–80 mm (größte Länge im Warmbach: 110 mm), von LEE et al. (1980) werden für Florida größte Längen von 240 mm angegeben.
Hemichromis letourneauxi wird in der Literatur immer wieder auch als *Hemichromis bimaculatus* angegeben. Auch in den bisherigen Beschreibungen der Buntbarsche im Warmbach Villach wurde diese Art als *Hemichromis bimaculatus* (Roter Cichlide) bestimmt und auch von Seiten des Naturhistorischen Museums in Wien bestätigt (HONSIG-ERLENBURG & SCHULZ 1989a; HONSIG-ERLENBURG 2001c). Erst kürzlich wurde jedoch von Dr. A. Lamboj von der Universität Wien diese Art eindeutig als *H. letourneauxi* bestimmt.

Rote Liste Kärnten	–	v	r	3	2	1	0	EU-Schutz				
Rote Liste Österreich	–	v	r	3	2	1	0	–				
Laichzeit	J	F	M	A	M	J	J	A	S	O	N	D
Schonzeit/Fangverbot	J	F	M	A	M	J	J	A	S	O	N	D
Fischregionen	OFR		UFR		ÄSR		BAR		BRR		SGW	
Gewässertypen	Warmbach bei Villach*											
Mindestfangmaß	keine Fangbeschränkung											

* *Gefangenschaftsflüchtling*

LEBENSWEISE:

Buntbarsche zeigen ein ausgeprägtes Revierverhalten mit einer hoch entwickelten Brutpflege. Während der Brutsaison sind die Juwelen-Buntbarsche sehr aggressiv. Sie bauen in der dichten Vegetation Nester. Ca. 200 bis 500 Eier werden an sorgfältig gereinigten Steinen abgelegt und anschließend in die Nester transportiert. Beide Eltern sorgen für die jungen Fische. Der Juwelen-Buntbarsch ernährt sich omnivor (Allesfresser).

ALLGEMEINE VERBREITUNG UND VORKOMMEN IN KÄRNTEN:

Juwelen-Buntbarsche kommen in den Küstengebieten von Afrika von Süd-Guinea bis Zentral-Liberia vor (RIEHL & BAENSCH 1991). Außerdem wurde diese Art auch in Florida eingeschleppt.
In Kärnten kommt der Juwelen-Buntbarsch im Warmbach bei Villach vor, insbesondere im oberen Abschnitt unmittelbar nach der Erlebnistherme. Die Abflüsse der warmen Quellen von Warmbad Villach, die selbst eine stets hohe Temperatur zwischen 20 und 30° C aufweisen, stellen einen besonderen Lebensraum für Fische dar, der sich dadurch auszeichnet, dass er einerseits eine Reihe wärmeliebender einheimischer Fischarten, anderseits aber auch eingeschleppte tropische Arten aufweist. Nach der Einmündung des Kalten Baches sinkt die Temperatur unter 20° C, hier leben keine Buntbarsche mehr.

Abb. 104:
Der Juwelen-Buntbarsch ist eine tropische Fischart, welche im Warmbach bei Villach vorkommt.
(Foto: W. Köstenberger)

GEFÄHRDUNG UND SCHUTZ:

Die geringste Fischdichte im Warmbach zeigt sich unmittelbar nach der Erlebnistherme, hier kommen auch nur Buntbarsche vor. Offensichtlich spielt hier die durchgeführte Chlorung des Thermalwassers zur Desinfektion für Badezwecke eine wesentliche Rolle. Freies Chlor wirkt auf Fische bereits ab einer Konzentration von 0,1 mg/l toxisch, wobei die Toxizität je nach Fischart und Wassertemperatur verschieden stark ist. Die Verträglichkeit von freiem Chlor dürfte für *Hemichromis letourneauxi* höher sein als bei anderen Arten. Weiter bachabwärts verflüchtigt sich das freie Chlor, andere Fischarten treten hinzu (vor allem Aitel und auch Barben).

Neben dem Juwelen-Buntbarsch kommt vereinzelt auch noch der **Fünffleckenbarsch** (*Hemichromis fasciatus*) im Warmbach vor. Der Fünffleckenbarsch wird größer als der Juwelen-Buntbarsch. Die Heimat des Fünffleckenbarsches, der wie der Name schon sagt, fünf charakteristische Flecken auf der Seite aufweist, liegt im tropischen, westlichen Teil Afrikas von Senegal bis Angola. Ganz vereinzelt werden immer wieder andere Cichliden-Arten aber auch etwa Guppies (*Lebistes reticulatus*), Platies (*Platypoecilus maculatus*) und Schwertträger (*Xiphophorus helleri*) (Sampl 1976b; Hafner et al. 1986) im Warmbach beobachtet, die offensichtlich durch Aquarianer dort eingesetzt wurden bzw. aus der in der Nähe liegenden Fischzucht für tropische Fischarten entkommen sind. Diese bilden jedoch keine eigenen Populationen und verschwinden nach einiger Zeit wieder aus dem Warmbach. Die hier früher nachgewiesene Tiberbarbe ist durch anthropogene Einflüsse, wie Verlegung des Warmbaches, Entwässerung angrenzender Feuchtflächen und Chlorung des Thermalwassers zu Badezwecken, völlig verschwunden.

Koppe, Mühlkoppe, Kappitsch, Bodenhucker

Cottus gobio (Linné, 1758) Familie: Cottidae

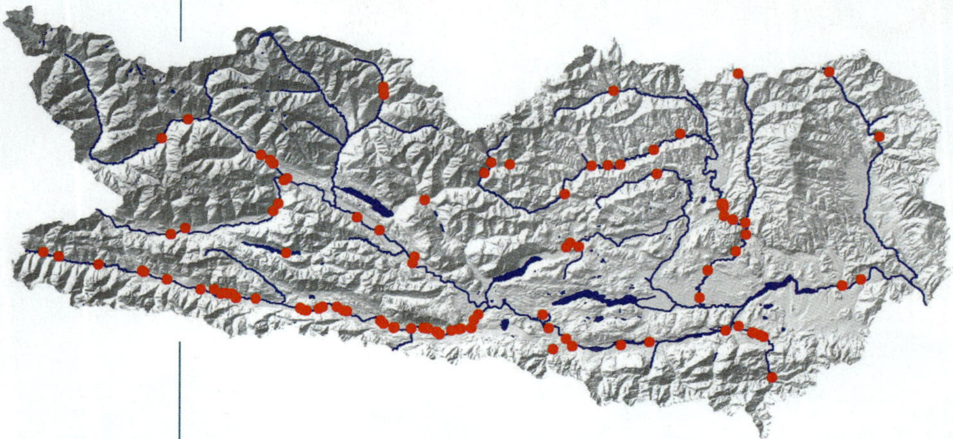

Rote Liste Kärnten	–	*v*	*r*	*3*	*2*	*1*	*0*	EU-Schutz				
Rote Liste Österreich	–	*v*	*r*	*3*	*2*	*1*	*0*	*Anhang II*				
Laichzeit	*J*	*F*	*M*	*A*	*M*	*J*	*J*	*A*	*S*	*O*	*N*	*D*
Schonzeit/Fangverbot	*J*	*F*	*M*	*A*	*M*	*J*	*J*	*A*	*S*	*O*	*N*	*D*
Fischregionen	*OFR*		*UFR*		*ÄSR*		*BAR*		*BRR*		*SGW*	
Gewässertypen	*Bach, Fluss*											
Mindestfangmaß	*keines, ganzjährig geschont*											

MERKMALE:

Keulenförmiger, schuppenloser Körper; zwei getrennte Rückenflossen; besitzt keine Schwimmblase; Größe: 10–15 cm.

LEBENSWEISE:

Die Koppe ist ein typischer Boden- und Dämmerungsfisch und hält sich tagsüber meist in ihren Verstecken unter Steinen oder Wurzelwerk auf. Nahrung: kleine Bodentiere, teilweise auch Fischlaich und -brut. Das klumpenförmige Gelege wird vom Männchen bewacht und betreut.
Die Jungfische gehen teilweise sehr tief in das Lückensystem der Bachbettsedimente (bis zu 1 m Tiefe) hinein (Fischer 1998). Diese Fische sind auch im völligen Dunkel dort unten imstande, gezielt Nahrung (z. B. Zuckmückenlarven) aufzunehmen, allein mit Hilfe ihres Ferntastsinnes (Adamicka 1987).

ALLGEMEINE VERBREITUNG UND VORKOMMEN IN KÄRNTEN:

Die Koppe bevorzugt sauerstoffreiche, seichte Fließgewässer mit rascher Strömung, sie kommt aber auch in der Uferzone klarer, hochgelegener Seen mit steinigem Grund (z. B. Weißensee) vor. Die Koppe ist gemeinsam mit der Bachforelle die typische Leitfischart der Forellenregion, ist aber auch in der Äschenregion verbreitet. Ein relativ häufiges Vorkommen ist in noch flusstypenspezifisch erhaltenen bzw. naturnahen Fließgewässerstrecken festzustellen. Hohe Koppendichten gibt es in der Gurk und in der Gail, v. a. aber in Gewässerstrecken mit geringem Forellenbestand (Forellen fressen gerne Koppen).

GEFÄHRDUNG UND SCHUTZ:

Dort wo Regulierungsmaßnahmen stattgefunden haben, aber auch wo Sohlräumungen aus wasserbaulicher Sicht immer wieder durchgeführt werden müssen, ist die Koppe sehr stark zurückgegangen. So konnten trotz intensiver Fischbestandesaufnahmen in der Oberen Drau im Rahmen des Gewässerbetreuungskonzeptes „Obere Drau" und der Raum- und Umweltverträglichkeitsprüfung der Kraftwerksprojekte „Obere Drau" nur vereinzelt Koppen in der Drau bzw. in den Zubringerbächen festgestellt werden (Eberstaller et al. 1994; Jungwirth et al. 1990; Schulz et al. 1989). Offensichtlich sind durch

die Regulierungsmaßnahmen vor allem nach den Hochwasserereignissen in den Jahren 1965 und 1966, bzw. durch die darauf folgenden Sohleintiefungen die Habitate und vor allem die Laichplätze für diese Fischart verloren gegangen. Aber auch eine Verlegung des Schotterlückenraumes (Kolmatierung) dürfte eine Ursache für den Rückgang darstellen.
An diesem Beispiel wird ersichtlich, wie wichtig die Rücksichtnahme auf ökologische Erfordernisse im Zuge von Hochwasserschutzmaßnahmen und der Gewässerpflege ist. Aber auch durch Gewässerverschmutzungen ist die Koppe in ihrem Lebensraum stark beeinträchtigt und zurückgedrängt worden und zählt daher in Kärnten schon zu den bedrohten Arten. So leben etwa in der Lavant unterhalb von Twimberg heute keine Koppen mehr. Bereits Abstürze mit geringer Höhe (Sohlschwellen mit freiem Absturz) reichen, dass die Koppe nicht mehr bachaufwärts wandern kann. Dadurch ist die Wiederbesiedelung nach Hochwasserereignissen oder nach Sanierung von anthropogenen Einflüssen kaum oder nur sehr langsam möglich.

Abb. 105: Die Koppe lebt verborgen unter Steinen der rasch fließenden Bäche und Flüsse in der Forellenregion. (Foto: W. Köstenberger)

Abb. 106: Im naturbelassenen Abschnitt der Inneren Wimitz leben auch Koppen. (Foto: W. Honsig-Erlenburg)

Flusskrebse

Jürgen PETUTSCHNIG

Die größten Dohlenkrebsbestände Österreichs befinden sich in den Seitenbächen des Gitschtales. (Foto: W. Köstenberger)

Allgemeines zu den Flusskrebsen

Die heimischen Flusskrebse zählen zu den am stärksten gefährdeten Tierarten Kärntens. Vor mehr als 120 Jahren waren sie in den Gewässern Kärntens noch allgegenwärtig. Durch die Krebspest sowie Gewässerverbauungen, -regulierungen und -verschmutzung hat sich die Bestandssituation jedoch gravierend verschlechtert. Aktuell ist nur mehr ein Bruchteil der ehemaligen Krebsgewässer von Flusskrebsen besiedelt (J. PETUTSCHNIG 2000b).

Einst besaßen die Flusskrebsbestände eine hohe wirtschaftliche Bedeutung. Mit dem Auftreten der Krebspest zu Ende des vorigen Jahrhunderts und dem daraus resultierenden starken Rückgang der Krebsbestände ist diese jedoch schlagartig erloschen. Heute sind viele kleinere Krebsbestände durch geringe Bestandsdichten und die nachtaktive Lebensweise der Flusskrebse selbst den Fischereiberechtigten nicht bekannt.

Um der negativen Entwicklung entgegen zu treten, wurden in den letzten Jahren umfangreiche Untersuchungen zur Bestandssituation der Flusskrebse in Kärnten durchgeführt (J. PETUTSCHNIG 2001a). Auslöser dieser Untersuchungen waren jedoch nicht kommerzielle Interessen sondern vielmehr Artenschutzüberlegungen. Ziel der kärntenweiten Untersuchungen der letzten Jahre war es, entsprechende Grundlagendaten über heimische Flusskrebse für gezielte Artenschutzprojekte zu erlangen (J. PETUTSCHNIG 2000c).

In Kärntens Freigewässer wurden bisher sechs Flusskrebsarten nachgewiesen. Edelkrebs, Steinkrebs und Dohlenkrebs sind nach der letzten Eiszeit natürlich, aus den wärmeren Rückzugsgebieten im Süden und Osten in die Kärntner Gewässer eingewandert (ALBRECHT 1980). Der Sumpfkrebs wurde vermutlich erstmals zu Ende des 19. Jahrhunderts, nach dem ersten Auftreten der Krebspest, in einigen größeren Seen Kärntens ausgesetzt im Glauben, dass diese Krebsart immun gegen den Krebspesterreger sei; dies stellte sich jedoch einige Jahre nach dem Besatz als Irrtum heraus (HAGER 1996). Anfang der siebziger bzw. achtziger Jahre des 20. Jahrhunderts gelangten dann noch zwei nordamerikanische Krebsarten, der Signalkrebs und der Kamberkrebs, durch Besatzmaßnahmen in einige Kärntner Gewässer.

Das Auftreten der Krebspest Ende des 19. Jahrhunderts war wohl das gravierendste Ereignis für die europäischen Krebsarten. Der Erreger dieser Seuche ist der Schlauchpilz *Aphanomyces astaci* (SCHÄPERCLAUS 1935). Er ist erstmalig 1860 in der Lombardei aufgetreten (SPITZY 1973). Von dort hat sich die Krebspest in wenigen Jahrzehnten über ganz Mitteleuropa ausgebreitet (HOFMANN 1980). Da die nordamerikanischen Krebse gegenüber dem Krebspesterreger resistent sind, kann davon ausgegangen werden, dass die Seuche aus Nordamerika, vermutlich mit Ballastwasser von Schiffen, eingeschleppt wurde.

In Kärnten ist die Krebspest erstmals nachweislich 1880 im Ossiacher See aufgetreten (HAWLITSCHEK 1892). Seit diesem Zeitpunkt ist die Seuche in mehreren Wellen in Kärnten ausgebrochen und hat einen enormen Schaden angerichtet. In ganzen Gewässersystemen wurden innerhalb von wenigen Wochen die Krebsbestände nahezu ausgerottet. Krebsbestände isolierter Gewässer blieben wohl anfangs von der Krebspest verschont. Der damalige intensive Krebshandel und die umfangreiche Nutzung der Fischbestände führten jedoch oft dazu, dass der Erreger mit infizierten Fischereigeräten, Besatzkrebsen oder Besatzfischen eingeschleppt wurde.

Verschmutzung, Verbauung und Regulierung der Gewässer sowie großflächige Entwässerungen haben ihren Teil dazu beigetragen, dass die letzten noch verbliebenen Krebsbestände weiter dezimiert wurden. So sind die ehemals häufigen und vielerorts anzutreffenden Flusskrebse heute vom Aussterben bedroht bzw. stark gefährdet (PRETZMANN 1994; J. PETUTSCHNIG 1999a).

Die wohl größte Gefahr für die letzten noch verbliebenen Krebsbestände besteht heute nach wie vor durch die Infektion mit dem Krebspesterreger. Vor allem der Besatz mit den Nordamerikanischen Krebsarten (Signal- und Kamberkrebs) kann verheerende Auswirkungen haben, da diese beiden Arten an der Krebspest nur in den seltensten Fällen erkranken, jedoch ständig den Krankheitserreger abgeben (OIDTMANN & HOFFMANN 1998).

Zur Zeit ist in Kärnten eine Ausbreitung des Signalkrebses auf Kosten der heimischen Flusskrebsarten zu beobachten. So wurden beispielsweise in den Stauräumen der Drau (Feistritz, Ferlach, Annabrücke und Edling) bereichsweise beachtliche Signalkrebsbestände nachgewiesen. Durch ein aktives Einwandern in die Zubringerflüsse und Bäche breitet sich diese nordamerikanische Art, vor allem im Unterkärntner Raum, aktuell stark aus (PETUTSCHNIG 2001a). Durch eine gezielte Öffentlichkeitsarbeit, Besatzmaßnahmen mit heimischen Flusskrebsen in geeigneten Krebsgewässern, den Rückbau von verbauten Gewässern mit geeigneten Gewässerstrukturen sowie den Schutz von noch intakten Krebsbeständen soll jedoch ein weiteres Überleben der heimischen Arten gewährleistet werden.

Bestimmungsschlüssel für Flusskrebse

Die in den Kärntner Freigewässern lebenden Flusskrebsarten sowie der Rote Amerikanische Flusskrebs (ist in vielen Aquarienfachhandlungen Kärntens erhältlich) sind anhand ihrer Bedornung des Brustpanzers, der maximalen Körpergröße und der Färbung der Scherenunterseite leicht zu unterscheiden.
Da vor Ort gefundene Krebse nicht immer ausgewachsen sind, die Körperfarbe von Natur aus stark variieren kann und tot gefundene Exemplare in der Regel von der Sonne meist stark ausgebleicht sind, wird im nachfolgenden Bestimmungsschlüssel als Hauptmerkmal die unterschiedliche Bedornung

Abb. 108: Brustpanzerbedornung des Kamberkrebses. (Foto: H. Frei)

des Brustpanzers verwendet. Angaben zu Körpergröße und Farbgebung werden als zusätzliche Bestimmungshilfe angegeben.
Der Brustpanzer der heimischen Flusskrebsarten besitzt in der Regel eine unterschiedliche, artspezifische Bedornung. Am deutlichsten ist dies im Bereich unmittelbar hinter den Augen sowie im Bereich der Nackenfurche erkennbar. Die Dornen oder Höcker hinter den Augen werden auch als Postorbitalknoten oder Postorbitalleiste bezeichnet (siehe Abb. 108). Die Angabe der Körperlänge bezieht sich auf den Abstand zwischen dem vorderen Ende des Brustpanzers (Carapaxspitze) und dem hinteren Ende des Schwanzfächers. Die Länge der Scheren wird bei der Angabe der maximalen Körperlänge nicht berücksichtigt.
Beim nachfolgenden Bestimmungsschlüssel folgen Sie für die Bestimmung der Krebsart dem zutreffenden Zahlenweg.

Bestimmungsschlüssel

1. Krebs besitzt einen mehr oder weniger deutlich ausgeprägten Knoten oder Dorn (Postorbitalknoten) hinter dem Auge 2

   Hinter dem Auge sind zwei Knoten, Dorne oder Höcker erkennbar 6

2. Hinter der Brustpanzerfurche ist keine Bedornung erkennbar.
   Die Körperlänge ist kaum größer als 9 bis 10 cm. Die Körperfärbung variiert in der Regel zwischen beige und hellbraun. Die Scherenunterseite ist hell, meist leicht beige gefärbt (niemals rot oder schmutzig-braun).
   . . . . **Steinkrebs**

   Hinter der Brustpanzerfurche sind mehr oder weniger deutlich ausgeprägte Dornen bzw. Höcker zu finden (mindestens 2). 3

3. Zwischen der Brustpanzerfurche und dem Auge sind keine weiteren Dornen oder Höcker zu finden.
   Körperlänge kaum größer als 9 bis 11 cm. Die Körperfärbung variiert zwischen beige und hellbraun. Die dunkelbraune Färbung der Scherenoberseite hebt sich in der Regel deutlich von der restlichen Körperfärbung ab. Die Scherenunterseite ist hell, meist leicht beige, in vereinzelten Fällen leicht orange (niemals rot oder schmutzig-braun).
   . . . . **Dolenkrebs**

   Zwischen der Brustpanzerfurche und dem Auge sind deutliche Dornen oder Höcker ausgebildet 4

4. Der Bereich zwischen der Brustpanzerfurche und dem Auge ist deutlich bedornt.
   Die Körperlänge ist kaum größer als 9 bis 10 cm. Charakteristisch sind rötlich bis braun gefärbte Querbinden auf der Schwanzoberseite. Die Scherenspitzen sind in der Regel orange bis gelb. Die restliche Körperfärbung variiert zwischen grau und leicht bräunlich. Die Scherenunterseite ist hell, meist leicht beige, in vereinzelten Fällen leicht orange (niemals rot oder schmutzig-braun).
   . . . . **Kamberkrebs**

   Die Scherenunterseite ist deutlich rot bis schmutzig-braun gefärbt 5

5. Der Brustpanzer ist in der Regel zwischen der Brustpanzerfurche und dem Auge leicht bedornt. Der restliche Panzer wird durch eine Vielzahl von kleineren Höckern geprägt. Der Krebs kann eine Körperlänge von 12 bis 14 cm erreichen. Die Körperfärbung variiert zwischen intensiv rötlich bis dunkelbraun. Jüngere Exemplare können auch eine gräuliche bis bräunliche Körperfärbung besitzen. Die Scherenunterseiten sind immer intensiv rötlich bis rötlichbraun gefärbt. Auf dem Brustpanzer ist eine deutliche Längsfurche ausgebildet.

. . . . **Roter Amerikanischer Sumpfkrebs**

6. Hinter der Brustpanzerfurche ist keine Bedornung erkennbar. Der Krebs kann eine Körperlänge von 15 bis 17 cm erreichen. Die Körperfärbung variiert in der Regel zwischen hell- und dunkelbraun. Charakteristisch ist ein weißer bis leicht bläulicher Fleck im Bereich des Scherengelenkes. Die Scherenunterseite ist rötlich bis schmutzig-braun gefärbt.

. . . . **Signalkrebs**

Hinter der Brustpanzerfurche sind mehr oder weniger deutlich ausgeprägte Dornen bzw. Höcker zu finden (mindestens 2). 7

7. Zwischen der Brustpanzerfurche und dem Auge sind keine weiteren Dornen oder deutlich ausgeprägte Höcker zu finden. Körperlänge bis zu 17 cm. Die Körperfärbung variiert zwischen beige und hellbraun. Vereinzelt sind auch Krebse mit einer bläulichen Körperfärbung zu finden. Die Scherenunterseite ist rötlich bis schmutzig-braun gefärbt. Das Scherengelenk ist an der Oberseite meist intensiv rot bis orange gefärbt.

. . . . **Edelkrebs**

Der Bereich zwischen der Brustpanzerfurche und dem Auge ist deutlich bedornt. 8

8. Der Brustpanzer ist in der Regel zwischen der Brustpanzerfurche und dem Auge stark bedornt. Der restliche Panzer wird durch eine Vielzahl von kleineren Höckern geprägt. Der Krebs erreicht eine Körperlänge von 15 bis 16 cm. Die Körperfärbung reicht von hellbeige bis grau. Die Scherenunterseite ist immer hell gefärbt (meist hellbeige). Bei männlichen Krebsen sind die Scherenfinger meist schmal und lang ausgebildet.

. . . . **Europäischer Sumpfkrebs**

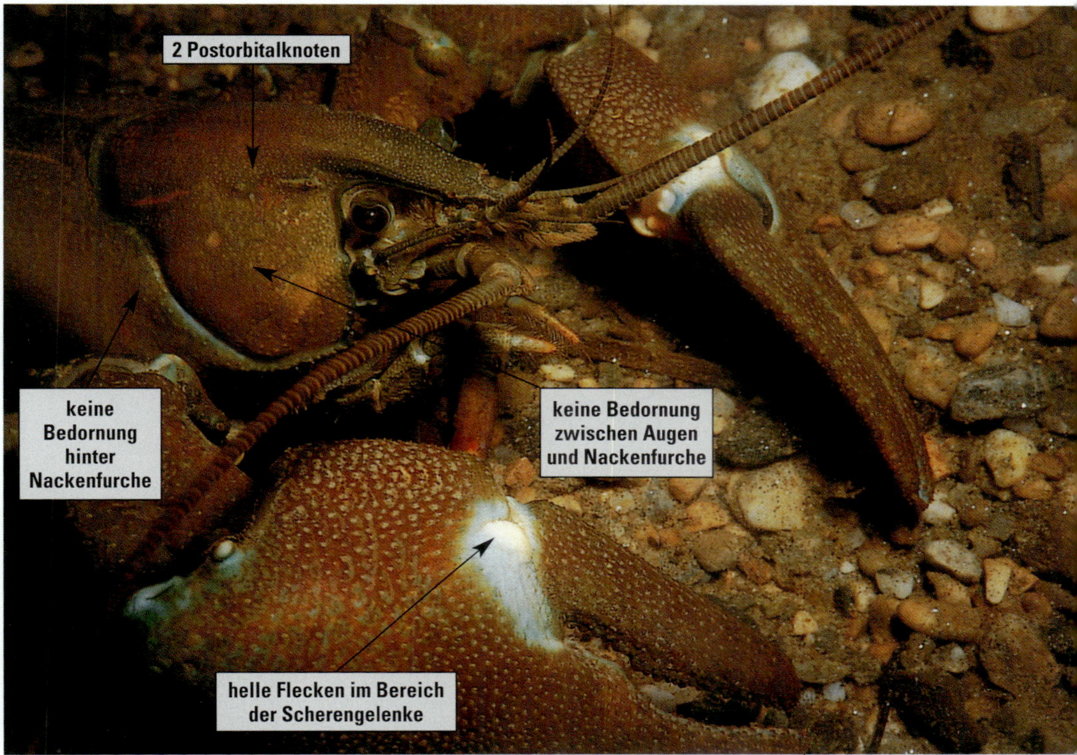

Abb. 109: Bestimmungsbeispiel: Signalkrebs.
(Foto: W. Köstenberger)

Edelkrebs

Astacus astacus (Linné, 1758) — Familie: Astacidae

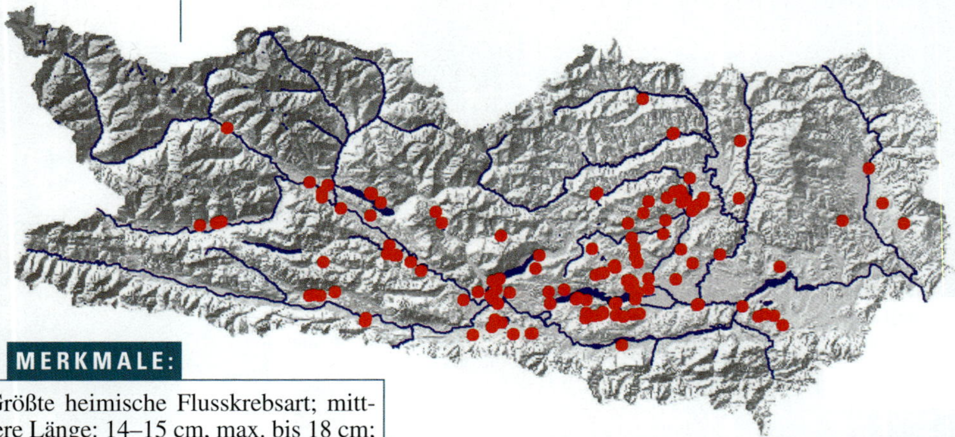

Rote Liste Kärnten	–	*v*	*r*	*3*	*2*	*1*	*0*	EU-Schutz				
Rote Liste Österreich	–	*5*	*4*	*3*	*2*	*1*	*0*	Anhang V				
Paarungsz.(rot)/Eitragz.	*J*	*F*	*M*	*A*	*M*	*J*	*J*	*A*	*S*	*O*	*N*	*D*
Schonzeit/Fangverbot	*J*	*F*	*M*	*A*	*M*	*J*	*J*	*A*	*S*	*O*	*N*	*D*
Fischregionen	*OFR*		*UFR*		*ÄSR*		*BAR*		*BRR*		*SGW*	
Gewässertypen	*Bach, Fluss, Weiher, See, Teich, Flussstau*											
Mindestfangmaß	*Männch./Weibch. ab 12 cm Körperlänge*											

MERKMALE:

Größte heimische Flusskrebsart; mittlere Länge: 14–15 cm, max. bis 18 cm; ausgewachsene Edelkrebse im Verhältnis zur Körperlänge mit großen und breiten Scheren; hinter der Nackenfurche mindestens 2 deutlich ausgeprägte Dornen bzw. kleine Höcker und hinter den Augen 2 Knoten bzw. Dorne (Postorbitalknoten); Körperfärbung variiert zwischen beige und braun, vereinzelt auch gräulich bis blaue Körperfärbung, Scherenunterseite rötlich bis schmutzigbraun; Scherengelenk an der Oberseite meist intensiv rot bis orange.

LEBENSWEISE:

Der Edelkrebs bevorzugt Flüsse und Bäche der Talniederungen sowie die vielen sommerwarmen Seen Kärntens als Wohngewässer (J. Petutschnig 2000b). Er ist wie die meisten Flusskrebse überwiegend nachtaktiv. Der Edelkrebs ist ein Allesfresser. Seine Nahrungspalette reicht von Wasserpflanzen über Würmer und Schnecken bis hin zu toten Fischen.

Im Herbst ist die Paarungszeit der Edelkrebse. Während der Paarung heftet das Krebsmännchen dem Weibchen das Sperma in Form von Spermienpaketen zwischen die letzten Beinpaare an die Schwanzunterseite. Erst nach der Paarung werden vom Weibchen 100 bis 200 Eier gelegt. Die Eier werden vom Weibchen sorgfältig unter dem Schwanz angeheftet und so vor möglichen Fressfeinden geschützt. Erst wenn im Frühjahr die Wassertemperatur im Krebsgewässer wieder allmählich gestiegen ist, schlüpfen die Jungkrebse.

Krebse besitzen anders als der Mensch kein Knochenskelett, sondern einen harten, kalkhältigen Panzer, der den ganzen Körper mit Ausnahme der Gelenke umgibt. Um wachsen zu können, müssen die Krebse ihren Panzer regelmäßig abstreifen und durch einen neuen, größeren ersetzen. Die Häutung, wie das Wechseln des Panzers genannt wird, ist sehr kompliziert und auch gefährlich. Fische und selbst Artgenossen stellen den weichen, frisch gehäuteten Tieren – sie werden auch als „Butterkrebse" bezeichnet – gerne als Beute nach.

ALLGEMEINE VERBREITUNG UND VORKOMMEN IN KÄRNTEN:

Die natürliche Verbreitungsgrenze dürfte in Kärnten bei rund 600 m Seehöhe liegen. Durch die intensive menschliche Nutzung für Speisezwecke (Flusskrebse sind ein hochwertiger Eiweißlieferant und waren eine begehrte Fastenspeise) wurden die Edelkrebse aber schon sehr früh in höher gelegene, warme Seen und in künstlich angelegte Teiche ausgesetzt (Albrecht 1980). Auf diese Weise gelangte der Edelkrebs auch in den Weißensee, wo er bis 1980 eine dichte

Population bildete. Durch den Besatz mit dem nordamerikanischen Kamberkrebs wurde jedoch auch die Krebspest eingeschleppt und so ist dieser Edelkrebsbestand um 1980 erloschen. Das derzeit höchstgelegene Edelkrebsvorkommen Kärntens befindet sich aktuell in einem Beschneiungsteich auf der Nordseite der Gerlitzen in einer Seehöhe von 1085 m. Nicht weit vom Weißensee, im rund 5 km entfernten Farchtensee auf einer Seehöhe von 985 m, liegt das höchstgelegene Vorkommen in einem der vielen Kärntner Seen. Die meisten Bestände sind jedoch deutlich tiefer zu finden. Aktuelle Verbreitungsschwerpunkte liegen im Bereich des Gurk- und Glaneinzugsgebietes (Klagenfurter Becken, Keutschacher Seental, Hallegger Senke) (J. PETUTSCHNIG 1999b; J. PETUTSCHNIG 2000b).

Abb. 110:
Der Edelkrebs ist aktuell am häufigsten in den Gewässern Kärntens zu finden. Er besaß als größter Vertreter der heimischen Flusskrebsarten ehemals eine hohe wirtschaftliche Bedeutung.
(Foto: W. Köstenberger)

GEFÄHRDUNG UND SCHUTZ:

Die größte Gefährdung für den Edelkrebs besteht derzeit in einer Infektion mit dem Krebspesterreger. Dies kann durch den Besatz mit amerikanischen Flusskrebsarten oder über ein natürliches Einwandern von Signalkrebsen (vor allem im Kärntner Zentralraum) erfolgen. Darüber hinaus besteht auch die Gefahr, dass der Krebspesterreger über Fischereigeräte, Sport- und Freizeitartikel in Edelkrebsgewässer gelangt. Weitere Gefahren bestehen in einer Gewässerverunreinigung oder einer Zerstörung des Lebensraumes durch Verbauungsmaßnahmen am Gewässer.
Durch gezielte Besatzmaßnahmen von geeigneten Gewässern sowie Schaffung von isolierten Genpools könnte ein Überleben der Edelkrebse gesichert werden.

FISCHEREI:

Die Nutzung von Edelkrebsbeständen besaß in Kärnten bis zum ersten Auftreten der Krebspest um 1880 eine hohe wirtschaftliche Bedeutung (J. PETUTSCHNIG 2000a). Durch das Auslöschen der meisten Krebsvorkommen ist diese jedoch verloren gegangen. Mit Ausnahme einiger weniger Teichanlagen und Kleinseen werden die aktuellen Vorkommen nicht mehr wirtschaftlich genutzt. Das Fangen von Edelkrebsen ist nur in den Monaten Juli, August und September erlaubt. Es dürfen nur Männchen und Weibchen ab einer Körperlänge von 12 cm entnommen werden.

Abb. 111:
Der Blaue Edelkrebs, eine Farblaune der Natur.
(Foto: W. Köstenberger)

Sumpfkrebs

Astacus leptodactylus (Eschscholz, 1823) Familie: Astacidae

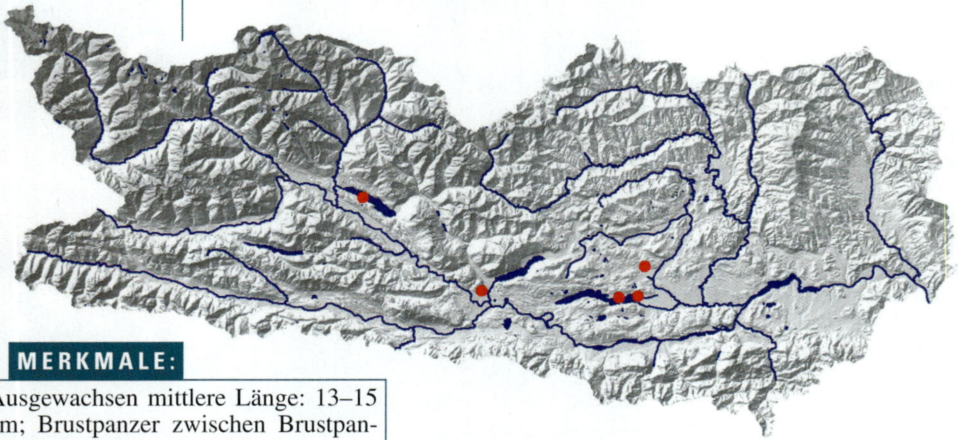

MERKMALE:

Ausgewachsen mittlere Länge: 13–15 cm; Brustpanzer zwischen Brustpanzerfurche und Auge stark bedornt, restlicher Panzer mit vielen, kleinen Höckern; hinter den Augen 2 Knoten bzw. Dorne (Postorbitalknoten); Körperfärbung hellbeige bis grau, Scherenunterseite immer hell gefärbt (meist hellbeige); Scherenfinger beim Männchen meist schmal und lang ausgebildet.

Rote Liste Kärnten	–	*v*	*r*	*3*	*2*	*1*	*0*	EU-Schutz				
Rote Liste Österreich	–	*5*	*4*	*3*	*2*	*1*	*0*	–				
Paarungsz.(rot)/Eitragz.	*J*	*F*	*M*	*A*	*M*	*J*	*J*	*A*	*S*	*O*	*N*	*D*
Schonzeit/Fangverbot	*J*	*F*	*M*	*A*	*M*	*J*	*J*	*A*	*S*	*O*	*N*	*D*
Fischregionen	*OFR*		*UFR*		*ÄSR*		*BAR*		*BRR*		*SGW*	
Gewässertypen	*See und Teich (Besatz), nicht heimisch*											
Mindestfangmaß	*keine Fangbeschränkung*											

LEBENSWEISE:

Der Sumpfkrebs war ursprünglich in den Gewässern Kärntens nicht heimisch. Er wurde vermutlich erstmals vor rund 100 Jahren, nach dem ersten Auftreten der Krebspest, in einigen größeren Seen Kärntens ausgesetzt. Seine Hauptlebensräume sind in seiner ursprünglichen Heimat langsam fließende, sommerwarme Bäche und Flüsse sowie Stillgewässer. Er ist auch in der Lage Brackwasserbereiche zu besiedeln. Seine Lebensweise ist durchaus mit der des Edelkrebses zu vergleichen. Unterschiedlich ist jedoch die Anzahl der Eier, welche die Weibchen im Herbst legen; sie variiert zwischen 200 und 400 Eier.

ALLGEMEINE VERBREITUNG UND VORKOMMEN IN KÄRNTEN:

Die Heimat des Sumpfkrebses liegt in Osteuropa und Vorderasien.
Der Sumpfkrebs ist derzeit im Vassacher See und im Wörthersee im Bereich von Krumpendorf und der Klagenfurter Bucht zu finden. Ein weiteres Sumpfkrebsvorkommen wurde kürzlich bei Klagenfurt, in der Nähe von Schloss Ehrenbichl, in einem Teich nachgewiesen. Ein älteres Vorkommen im Millstätter See konnte in den letzten Jahren nicht mehr nachgewiesen werden (J. PETUTSCHNIG 2000b).

GEFÄHRDUNG UND SCHUTZ:

Die größte Gefahr für den Sumpfkrebs besteht wie bei allen anderen europäischen Flusskrebsarten in einer Infektion mit dem Krebspesterreger (siehe Edelkrebs). Da der Sumpfkrebs als nicht heimisch gilt, werden derzeit keine Schutzmaßnahmen zur Sicherung der wenigen aktuellen Vorkommen in Kärnten unternommen.

Abb. 112:
Der Sumpfkrebs ist eine osteuropäisch-asiatische Flusskrebsart. Er wurde seit dem ersten Auftreten der Krebspest (1880) immer wieder, meist jedoch erfolglos, in den Gewässern Kärntens ausgesetzt.
(Foto: W. Köstenberger)

FISCHEREI:

Der Sumpfkrebs ist aufgrund seiner Größe durchaus als Speisekrebs geeignet. Auf Grund der wenigen Vorkommen gibt es in Kärnten derzeit keinen erwerbsmäßigen Fang. Anders ist dies in Osteuropa und Vorderasien, dort besitzt der Fang auf Sumpfkrebse eine hohe wirtschaftliche Bedeutung. Die Krebse werden tonnenweise gefangen und in ganz Europa als Speisekrebse zum Kauf angeboten. In vielen Ländern Osteuropas ist der traditionelle Krebsfang durch das Auftreten der Krebspest in den letzten Jahrzehnten jedoch ähnlich wie bei uns erloschen.

Dohlenkrebs

Austropotamobius pallipes (Lereboullet, 1858) Familie: Astacidae

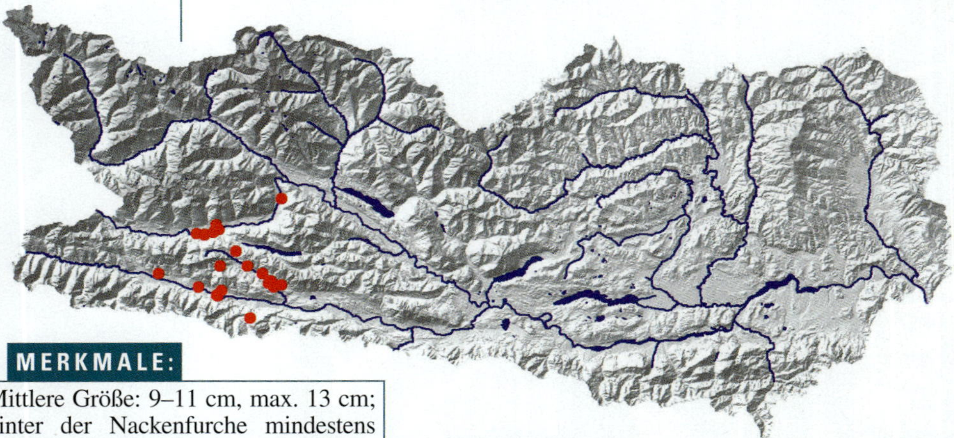

MERKMALE:

Mittlere Größe: 9–11 cm, max. 13 cm; hinter der Nackenfurche mindestens zwei deutlich ausgeprägte Dornen bzw. Höcker, hinter den Augen nur ein Knoten bzw. Dorn (Postorbitalknoten), zwischen Brustpanzerfurche und Auge keine weiteren Dornen oder Höcker; die Körperfärbung beige bis hellbraun, dunkelbraune Scherenoberseite hebt sich deutlich von der restlichen Körperfärbung ab, Scherenunterseite hell, meist leicht beige, vereinzelt leicht orange (niemals rot oder schmutzig-braun).

Rote Liste Kärnten	–	*v*	*r*	*3*	*2*	*1*	*0*	EU-Schutz				
Rote Liste Österreich	–	*5*	*4*	*3*	*2*	*1*	*0*	*Anhänge II u. V*				
Paarungsz.$_{(rot)}$/Eitragz.	*J*	*F*	*M*	*A*	*M*	*J*	*J*	*A*	*S*	*O*	*N*	*D*
Schonzeit/Fangverbot	*J*	*F*	*M*	*A*	*M*	*J*	*J*	*A*	*S*	*O*	*N*	*D*
Fischregionen	*OFR*		*UFR*		*ÄSR*		*BAR*		*BRR*		*SGW*	
Gewässertypen	*Quelle, Bach, Weiher und Teich*											
Mindestfangmaß	*keines, ganzjährig geschont, Fangverbot*											

LEBENSWEISE:

Der Dohlenkrebs bevorzugt gleich wie der Steinkrebs kleinere Wald- und Wiesenbäche als Lebensraum. Darüber hinaus ist er aber auch in Gewässern mit einer verschlammten (versumpften) Gewässersohle zu finden. Dieser Umstand hat dazu beigetragen, dass der Dohlenkrebs im Gailtal auch fälschlicherweise als Sumpfkrebs bezeichnet wurde (Wintersteiger 1985; Machino & Füreder 1996). Seine Lebensweise ist durchaus mit der des Edelkrebses zu vergleichen. Unterschiedlich ist jedoch die Anzahl der Eier welche die Weibchen im Herbst legen. Nur in seltenen Fällen werden mehr als 100 Eier gelegt.

Abb. 113: Der Dohlenkrebs ist der seltenste der heimischen Flusskrebse. (Foto: W. Köstenberger)

Abb. 114:
Im Natura 2000-Gebiet „Möserner Moor“ wurde für den Dohlenkrebs neuer Lebensraum geschaffen.
(Foto: W. Köstenberger)

ALLGEMEINE VERBREITUNG UND VORKOMMEN IN KÄRNTEN:

Erst im Jahre 1977 wurde das Dohlenkrebsvorkommen in Kärnten entdeckt und in weiterer Folge beschrieben (ALBRECHT 1981). Seine Entdeckung galt als kleine zoologische Sensation, da die Kärntner Vorkommen die einzigen natürlichen im gesamten Donaueinzugsgebiet sind. Das Hauptverbreitungsgebiet des Dohlenkrebses liegt im westlichen und südlichen Europa. In den Gewässern Spaniens, Frankreichs, Italiens, der Schweiz und Großbritanniens ist er der wichtigste Flusskrebs (MACHINO & FÜREDER 1996). Ursprünglich wurde angenommen, dass die Kärntner Vorkommen nur auf das Gitschtal, ein kleines Seitental des Gailtales beschränkt sind. Neuere Untersuchungen haben jedoch gezeigt, dass auch noch Restbestände im oberen Gailtal und oberen Drautal vorhanden sind (MACHINO & FÜREDER 1996; MACHINO 1997; J. PETUTSCHNIG 2000c).

GEFÄHRDUNG UND SCHUTZ:

Der Dohlenkrebs war vermutlich in früherer Zeit im mittleren Gailtal weit verbreitet (ALBRECHT 1980; WINTERSTEIGER 1985). Das großflächige Trockenlegen von Sumpfgebieten und das Auftreten der Krebspest (z. B. 1930 im Pressegger See) dürften zu einem dramatischen Rückgang der Dohlenkrebsbestände geführt haben. Aktuell sind 22 Dohlenkrebsvorkommen in Kärnten bekannt.
1999 wurde in Kärnten ein umfangreiches Artenschutzprogramm für den Dohlenkrebs gestartet. Durch gezielte Gewässerrevitalisierungen, Verbesserungen der Gewässerumlandstrukturen, Besatzmaßnahmen in geeigneten Gewässern sowie die Schaffung von Dohlenkrebs-Genpools soll der seltenste der heimischen Flusskrebse auch längerfristig erhalten bleiben (J. PETUTSCHNIG 2001b).

FISCHEREI:

Der Dohlenkrebs besitzt auf Grund seiner Kleinwüchsigkeit in Kärnten keine wirtschaftliche Bedeutung.

Steinkrebs

Austropotamobius torrentium (Schrank, 1803) Familie: Astacidae

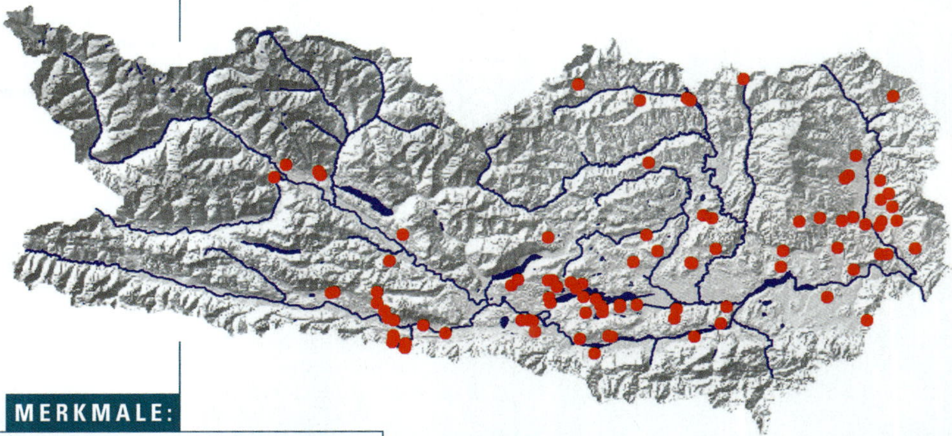

MERKMALE:

Mittlere Größe: 9–10 cm, max. 12 cm; hinter der Nackenfurche keine Dornen bzw. Höcker; hinter den Augen nur ein Knoten (Postorbitalknoten); Körperfärbung variiert zwischen beige und hellbraun, Scherenunterseite hell, meist leicht beige (niemals rot oder schmutzig-braun).

Rote Liste Kärnten	–	*v*	*r*	*3*	*2*	*1*	*0*	EU-Schutz				
Rote Liste Österreich	–	*5*	*4*	*3*	*2*	*1*	*0*	*Anhang V*				
Paarungsz.$_{(rot)}$/Eitragz.	*J*	*F*	*M*	*A*	*M*	*J*	*J*	*A*	*S*	*O*	*N*	*D*
Schonzeit/Fangverbot	*J*	*F*	*M*	*A*	*M*	*J*	*J*	*A*	*S*	*O*	*N*	*D*
Fischregionen	*OFR*		*UFR*		*ÄSR*		*BAR*		*BRR*		*SGW*	
Gewässertypen	*Bach*											
Mindestfangmaß	*keines, ganzjährig geschont, Fangverbot*											

LEBENSWEISE:

Der Steinkrebs besitzt geringere Ansprüche an die Wassertemperatur seines Wohngewässers als der Edelkrebs und hat daher auch eine weit höher liegende natürliche Verbreitungsgrenze. Am häufigsten ist er in kleinen Wald- und Wiesenbächen zu finden. Stillgewässer mit schlammigem Grund meidet er ebenso wie stärker geschiebeführende Wildbäche (J. PETUTSCHNIG 1993). Die Lebensweise ist ähnlich der des Edel- und des Dohlenkrebses. Der Steinkrebs ist in der Lage Kleinstgewässer zu besiedeln. Meist besitzen die Bestände nur eine geringe Dichte und Bestandesausdehnung. Der Steinkrebs ist daher in der Natur meist nur schwer nachweisbar.

Abb. 115: Der Steinkrebs lebt vorwiegend in kleinen Wald- und Wiesenbächen. (Foto: W. Köstenberger)

ALLGEMEINE VERBREITUNG UND VORKOMMEN IN KÄRNTEN:

Der Steinkrebs besitzt in Kärnten ein sehr weites, natürliches Verbreitungsgebiet. Das höchstgelegene, aktuell bekannte Vorkommen befindet sich im Grafenbach im unteren Drautal in rund 1100 m Seehöhe. Häufig ist er aber auch noch in weit tiefer gelegenen, kleinen Bächen im Gurk- und Glaneinzugsgebiet (Klagenfurter Becken) zu finden. Diese Gewässer stellen aufgrund der geringen Wassertiefe für den Edelkrebs keinen geeigneten Lebensraum dar. Aktuell sind rund 100 Gewässer mit einer Steinkrebspopulation bekannt (J. PETUTSCHNIG 2000b).

GEFÄHRDUNG UND SCHUTZ:

Durch die Krebspest sind die Bestände auf einen Bruchteil der einstigen zurückgegangen. Gewässerverbauungen und -verunreinigungen haben zu weiteren Verlusten der ehemals weit verbreiteten Steinkrebspopulation innerhalb der letzten 100 Jahre geführt. Bei den letzten Steinkrebsbeständen muss darauf geachtet werden, dass die günstigen Lebensraumbedingungen zukünftig erhalten bleiben. Vor allem Verbauungen, Verrohrungen und Gewässerausleitungen sollten zukünftig im Bereich von Steinkrebsbeständen unterlassen werden.

FISCHEREI:

Der Steinkrebs besitzt auf Grund seiner Kleinwüchsigkeit keine wirtschaftliche Bedeutung. Aus Artenschutzüberlegungen ist er in Kärnten ganzjährig geschont.

Abb. 116: Im Siebenbrünn-Bach leben Stein- und Edelkrebse nebeneinander. (Foto: J. Petutschnig)

Signalkrebs

Pacifastacus leniusculus (Dana, 1852) Familie: Astacidae

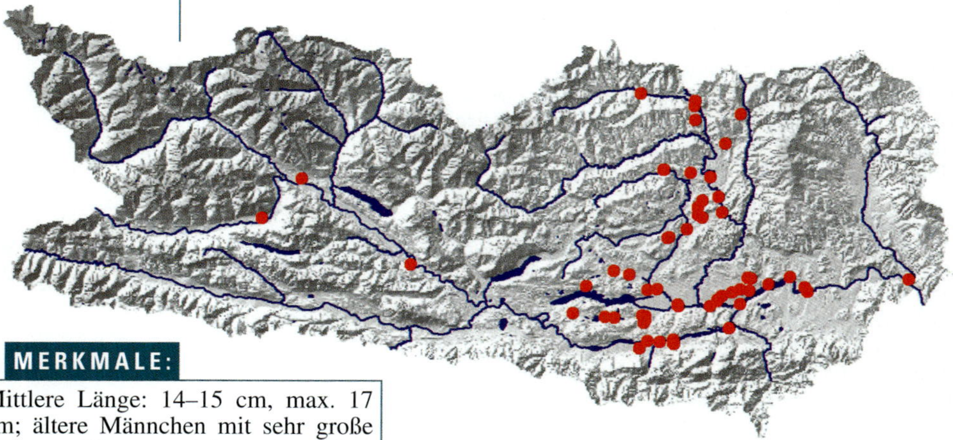

MERKMALE:

Mittlere Länge: 14–15 cm, max. 17 cm; ältere Männchen mit sehr große Scheren, Körpergewicht in der aufgestauten Drau bis 250 g; hinter den Augen 2 Knoten bzw. Dorne (Postorbitalknoten); hinter der Brustpanzerfurche keine Bedornung (vgl. Edelkrebs); Körperfärbung variiert zwischen hell- bis dunkelbraun; charakteristisch weißer bis leicht bläulicher Fleck im Bereich der Scherengelenke; Scherenunterseite rötlich bis schmutzig-braun.

Rote Liste Kärnten	–	*v*	*r*	*3*	*2*	*1*	*0*	EU-Schutz				
Rote Liste Österreich	–	*5*	*4*	*3*	*2*	*1*	*0*	–				
Paarungsz.$_{(rot)}$/Eitragz.	*J*	*F*	*M*	*A*	*M*	*J*	*J*	*A*	*S*	*O*	*N*	*D*
Schonzeit/Fangverbot	*J*	*F*	*M*	*A*	*M*	*J*	*J*	*A*	*S*	*O*	*N*	*D*
Fischregionen	*OFR*		*UFR*		*ÄSR*		*BAR*		*BRR*		*SGW*	
Gewässertypen	*Bach, Fluss, Weiher, See, Teich, Flussstau*											
Mindestfangmaß	*keine Fangbeschränkung (nicht heimisch)*											

LEBENSWEISE:

Der Signalkrebs stellt keine besonderen Ansprüche an seinen Lebensraum. Er kann sowohl kleine Bäche als auch größere Flüsse, kleine Teiche sowie große, sommerwarme Bereiche der aufgestauten Drau besiedeln. Seine Lebensraumansprüche sind durchaus mit denen des heimischen Edelkrebses zu vergleichen. Gegenüber Artgenossen zeigt er jedoch ein deutlich aggressiveres Verhalten als der Edelkrebs. Er ist auch hinsichtlich seiner Vermehrungsrate den heimischen Flusskrebsen deutlich überlegen. Ausgewachsene Signalkrebsweibchen können bis zu 500 Eier unter ihrem Schwanz tragen.

ALLGEMEINE VERBREITUNG UND VORKOMMEN IN KÄRNTEN:

Der Signalkrebs ist in fast allen Stauräumen der unteren Drau, in der unteren und mittleren Gurk, in der Glan, in einigen Baggerseen und Teichen sowie in kleinen Bächen über ganz Kärnten verstreut und sogar im Feuerbach, dem Abfluss der Kläranlage Klagenfurt zu finden. Derzeit ist durch ein aktives Einwandern in kleinere Zubringerbäche der Gurk und Glan sowie durch weitere Besatzmaßnahmen eine weitere Ausbreitung in Kärnten feststellbar (J. Petutschnig 2001a). Aktuell sind rund 50 Signalkrebsbestände in Kärnten bekannt.

GEFÄHRDUNG UND SCHUTZ:

Der Signalkrebs hat sich seit seinen ersten Besatzmaßnahmen 1970 (Spitzy 1973) in den Gewässern Kärntens sehr stark ausgebreitet. Da er ein gefährlicher Überträger des Krebspesterregers ist, stellt er eine große Gefahr für die heimischen Flusskrebsbestände dar. Für den Signalkrebs gelten derzeit in Kärnten keine Schutzbestimmungen.

Abb. 117:
Der Signalkrebs stammt aus Nordamerika. Er wurde erstmals Anfang der 1970er Jahre in einigen Gewässern Kärntens ausgesetzt.
(Foto: W. Köstenberger)

FISCHEREI:

Die Männchen und auch die Weibchen können ohne Einschränkungen ganzjährig befischt werden. In vielen ehemaligen Edelkrebsgewässern ist heute der Signalkrebs nachweisbar. Die Stauräume an der unteren Drau bieten ihm günstige Lebensraumbedingungen. Dadurch sind die Populationsdichten in den letzten 10 Jahren stark angestiegen. Vereinzelt wird schon erwerbsmäßig auf den Signalkrebs gefischt. Es ist zu erwarten, dass die Signalkrebsfischerei in den nächsten Jahren eine wirtschaftliche Bedeutung erlangen wird. Signalkrebse könne nach Ansuchen der Fischereiberechtigten auch mittels Reusen gefangen werden.
In den Draustauen wirkt sich der Signalkrebsbestand negativ auf die Angelfischerei aus, da die Krebse sofort der ausgelegten Köder habhaft werden.

Kamberkrebs

Orconectes limosus (Rafinesque, 1817) Familie: Camparidae

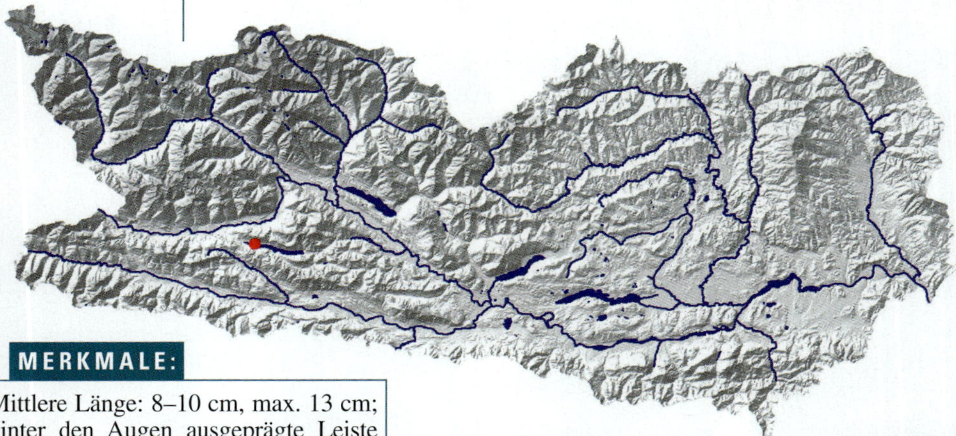

MERKMALE:

Mittlere Länge: 8–10 cm, max. 13 cm; hinter den Augen ausgeprägte Leiste (vorderes Ende bedornt, Postorbitalleiste); hinter der Nackenfurche deutliche Dornen bzw. Höcker, auch zwischen Brustpanzerfurche und Auge deutlich bedornt; charakteristische rötlich bis braun gefärbte Querbinden auf Schwanzoberseite; Scherenspitzen orange bis gelb, restliche Körperfärbung variiert zwischen grau und leicht bräunlich, Scherenunterseite hell, meist leicht beige, vereinzelt leicht orange (niemals rot oder schmutzig-braun).

Rote Liste Kärnten	–	v	r	3	2	1	0	EU-Schutz				
Rote Liste Österreich	–	5	4	3	2	1	0	–				
Paarungsz.(rot)/Eitragz.	J	F	M	A	M	J	J	A	S	O	N	D
Schonzeit/Fangverbot	J	F	M	A	M	J	J	A	S	O	N	D
Fischregionen	OFR		UFR		ÄSR		BAR		BRR		SGW	
Gewässertypen	See											
Mindestfangmaß	keine Fangbeschränkung. (nicht heimisch)											

LEBENSWEISE:

Der Kamberkrebs stammt aus Nordamerika. Er wurde erstmals 1880 von Max von der Borne nach Deutschland importiert. Seit dem hat er sich vor allem im Norddeutschen Raum und Polen stark ausgebreitet. Er wird in einigen Gebieten Deutschlands und Polens erwerbsmäßig befischt. Auf Grund seiner geringen Körpergröße ist er jedoch in der Gastronomie nicht sehr geschätzt. Er kann als aggressive Flusskrebsart bezeichnet werden. Bemerkenswert ist seine Vermehrungsbiologie. Die Paarungszeit ist nahezu identisch mit den europäischen Flusskrebsen je nach Wassertemperatur Ende September bzw. im Oktober. Die Weibchen legen jedoch erst im nächsten Frühjahr (meist Anfang Mai) die Eier. Dadurch ist die Reproduktionsrate deutlich größer als bei den heimischen Flusskrebsen. Der Kamberkrebs baut keine Höhlen. Bei Gefahr ist er jedoch in der Lage sich blitzschnell im Schlamm seines Wohngewässers zu vergraben.

ALLGEMEINE VERBREITUNG UND VORKOMMEN IN KÄRNTEN:

Von den zwei Nordamerikanischen Arten ist der Kamberkrebs der weitaus seltenere. Er besiedelt aktuell nur den Weißensee. Dort wurde er vermutlich 1980 mit einer geringen Stückzahl ausgesetzt. Durch den Besatz wurde der Krebspesterreger eingeschleppt und der Edelkrebsbestand im Weißensee vernichtet (J. PETUTSCHNIG 1997).

Abb. 118:
Der Kamberkrebs ist eine Nordamerikanische Flusskrebsart. Er ist aktuell nur im Weißensee zu finden.
(Foto: W. Köstenberger)

GEFÄHRDUNG UND SCHUTZ:

Der Kamberkrebs ist ein gefährlicher Überträger des Krebspesterregers. Er stellt eine große Gefahr für die heimischen Flusskrebsbestände dar.

FISCHEREI:

Für ihn gelten in Kärnten keine Schonzeiten und keine Größeneinschränkungen bei der Befischung. Der Kamberkrebs besitzt in Kärnten auf Grund seiner Kleinwüchsigkeit keine wirtschaftliche Bedeutung.

Großmuscheln

Markus TAURER
Paul MILDNER

Auch Muscheln können deutliche Spuren im Schlamm hinterlassen.
(Foto: M. Taurer)

Allgemeines zu den Großmuscheln

Großmuscheln sind in Kärnten durch 4 Arten vertreten; dem gegenüber stehen 15 Arten von Kleinmuscheln der Familie Sphaeriidae sowie die Wandermuschel.
Süßwassermuscheln der Familie Unionidae (Flussmuscheln) sind durch Fossilien bereits seit etwa 200–250 Millionen Jahren, also seit dem Erdzeitalter der Trias, dokumentiert. Sie stammen von bisher noch nicht genau identifizierten marinen Vorfahren ab. Die Flussmuscheln kommen weltweit vor. Auf Grund genetischer Untersuchungen glaubt man, dass alle gegenwärtigen Arten von gemeinsamen Vorfahren abstammen, dass es sich also um eine monophyletische Gruppe handelt.

Muscheln gehören zu den Weichtieren (Mollusken). Ein Skelett fehlt ihnen vollständig. Im Gegensatz zu anderen Vertretern der Weichtiere (z. B. Schnecken, Tintenfische) haben Muscheln auch keinen Kopf. Ihr Körper wird durch eine zweiklappige Schale geschützt. Eine Schale kann durch mehrere Merkmale beschrieben werden (siehe Abb. 120). Die Schalen bestehen aus drei unterschiedlichen Schichten. Die äußerste Schicht ist das sogenannte Periostracum. Sie besteht aus organischer Substanz und gibt der Schale ihre Färbung. Die mittlere Schicht, das Ostracum, besteht aus Kalzitprismen. Die Innenschicht, das Hypostracum, ist aus horizontalen Plättchen von Aragonit (Karbonatmineral) aufgebaut und verleiht der Innenseite der Schale oft einen perlmuttartigen Glanz. Manche Muschelarten hüllen eingedrungene Fremdkörper mit Perlmutt ein. Auf diese Weise entstehen Perlen. Dies trifft jedoch auf die heimischen Muscheln nicht zu. Sämtliche Anteile der Schale werden von einem speziellen Teil des Muschelweichkörpers, dem Mantel, produziert.

Muscheln ernähren sich durch Filtration des Wassers. Die Filtration erfolgt im Bereich der Kiemen, die damit also nicht nur für den Gasaustausch zuständig sind. Die Kiemen liegen in einem vom Mantel umschlossenen Raum, der Mantelhöhle. Das Wasser wird über eine Einströmöffnung (Ingestionsöffnung) eingesaugt und nach erfolgter Kiemenpassage über eine Ausströmöffnung (Egestionsöffnung) wieder ausgestoßen. Beide Öffnungen liegen am Hinterende der Muschel in direkter Nachbarschaft. Die Ein-

Abb. 120: Merkmale einer Muschelschale. (Graphik: M. Taurer)

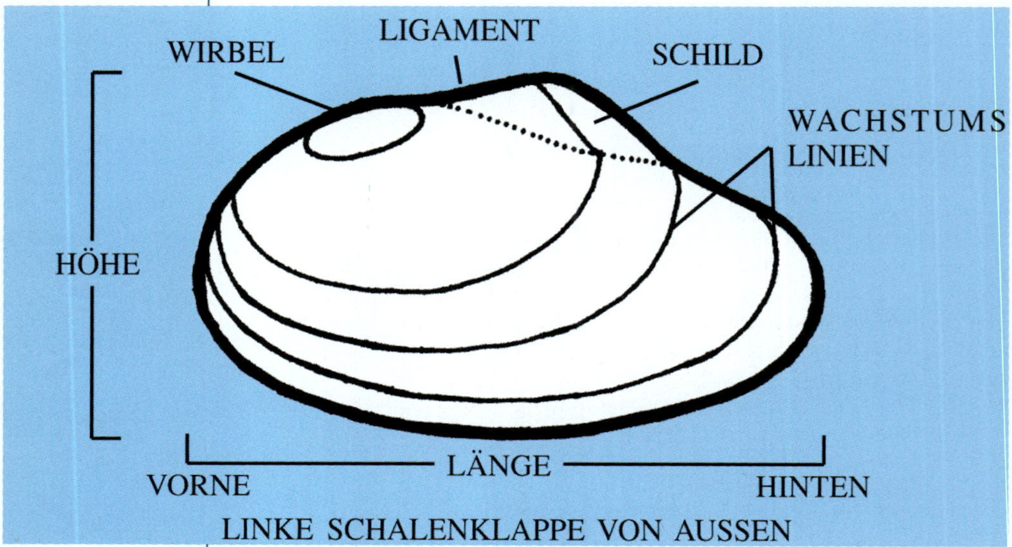

strömöffnung ist von fädigen Fortsätzen, den Papillen, umgeben. Diese wirken nicht nur als grober Filter, sondern haben auch Sinnesfunktion. An den Kiemen werden die fressbaren Bestandteile – Kleinorganismen, Bakterien, Detritus – herausgefiltert. Nicht verwertbare Partikel werden abgesondert und in der Folge mit dem Wasserstrom wieder aus der Mantelhöhle ausgestoßen. Man fasst diese Substanzen unter dem Begriff Pseudofaeces zusammen (Abb. 121). Die Filterleistung heimischer Großmuscheln wird mit bis zu 40 Liter pro Stunde angegeben. Muscheln sind aus diesem Grund für die Säuberung des Wassers von großer Bedeutung.

Abb. 121: Von der Muschel nicht verwertbares und wieder ausgestoßenes Material (Pseudofaeces) hebt sich als heller Fleck vom Untergrund ab. (Foto: M. Taurer)

Muscheln können sich sowohl getrenntgeschlechtlich als auch als Zwitter (hermaphroditisch) fortpflanzen. Während die zweite Möglichkeit bei der Großen Teichmuschel (*Anodonta cygnea*) häufig ist, ist die Gemeine Teichmuschel (*Anodonta anatina*) vorwiegend getrenntgeschlechtlich, d. h. es gibt männliche und weibliche Tiere, die man aber äußerlich nicht unterscheiden kann. Die Getrenntgeschlechtlichkeit dürfte wohl ein Mitgrund dafür sein, dass *Anodonta anatina* heute bei uns seltener anzutreffen ist als noch vor etlichen Jahrzehnten. Eine sich getrenntgeschlechtlich fortpflanzende Art wird bei einer durch Verschlechterung der Lebensbedingungen erfolgenden „Ausdünnung" der Population schneller einen kritischen Punkt erreichen, ab dem eine erfolgreiche Fortpflanzung nicht mehr möglich ist.
Bei der Fortpflanzung sind die Großmuscheln auf bestimmte Wirtsfische angewiesen. Die Muschellarven verhalten sich wie Parasiten, wobei die Fische dadurch allerdings – so weit man heute weiß – keinen Schaden erleiden.

Abb. 122: Zwei von vielen erfrorenen Teichmuscheln in einem abgelassenen Teich Mittelkärntens. (Foto: M. Taurer)

Durch bestimmte Auslöser werden Spermien über die Ausströmöffnung ins freie Wasser ausgestoßen. Ein wichtiger Auslöser dürfte das Erreichen einer bestimmten Wassertemperatur im Frühjahr sein. Die Spermien müssen in der Folge in die Mantelhöhle eines weiblichen Tieres (über deren Einströmöffnung) eingestrudelt werden. Die Befruchtung erfolgt im Bereich der Kiemen, wobei noch unklar ist, wie die weiblichen Eizellen von ihren Bildungsstätten zu den Kiemen gelangen. Die Eizahlen sind meist sehr hoch: Bei der Großen Teichmuschel (*Anodonta cygnea*) werden mehrere hunderttausend Eier pro Fortpflanzungszyklus produziert. Aus nur ganz wenigen werden dann später erwachsene Muscheln. Nach erfolgter Befruchtung beginnt die Entwicklung der Larven, die bei den heimischen Großmuscheln Glochidien genannt werden. Für etwa 4–8 Wochen verbleiben sie noch in einem speziell differenzierten Bereich der Kiemen (Marsupium). Bereits die Larven, die ausgewachsen eine Größe von bis zu 0,3 mm erreichen, besitzen eine zweiklappige Schale. Bei den heimischen Arten sind an den Schalenrändern Haken ausgebildet, mit denen sich die Larven später an den Wirtsfischen festhaften. Nach entsprechender Reifung im Schutz der Muttermuschel – es handelt sich dabei durchaus um eine Form der Brutpflege – werden die Glochidien ins Freiwasser entlassen. Für die Teichmuscheln konnte nachgewiesen werden, dass die Anwesenheit geeigneter Wirtsfische chemisch erkannt werden kann und so der Termin der Larvenfreisetzung mitbeeinflusst wird. Nach ihrer Freisetzung müssen die Glochidien auf ihre Wirtsfische treffen und sich an ihnen festheften. Die Muschellarven können zwar nicht aktiv schwimmen, sie können aber doch, indem sie die Wasserbewegungen ausnützen, eine Zeit lang im freien Wasser verbleiben. Ihre Überlebenszeit im Wasser beträgt einige Tage bis maximal 1–2 Wochen. Sollte es innerhalb dieser Zeit zu keiner Kontaktaufnahme mit einem geeigneten Fisch kommen, gehen die Larven zu Grunde. Die Absterberate in diesem Lebensstadium einer Muschel ist extrem hoch und wird mit 99,9982–99,999999 % angegeben!

Die Festhaftung der Glochidien an den Wirtsfischen erfolgt in erster Linie im Bereich der Kiemen und der Flossen. Allgemein hat sich gezeigt, dass hakenbesitzende Muschellarven beim Verlassen der Muttermuschel größer sind als hakenlose, so dass die weitere Entwicklungszeit am Wirtsfisch kürzer ausfallen kann. Eine kurze Kontaktzeit mit dem Wirtsfisch soll wieder die Entwicklung entsprechender immunologischer Abwehrmaßnahmen von seiten des Fisches verhindern. Das könnte eine Erklärung dafür sein, dass unsere heimischen Großmuschellarven bei der Auswahl der Wirtsfische wenig selektiv sind und viele Arten akzeptieren, einfach deswegen, weil sie von den Fischen nicht daran „gehindert" werden.
Die Larven verkapseln sich für etwa 2–4 Wochen am Fisch und setzen ihre Entwicklung fort. Schließlich reißt die Kapsel auf und die jungen Muscheln fallen auf den Gewässergrund. Erweist sich dieser als geeignet, entwickeln sich die Tiere weiter und können durchaus ein Alter von weit über 10 Jahren erreichen. Da das Wachstum in der kalten Jahreszeit stark reduziert bzw. überhaupt eingestellt wird, entstehen an den Schalen typische Linien, ähnlich den Wachstumsringen der Bäume.
Mit Ausnahme des Larvenstadiums verbringt eine Muschel ihr Leben in enger Bindung zum Gewässergrund (benthische Lebensweise). Man kann die Tiere dort je nach Aktivität mehr oder weniger eingegraben im Sediment finden. Nicht so selten wechseln sie auch ihren Standort und wandern, indem sie typische Spuren ins Sediment pflügen. Dies geschieht mit Hilfe eines muskulösen Organs, dem Fuß, der zwischen den Schalen hervorgestreckt werden kann.
Großmuscheln besiedeln die seichteren Areale der Gewässer. Im Allgemeinen findet man sie in Wassertiefen bis maximal 9 m, die Untergrenze ergibt sich durch Abnahme der Nährstoffe oder – in unseren Gewässern sehr häufig – durch das Unterschreiten einer kritischen Grenze beim Sauerstoffgehalt des Wassers.

Abb. 123: Malermuschel mit massivem Befall von Wandermuscheln auf ihren Schalen.
(Foto: M. Taurer)

Abb. 124: Fressplatz einer Bisamratte: Zahlreiche Schalen als stumme Zeugen abgehaltener Mahlzeiten. (Foto: M. Taurer)

Weltweit wird seit einigen Jahrzehnten ein Abnehmen der Großmuschelpopulationen registriert. In den heimischen Seen zeigt sich dies in besonders auffallender Weise im Wörthersee, im Ossiacher See und im Millstätter See. Aber auch kleinere Gewässer sind betroffen. Die Ursachen dafür sind noch nicht restlos aufgeklärt, sie dürften aber auf jeden Fall vielschichtig sein.
Nicht unwesentlich ist sicher eine zunehmende vom Menschen verursachte (anthropogene) Zerstörung des Lebensraumes. Muscheln besiedeln ja die seichteren Gewässeranteile und damit in erster Linie die Uferregionen. Gerade diese Bereiche werden aber auch von uns Menschen sehr stark beansprucht und verändert. Vor allem in den großen Badeseen in Kärnten nehmen die Flussmuschelbestände rapid ab. Schilfgürtel wurden in weiten Bereichen zerstört und das Sediment des Gewässergrundes verändert. Gerade junge Muscheln leben auf Grund ihrer Kleinheit in innigem Kontakt zum Sediment und werden von Veränderungen (mechanisch, Verschmutzung, Ablagerungen von diversen Stoffen, Verminderung der Sauerstoffkonzentration) rasch und massiv in Mitleidenschaft gezogen. Während noch vor hundert Jahren Muscheln in oft großer Zahl schon im direkten Uferbereich knapp unter dem Wasserspiegel vorkamen (H. von Gallenstein 1895), ist dies heute die große Ausnahme. In Fischteichen wird das Wasser oft in periodischen Abständen abgelassen. Geschieht dies vollständig, zu lange und zu einem ungünstigen Zeitpunkt (z. B. in einer Frostperiode), kann dies folgenschwere Auswirkungen auf eine Muschelpopulation und in weiterer Folge auf das gesamte Gewässer haben (Abb. 122). Durch Flussbaumaßnahmen in der Vergangenheit gingen die natürlichen Gewässerstrukturen in vielen Bächen und Flüssen verloren. Als Folge der Fließgewässerverbauung verschwand die Gemeine Flussmuschel (*Unio crassus*) aus vielen Kärntner Bächen.
Eine andere Bedrohung stellen die Wandermuscheln (*Dreissena polymorpha*) dar. Diese dreieckigen und sehr scharfkantigen Muscheln stammen ur-

sprünglich aus der Gegend des Kaspischen Meeres und wurden in Kärnten erstmals 1973 im Ossiacher See nachgewiesen (Sampl & Mildner 1974). Seither kam es zu einer starken Ausbreitung und es wurden zahlreiche Still- und Fließgewässer von diesen Muscheln besiedelt. Im Gegensatz zu den heimischen Großmuscheln graben sich die Wandermuscheln nicht im Sediment ein, sondern haften sich mit so genannten Byssusfäden an einem harten Substrat fest, so auch an den Schalen der heimischen Muscheln wie in Abb. 123 ersichtlich wird. Nicht selten haben Flussmuscheln ein Mehrfaches ihres Körpergewichtes an Wandermuscheln zu tragen. Somit läuft die Großmuschel Gefahr, im Sediment zu versinken. Da sich die Wandermuscheln bevorzugt im Bereich der Ein- und Ausströmöffnungen festhaften, kann es auch zu Beeinträchtigungen der Nährstoffaufnahme kommen.
In manchen Gewässern stellt weiters die Bisamratte (*Ondatra zibethica*) eine Gefahr für die heimischen Muscheln dar. Bisamratten, die eigentlich aus Nordamerika stammen und sich erst seit Anfang des 20. Jahrhunderts in Europa ausbreiten, ernähren sich normalerweise vegetarisch, speziell im Winter können aber durchaus auch Muscheln auf ihrem Speiseplan stehen. Vor einem Bisamrattenbau kann man mitunter größere Schalenansammlungen als Reste der Mahlzeiten entdecken (Abb. 124). Meist erkennt man an den aufgebrochenen Schalen die typischen Bissspuren.

Insgesamt gibt es 20 verschiedene Muschelarten in Kärnten. Vier Arten gehören zu den Großmuscheln, welche im Folgenden näher vorgestellt werden.

Abb. 125: Schlosszähne: Bei etlichen Muschelarten, wie bei der abgebildeten Malermuschel, werden die beiden Schalenhälften durch zahnartige Fortsätze (sogenannte Schlosszähne) fixiert. Bei den Vertretern der Teichmuscheln fehlen sie.
(Foto: M. Taurer)

Bestimmungsschlüssel für heimische Großmuscheln

1. Gehäuselänge 4–10 cm, Gehäuse dickwandig, Schlosszähne (Abb. 125) vorhanden

   Fluss- und Malermuscheln 2

   Gehäuselänge bis 20 cm, Gehäuse dünnwandig, keine Schlosszähne vorhanden

   Teichmuscheln 3

2. Gehäuselänge 4–7 cm, max. 11 cm, elliptisch bis kurz eiförmig, weniger als doppelt so lang wie hoch, von grün über braun bis schwarz

   .... **Gemeine Flussmuschel**

   Gehäuselänge 7–10 cm, maximal bis 14 cm, schmal zungenförmig, mehr als doppelt so lang wie hoch, grün bis gelb- oder dunkelbraun

   .... **Malermuschel**

3a. Gehäuselänge 10–15 cm, maximal bis 18 cm, rhombisch eiförmig, Unterrand des Gehäuses innen verdickt, Fältchen der Wirbelskulptur kreuzen die Anwachsstreifen, grün, gelbgrün bis olivbraun; am lebenden Tier: Einströmöffnung breit mit kurzen Papillen

   .... **Gemeine Teichmuschel**

3b. Gehäuselänge 12–20 cm, maximal bis 26 cm, länglich-eiförmig, Unterrand des Gehäuses innen nicht verdickt, Fältchen der Wirbelskulptur parallel zu den Anwachsstreifen (d. h. sie kreuzen diese nicht, siehe Abb. 126), gelblich bis grün olivbraun; am lebenden Tier: Einströmöffnung schmal mit langen Papillen

   .... **Große Teichmuschel**

Abb. 126: Wirbelskulpturen: Ein Unterscheidungsmerkmal bei Teichmuscheln sind die Strukturen im Wirbelbereich. Bei der Großen Teichmuschel (rechts) verlaufen die feinen Linien halbmondförmig und sind damit konzentrisch mit den Anwachsstreifen. Bei der Gemeinen Teichmuschel (links) sind sie linear oder wellenförmig ausgebildet und kreuzen in ihren seitlichen Abschnitten die Anwachsstreifen. (Foto: M. Taurer)

Gemeine Flussmuschel, Bachmuschel

Unio crassus decurvatus (Rossmässler, 1835) Familie: Unionidae

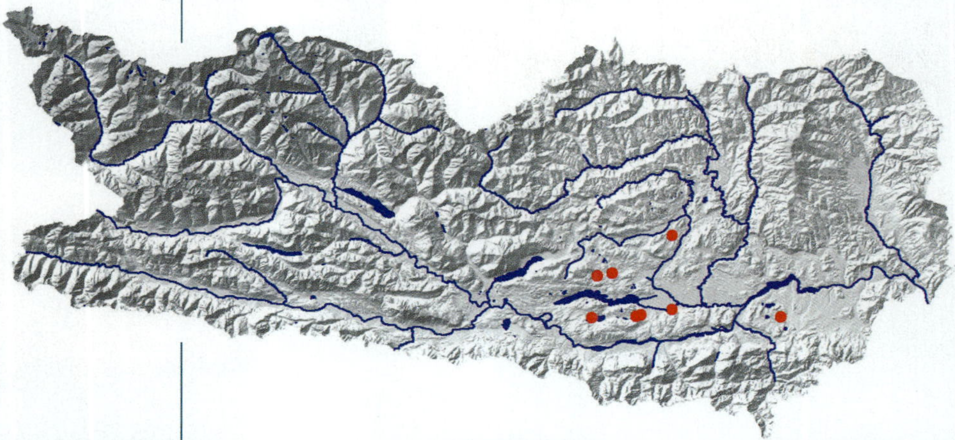

MERKMALE:

Gehäuse eiförmig verlängert, bauchig, mit einer schwarzbraunen, glänzenden Oberhaut; Unterrand herabgebogen, mit stumpfer, schnabelförmiger Spitze; mittlere Länge 4–7 cm; Lebensdauer 20 bis 30 Jahre.

Rote Liste Kärnten	–	*v*	*4*	*3*	*2*	*1*	*0*	EU-Schutz				
Rote Liste Österreich	–	*v*	*4*	*3*	*2*	*1*	*0*	*Anhang II u. IV*				
Fortpflanzungszeit	*J*	*F*	*M*	*A*	*M*	*J*	*J*	*A*	*S*	*O*	*N*	*D*
Schonzeit/Fangverbot	*J*	*F*	*M*	*A*	*M*	*J*	*J*	*A*	*S*	*O*	*N*	*D*
Fischregionen	*OFR*		*UFR*		*ÄSR*		*BAR*		*BRR*		*SGW*	
Gewässertypen	*Bach*											
Mindestfangmaß	*keines, ganzjährig geschont*											

LEBENSWEISE:

Die Gemeine Flussmuschel bewohnt saubere Flüsse und vor allem kleine und kleinste Bäche bis in den Oberlauf; im Südosten des Verbreitungsareals kommt sie auch in der Uferregion von Seen vor. Sie bevorzugt sandig-kiesige Gewässerabschnitte (FALKNER 1990). In Mitteleuropa sind Seepopulationen ohne ständigen Nachschub aus den Zuflüssen nicht lebensfähig. Die Bachmuschel benötigt für das parasitäre Glochidienstadium eine der folgenden Fischarten: Hasel (*Leuciscus leuciscus*), Aitel (*Leuciscus cephalus*), Rotfeder (*Scardinius erythrophthalmus*), Elritze (*Phoxinus phoxinus*), Flussbarsch (*Perca fluviatilis*), Kaulbarsch (*Gymnocephalus cernua*), Koppe (*Cottus gobio*) oder den Dreistacheligen Stichling (*Gasterosteus aculeatus*).

ALLGEMEINE VERBREITUNG UND VORKOMMEN IN KÄRNTEN:

Die Art ist in Europa bis ans Schwarze Meer weit verbreitet und kommt auch in Mesopotamien vor, fehlt jedoch auf den Britischen Inseln, auf der Iberischen Halbinsel und in Italien. Im Save-Draugebiet lebt die von ROSSMÄSSLER (1835) beschriebene Unterart *Unio crassus decurvatus*, der auch die Kärntner Populationen zugeordnet werden.
In Kärnten ist die Gemeine Flussmuschel auf die Abflüsse von Seen und Teichen der submontanen Stufe beschränkt. Es gibt nur noch wenige Stellen mit Nachweisen von lebenden Muscheln, welche sich im wesentlichen auf das Klagenfurter Becken beschränken.

Abb. 127: Die Gemeine Flussmuschel ist in Kärnten vom Aussterben bedroht. (Foto: M. Taurer)

GEFÄHRDUNG UND SCHUTZ:

Noch vor zwanzig Jahren zählte die Gemeine Flussmuschel in den fließenden Gewässern der tieferen Lagen Kärntens zu den dominanten Bewohnern. Vom 19. Jahrhundert ausgehend, verschlechterten sich die Lebensbedingungen für diese Tiere zunehmend und im Verlauf der letzten Jahrzehnte kam es zum Erlöschen vieler Bestände.

Die Ursachen hierfür sind verschiedenartig, wobei vor allem Unterbrechungen im komplizierten Fortpflanzungszyklus die größte Rolle spielen dürften. Jegliche Beeinträchtigung der Fischfauna eines bestimmten Gewässers kann sich auch auf die betreffende Flussmuschelpopulation auswirken, da bestimmte Fischarten den Muschellarven als Wirte dienen. Weitere Ursachen für den starken Rückgang sind in der Industrialisierung, im Wasserbau, in der Verschmutzung von Gewässern, möglicherweise auch in der Einschleppung von fremden Tierarten (Wandermuschel, Bisamratte) zu suchen (Nesemann & Nagel 1990). Die katastrophale Bestandessituation der Gemeinen Flussmuschel in Kärnten wurde von Mildner & Troyer-Mildner (1992) dokumentiert. Inzwischen sind noch weitere Bestände erloschen (Mildner 2001). In den Roten Listen gefährdeter Tiere Kärntens (Mildner & Rathmayr 1999) ist die Gemeine Flussmuschel als „vom Aussterben bedroht“ (Stufe 1) angeführt. Innerhalb der EU ist sie durch die Anhänge II und IV der Fauna-Flora-Habitatrichtlinie streng geschützt.

Malermuschel

3 Unterarten: *Unio pictorum latirostris* (Küster, 1853) Familie: Unionidae
Unio pictorum platyrhynchus (Rossmässler, 1835)
Unio pictorum ssp.

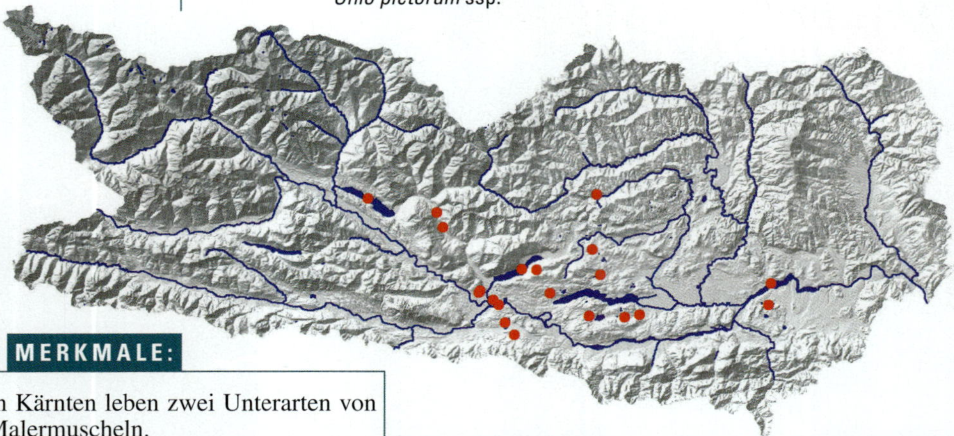

MERKMALE:

In Kärnten leben zwei Unterarten von Malermuscheln.
Unio pictorum latirostris: Gehäuse 3–8 cm, in Einzelfällen bis zu 10 cm lang, eiförmig bis zungenförmig und lang gestreckt; Umriss sehr variabel; Hinterende in der Regel verlängert und geschnäbelt, Vorderende verkürzt (in schnell fließenden Gewässern) oder weit ausgezogen (in schlammigen, langsam fließenden oder stehenden Gewässern); Färbung von grüngelb bis schwarzbraun.
Unio pictorum platyrhynchus: Gehäuse 8–9 cm lang, zungenförmig und sehr lang gestreckt; Unterrand herabgebogen, mit stumpfer, schnabelförmiger Spitze; Färbung von grüngelb bis schwarzbraun.
Unio pictorum ssp: Ähnlichkeit mit *U. p. latirostris.*

Rote Liste Kärnten	–	*v*	*4*	*3*	*2*	*1**	*0*	EU-Schutz				
Rote Liste Österreich	–	*v*	*4*	*3*	*2*	*1*	*0*	–				
Fortpflanzungszeit	*J*	*F*	*M*	*A*	*M*	*J*	*J*	*A*	*S*	*O*	*N*	*D*
Schonzeit/Fangverbot	*J*	*F*	*M*	*A*	*M*	*J*	*J*	*A*	*S*	*O*	*N*	*D*
Fischregionen	*OFR*		*UFR*		*ÄSR*		*BAR*		*BRR*		*SGW*	
Gewässertypen	*Fluss, Augewässer, See, Flussstau, Teich*											
Mindestfangmaß	*keines, ganzjährig geschont*											

* die Unterart *U. p. platyrhynchus* wird der Stufe 1 (vom Aussterben bedroht) zugeordnet.

LEBENSWEISE:

Unio pictorum latirostris bewohnt Flüsse, Altwässer und Seen, vor allem im Bereich der Flusstäler (FALKNER 1990). Sie bildet dort zahlreiche sehr unterschiedliche Populationen aus, denen allerdings die für diese Unterart charakteristischen Gehäusemerkmale gemeinsam sind. Sie kommt auch in klaren und schnell fließenden Berglandflüssen vor und besiedelt Gewässer bis 700 m Seehöhe (NESEMANN 1993). Nach SCHOLZ (1992) dienen als Wirtsfischarten für das parasitäre Larvenstadium Aitel (*Leuciscus cephalus*), Rotauge (*Rutilus rutilus*), Rotfeder (*Scardinius erythrophthalmus*), Schleihe (*Tinca tinca*), Gründling (*Gobio gobio*), Flussbarsch (*Perca fluviatilis*) und Dreistacheliger Stichling (*Gasterosteus aculeatus*).
Unio pictorum platyrhynchus lebt in der Uferzone von größeren Seen und deren Abflüssen, im feinen Sandschlamm. Eine genaue Beschreibung zur Ausbildung der für diese Subspecies typischen Gehäusemerkmale findet sich bei H. V. GALLENSTEIN (1884, 1892 und 1895).

ALLGEMEINE VERBREITUNG UND VORKOMMEN IN KÄRNTEN:

Unio pictorum latirostris lebt im oberen und mittleren Donaugebiet, das östlichste Vorkommen in der Donau liegt bei Alföld. In Kärnten findet man diese Unterart im Drautal.
Unio pictorum platyrhynchus: Die zweite heimische Unterart besiedelt Gewässer im Drau-Save-Gebiet. Im Bundesland Kärnten wird sie für den Wörthersee, Faaker See (hier seit Jahrzehnten nicht mehr nachgewiesen) und

Abb. 128: Malermuschel (*Unio pictorum* ssp.). (Foto: M. Taurer)

Ossiacher See (fraglich, ob zur Unterart *platyrhynchus* gehörig) genannt. Alle genannten Gewässer befinden sich in den Niederungen bis zu einer Höhe von 560 m (Faaker See).
Unio pictorum ssp.: Die Unterart ist verbreitet im Klagenfurter Becken, im Gegendtal, in den Ossiacher Tauern und in den Gurktaler Alpen (MILDNER 1996).

GEFÄHRDUNG UND SCHUTZ:

Unio pictorum ssp.: Während manche der bei Hans von GALLENSTEIN (1884, 1892, 1895) erwähnten Bestände gänzlich verschwunden oder stark zurückgegangen sind, konnten in den letzten Jahren neu auftretende Populationen in Kärnten entdeckt werden. Von *U. p. latirostris* gelangten offensichtlich Glochidienlarven an Besatzfischen in die betreffenden Gewässer, so z. B. in die untere Drau bei Neudenstein. In den Roten Listen gefährdeter Tiere Kärntens (MILDNER & RATHMAYR 1999) ist *Unio pictorum* ssp. als „stark gefährdet" angeführt.
Für *Unio pictorum platyrhynchus* gilt die Gefährdungsstufe „vom Aussterben bedroht". Von dieser Unterart konnten im Wörthersee und Faaker See seit Jahrzehnten keine Nachweise mehr erbracht werden.

Gemeine Teichmuschel

Anodonta anatina (Linné, 1758) Familie: Unionidae

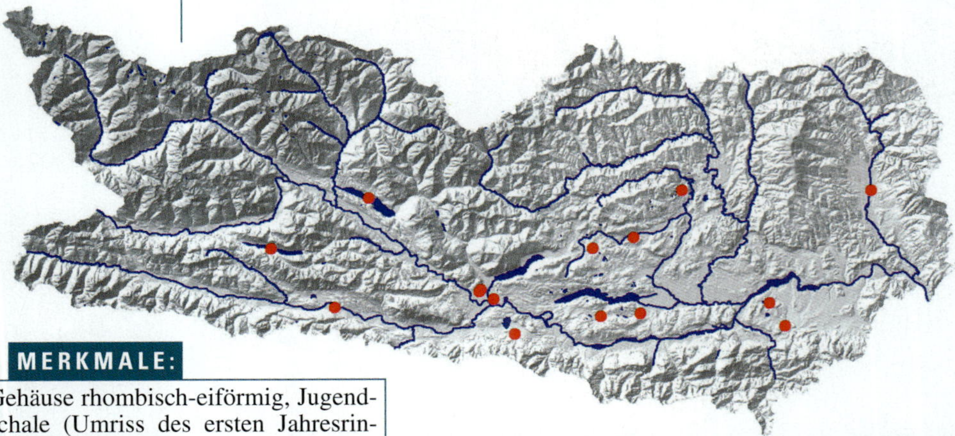

MERKMALE:

Gehäuse rhombisch-eiförmig, Jugendschale (Umriss des ersten Jahresringes) rundlich, dessen Ober- und Unterrand divergierend; bei gut erhaltener Wirbelregion kann man dort feine faltenartige Strukturen erkennen, diese Fältchen der kreuzen die Anwachsstreifen (siehe Abb. 123); Unterrand der Schale innen verdickt; Einströmöffnung breit mit kurzen Papillen; Färbung von gelbgrün bis olivbraun; Mittlere Länge 8–10 cm, ausnahmsweise bis zu 18 cm.

Rote Liste Kärnten	–	*v*	*4*	*3*	*2*	*1*	*0*	EU-Schutz				
Rote Liste Österreich	–	*v*	*4*	*3*	2	*1*	*0*	–				
Fortpflanzungszeit	*J*	*F*	*M*	*A*	*M*	*J*	*J*	*A*	*S*	*O*	*N*	*D*
Schonzeit/Fangverbot	*J*	*F*	*M*	*A*	*M*	*J*	*J*	*A*	*S*	*O*	*N*	*D*
Fischregionen	*OFR*		*UFR*		*ÄSR*		*BAR*		*BRR*		*SGW*	
Gewässertypen	*Fluss, Augewässer, See, Flussstau, Teich*											
Mindestfangmaß	*keines, ganzjährig geschont*											

LEBENSWEISE:

Die Gemeine Teichmuschel lebt in Flüssen mit ruhiger Strömung, Strombuchten, durchflossenen Altwässern, Seen, auch in Bächen; auf schlammigem bis grobsandig-kiesigen Untergrund (Falkner 1990). Sie bevorzugt ruhige oder leicht strömende Gewässer mit klarem Wasser, kommt aber auch in Gewässern mit Schlammgrund und reichlichem Pflanzenbewuchs vor (Glöer & Meier-Brook 1998).

Nach Scholz (1992) dienen als Wirtsfische für das parasitäre Larvenstadium (Glochidien) Regenbogenforelle (*Oncorhynchus mykiss*), Hasel (*Leuciscus leuciscus*), Güster (*Abramis bjoerkna*), Flussbarsch (*Perca fluviatilis*), Zander (*Sander lucioperca*) und Dreistacheliger Stichling (*Gasterosteus aculeatus*).

ALLGEMEINE VERBREITUNG UND VORKOMMEN IN KÄRNTEN:

Die Gemeine Teichmuschel ist in fast ganz Europa und Nordasien verbreitet (Falkner 1990). Falkner, Bank & Proschwitz (2001) verzeichnen für Österreich zwei Unterarten: *Anodonta anatina attenuata* Held, 1836 und *Anodonta anatina rostrata* Rossmässler, 1836.

In Kärnten findet man die Art im Drau-, Gail-, Gurk-, Glan-, unterem Görtschitz- und Lavanttal (Mildner 1995; Taurer 2002). Weiters bewohnt sie Gewässer des Klagenfurter Beckens und der Gailtaler Alpen (Weißensee). Aus dem Weißensee war sie früher nicht bekannt: „Jedoch gibt es im Weißensee keine großen Muscheln, weder Anodonta noch Unio" (Findenegg 1953). Erste Belege von hier stammen aus dem Jahr 1995. Jedoch gibt es bereits seit 1976 Meldungen über das Vorkommen von Großmuscheln in der Westbucht des Sees. (W. Petutschnig, mündl. Mitteilung). Nach der Seehöhe sind Bestände zwischen 410 m (Dullacher Teich) und 946 m (Weißensee) bekannt.

Abb. 129:
Die rechte Schalenhälfte einer Gemeinen Teichmuschel.
(Foto: M. Taurer)

GEFÄHRDUNG UND SCHUTZ:

Während vor hundert Jahren die Gemeine Teichmuschel eine sehr häufig aufzufindende Großmuschelart war, ist sie mittlerweile v. a. in den großen heimischen Seen sehr selten geworden oder sie ist dort überhaupt nicht mehr nachweisbar. In vielen Gewässern zeugen Ansammlungen leerer Schalen von einstmals gut entwickelten Beständen. In einigen kleineren und naturbelassenen Gewässern kann man aber auch heute noch individuenreiche Populationen antreffen (z. B. Haidensee, Gösselsdorfer See). Durch die Besiedelung seichterer Uferregionen leidet diese Art besonders unter Veränderungen bzw. Zerstörungen der Uferbereiche. Außerdem überlappt sich ihr Verbreitungsgebiet stark mit dem der eingeschleppten Wandermuschel. Die Erhaltung ursprünglicher Uferregionen ist eine der wichtigsten Maßnahmen zum Schutz der Gemeinen Teichmuschel.

Abb. 130:
Ein- und Ausströmöffnungen einer Gemeinen Teichmuschel.
(Foto: M. Taurer)

Große Teichmuschel

Anodonta cygnea (Linné, 1758) Familie: Unionidae

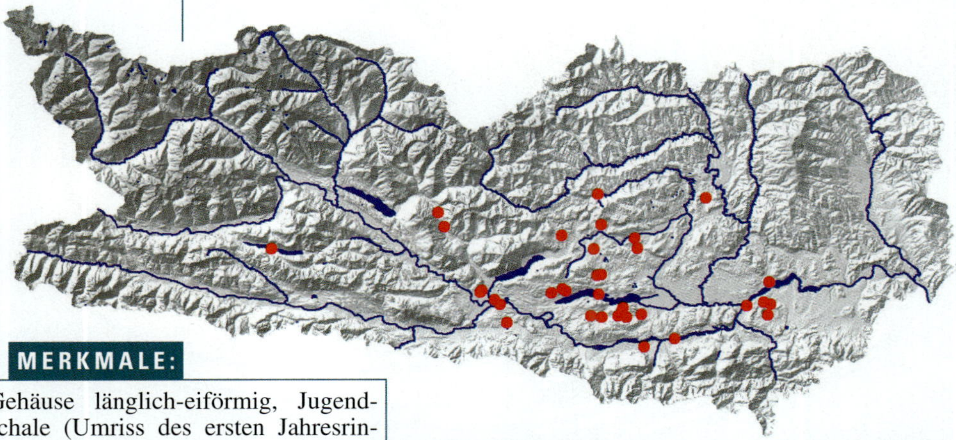

MERKMALE:

Gehäuse länglich-eiförmig, Jugendschale (Umriss des ersten Jahresringes) länglich, dessen Ober- und Unterrand parallel; Fältchen der Wirbelskulptur zu den Anwachsstreifen gleichlaufend (siehe Abb. 126), Unterrand der Schale innen nicht verdickt; Einströmöffnung schmal mit langen Papillen; Färbung von gelblich bis olivbraun, mittlere Länge: 12–20 cm, ausnahmsweise bis zu 26 cm.

Rote Liste Kärnten	–	*v*	*4*	*3*	*2*	*1*	*0*	EU-Schutz				
Rote Liste Österreich	–	*v*	*4*	*3*	*2*	*1*	*0*	–				
Fortpflanzungszeit	*J*	*F*	*M*	*A*	*M*	*J*	*J*	*A*	*S*	*O*	*N*	*D*
Schonzeit/Fangverbot	*J*	*F*	*M*	*A*	*M*	*J*	*J*	*A*	*S*	*O*	*N*	*D*
Fischregionen	*OFR*		*UFR*		*ÄSR*		*BAR*		*BRR*		*SGW*	
Gewässertypen	*See, Teich, Flussstau und Augewässer*											
Mindestfangmaß	*keines, ganzjährig geschont*											

LEBENSWEISE:

Stillgewässer wie Seen, Altwässer und Teiche sind die bevorzugten Lebensräume der Großen Teichmuschel, nur selten findet man sie in Fließgewässern, dann meist in Kümmerformen (Falkner 1990; Glöer & Meier-Brook 1998; Scholz 1992).

Wirtsfische für das ca. 70 Tage dauernde, parasitäre Larvenstadium sind: Regenbogenforelle (*Oncorhynchus mykiss*), Hecht (*Esox lucius*), Hasel (*Leuciscus leuciscus*), Rotfeder (*Scardinius erythrophthtalmus*), Brachse (*Abramis brama*), Güster (*Abramis bjoerkna*), Flussbarsch (*Perca fluviatilis*), Zander (*Sander lucioperca*) und Dreistacheliger Stichling (*Gasterosteus aculeatus*).

ALLGEMEINE VERBREITUNG UND VORKOMMEN IN KÄRNTEN:

Die Große Teichmuschel weist ein großes Verbreitungsgebiet auf, welches von Nordeuropa, im Süden bis Mittelfrankreich, das gesamte Donaugebiet, Mittelgriechenland und bis ins Kaukasusgebiet reicht (Falkner 1990). Falkner, Bank & Proschwitz (2001) verzeichnen für Österreich zwei Unterarten: *Anodonta cygnea solearis* Held, 1839 und *Anodonta cygnea deplanata* M. von Gallenstein, 1852.

Für folgende Regionen konnte die Art bisher bestätigt werden: Gegendtal, Klagenfurter Becken, Gailtaler Alpen (Weißensee), Gurktaler Alpen (Goggausee) und Drautal (Taurer 2002). Die Höhenverbreitung reicht von 390 m von der Drau bei Neudenstein bis 946 m im Weißensee. Erste Belege vom Weißensee stammen aus dem Jahr 1995.

Abb. 131:
Große Teichmuschel (*Anodonta cygnea*).
(Foto: M. Taurer)

GEFÄHRDUNG UND SCHUTZ:

Beim Vergleich aller Flussmuscheln ist die Große Teichmuschel gegenwärtig die am häufigsten vorkommende Art. Insgesamt gesehen ist sie daher in Kärnten derzeit weniger bedroht als die anderen Großmuscheln. In den großen heimischen Seen allerdings ist sie selten geworden und dort in ihrem Fortbestand durchaus mehr oder weniger stark gefährdet. Wie die Vertreter der anderen Arten ist auch sie v. a. von der Zerstörung ihres Lebensraumes betroffen. Da sie auch tiefere Gewässerabschnitte besiedelt und sich dort im meist sehr feinem Sediment nahezu vollständig eingraben kann, kann sie sich zumindest teilweise dem Druck der eingeschleppten Wandermuscheln entziehen. Auch für die Große Teichmuschel gilt, dass der Erhalt ihres Lebensraumes die wichtigste Voraussetzung für das Fortbestehen ihrer Populationen darstellt.

Abb. 132:
Ein- und Ausströmöffnungen einer Großen Teichmuschel.
(Foto: M. Taurer)

Kärntens Fischerei

Wolfgang HONSIG-ERLENBURG
Thomas FRIEDL

Die Berufsfischerei wird in Kärnten nur noch in wenigen Gewässern betrieben wie hier z. B. am Wörthersee.
(Foto: J. Motschiunig)

Methoden der Fischbestandesaufnahme

Zur Ermittlung von Fischbeständen und Erträgen in Fließgewässern, Stauräumen, Teichen und Seen werden verschiedene Methoden je nach Art und Größe des Gewässers verwendet. Üblicherweise erfolgen fischereiliche Erhebungen mittels Elektrobefischungen, Kiemennetzen, Zugnetzen, Reusen, Legangeln, Markierungen von Fischen, Echolotungen, Auswertungen von Besatz- und Fangstatistiken und in Gesprächen mit ortskundigen Fischern.
In Bächen und kleineren Flüssen ist zumeist die Elektrobefischung eine effiziente, schonende und aussagekräftige Art der Bestandserhebung. In größeren Fließgewässern, Stauräumen und großen stehenden Gewässern, die tiefer als 1,5 m sind, werden zumeist verschiedene Methoden gleichzeitig angewandt, um Näheres über den Fischbestand zu erfahren. Trotzdem können v. a. in großen Seen und den Stauräumen der Drau exakte Aussagen über den tatsächlichen Fischbestand (Individuendichte und Biomasse) nur mit hohem Kosten- und Arbeitsaufwand getätigt werden. Dies ist in vielen Fällen oft nicht möglich, es bleibt daher bei Schätzungen und Erhebungen von Teilbereichen wie z. B. der Uferzone.
Bei einer **Elektrobefischung** wird mit einem Gleichstromaggregat, das eine Leistung über 10 kW aufweisen kann, im Wasser ein Kraftfeld aufgebaut, das zwischen Anode (Fangpol) und Kathode (Scheuchpol) wirkt. Die Größe und Wirksamkeit des Kraftfeldes hängt von der Leitfähigkeit des Wassers sowie von der Dimension des Gewässers ab, beträgt aber üblicherweise einige Meter. Nur Fische, die innerhalb des Kraftfeldes einer genügend hohen Spannung ausgesetzt sind, werden durch die Befischung erfasst. Fische, die sich außerhalb des Kraftfeldes befinden, werden verscheucht. Die Betäubung hält normalerweise einige Minuten an. Größere Fische sind einer höheren Spannung ausgesetzt als kleinere Fische. Während die kleinen Fische kaum Fluchtreaktionen zeigen, ist das Fluchtverhalten der großen Fische stärker ausgeprägt. Die Elektrobefischung ist somit größenselektiv. Der Fangtrupp bewegt sich gegen die Strömung, damit die Befischung durch die auftretende Trübung nicht behindert wird und die abdriftenden Fische besser gekeschert werden können. Die Fische werden anschließend wieder in das Gewässer zurückgesetzt. Der Fangerfolg wird auf Grund der Strömungsverhältnisse und der Beobachtungen des Polführers sowie der Kescherführer geschätzt. Anhand der Anzahl und des Gewichtes der gefangenen Fische, des Fangerfolges, der befischten Länge, der befischten Breite und der Gewässerbreite wird die Fischbiomasse (kg/ha bzw. kg/km) und die Abundanz (Individuendichte je ha bzw. km) ermittelt. Die genaueste Erhebung ist mit der sogenannten DeLury-Methode möglich. Dabei wird die zu befischende Gewässerstrecke nach oben hin mittels Fangzaun oder Elektroscheuchanlage abgesperrt und die Strecke 2 bis 3 mal elektrisch befischt. In Bächen und kleineren Flüssen wird die Befischung mit Wathosen zu Fuß durchgeführt (Watfischerei), größere Fließgewässer, Stauräume und Seen werden mit einem, für die Elektrobefischung adaptierten Boot befischt (Schmutz et al. 2001, siehe Abb. 134).
Bei einer **Netzbefischung** werden Netze mit verschiedenen Maschenweiten zur Erfassung von Fischen aller Größen verwendet. Die Fische schwimmen in die schwer wahrnehmbare Netzwand aus durchsichtigem Kunststoffmaterial und verfangen sich mit ihren abstehenden Körperteilen (Flossen, Zähnen etc.) oder verwickeln sich gänzlich im Netz. Anhand der Anzahl und des Gewichtes der gefangenen Fische kann eine Fangquote (kg und Individuen je 100 m^2 Netzfläche) ermittelt werden.
In tiefen, langsam fließenden Gewässern wie z. B. Flussstauräumen findet zur Erfassung der Fischbestände in der Tiefenrinne ein Kiemennetz Verwendung, welches am Grund dahintreibt (Treibnetz).
Zugnetze dienen v. a. zur Erfassung von Fischbeständen der Uferregion stehender und langsam fließender Gewässer. Mit einem Netzzug werden die Fi-

sche eingekreist. Der Fangerfolg hängt jedoch erheblich vom Geschick der beteiligten Personen ab.

Bei einer **Reusenbefischung** wird ein Netzsack mit mehreren Kammern, die sich verengen und in einem Fangkorb enden, am Gewässergrund angebracht. Die Fische schwimmen in die Kammern und können nicht mehr entkommen. Reusenbefischungen dienen v. a. zur Erfassung von Wanderaktivitäten verschiedener Fischarten und zur Funktionskontrolle von Fischaufstiegshilfen.

Die **Legangel** besteht aus einer starken Hauptschnur mit bis zu 100 m Länge, an der im Abstand von einem Meter Vorfächer mit beköderten Haken angebracht werden. Legangeln dienen zur Erhebung von Fischbeständen in tieferen Gewässern.

Zur Erfassung eines Fischbestandes ist auch die Auskunft des Fischereiberechtigten über Besatzmaßnahmen und den Ausfang durch **Angelfischerei** aus seinem Gewässer wichtig. Gewissenhaft geführte Statistiken von Angel- und Berufsfischern über Besatz und Ausfang ermöglichen die Ermittlung von fischereilichen Erträgen.

Fische können mit Farbstoffpunkten, mit kleinen nummerierten Plastikplättchen, die mittels einer entsprechenden Spritze unter die Haut geschoben werden, mit an der Rückenflosse befestigten Nummernplättchen oder mit am Kiemendeckel befestigten Metallplättchen markiert werden. Die **Markierungen** dienen zur Feststellung von Wanderungen und Wachstum. Anhand des Verhältnisses von gefangenen, markierten zu unmarkierten Fischen kann auf die Fischdichte geschlossen werden. Der Farbstoffpunkt lässt bei einer größeren Anzahl markierter Fische keine individuelle Zuordnung zu, wird aber bei Bestandeserhebungen auf Grund der leichten Handhabe bei der sogenannten Fang-Wiederfangmethode verwendet.

Eine für größere Gewässer immer häufiger verwendete Bestandeserhebung stellt die **Echolotung** dar, deren Technik sich in den letzten Jahren enorm verbessert hat (GASSNER & WANZENBÖCK 1999).

Alle oben genannten Befischungsmethoden sind nach dem Kärntner Fischereigesetz bewilligungspflichtig.

Abb. 134: Eine Methode der Fischbestandserhebung stellt die Elektrobefischung per Boot dar.
(Foto: W. Honsig-Erlenburg)

Fischfang in früherer Zeit

Der Fischfang ist sicherlich eine ebenso alte Tätigkeit des Menschen wie die Jagd; die Geschichte des Fischfanges kann mit dem Beginn der Geschichte der Menschheit selbst gleichgesetzt werden. So werden immer wieder zusammen mit den Gebeinen von Vorzeitmenschen auch fossile Fischreste gefunden. Man geht davon aus, dass die ersten Menschen die Fische mit der bloßen Hand fingen, wenn diese bei ihren Laichzügen auf Hindernisse stießen oder beim Ablaichen im flachen Wasser leicht erbeutet werden konnten (SPINDLER 1995). Vor ca. 30.000 Jahren dürfte der Fang von Großfischen bereits mit Spießen und Speeren erfolgt sein. Bereits im Mesolithikum (6.000 bis 9.000 v. Chr.) begann der Mensch auch Angel, Netze und Boote zum Fischfang zu verwenden. Auch wurde die Harpune entwickelt, die den Vorteil hatte, durch den sich ablösenden und aufschwimmenden Schaft, die Beute im Gegensatz zum Speer in der Tiefe des Wassers wieder aufzufinden. Knochenharpunen sind einerseits bereits aus dem Mesolithikum etwa vom Federsee in Baden-Württemberg bekannt (TORKE 1993), andererseits aus der Jungsteinzeit auch aus dem Donauraum, wie Funde aus Bulgarien und dem ehemaligen Jugoslawien beweisen. In der Bronzezeit wurden auch Geweihharpunen verwendet.

Eine der ältesten Fangmethoden dürfte aber auch das Aufwirbeln des Uferschlammes gewesen sein, wodurch die Fische an der Atmung gehindert wurden und an die Oberfläche kamen um Luft zu schnappen, wo sie dann leicht gefangen werden konnten.

Während sich die Jagd im Laufe der Jahrtausende gänzlich gewandelt hat und die Geräte zur Ausübung immer präziser wurden, ist dies bei der Fischerei, im speziellen bei der Binnenfischerei, weit weniger der Fall. Die heute noch am meisten verwendeten Geräte, die Angel und das Netz, kannten schon die Pfahlbauer (GROSS et al. 1990). Aus den jungsteinzeitlichen Pfahlbausiedlungen am Bodensee ist bereits die Verwendung von tonnenförmigen Fischreusen und Fischkörben bekannt, die aus Schilf oder Weidenästen geflochten wurden (siehe Abb. 135). Solche einfachen Fischreusen wurden fast unverändert bis in die heutige Zeit überliefert.

Abb. 135: Fischreuse aus Weidenflechtwerk. (Foto: W. Honsig-Erlenburg)

In den Uranfängen der Fischerei sind weitere 2 Arten der Ausübung zu unterscheiden: Die Such- und die Stellfischerei. Eine urtümliche Art des Fischfanges stellt eine Verbindung beider Methoden dar. Sie bestand darin, dass man möglichst seichte Stellen aufsuchte, an welchen sich viele Fische aufhielten, und diese mit rasch hergestellten primitiven Dämmen aus Erde, Steinen, Rasen, Rutenbündel u. a. umgab. Dadurch wurden die Tiere in ihrer Bewegungsfreiheit erheblich beschränkt und konnten nun leicht mit der Hand ausgefangen werden (Demoll-Maier 1925).
Bei Ausgrabungen aus der jüngeren Steinzeit konnten verschiedene Fischereigeräte gefunden werden: Aus Stein, Horn, Knochen oder holzgeschnitzte Angelhaken und Fischspeere. Aus verschiedenen Gründen (Zuflucht bei feindlichen Überfällen, Schutz vor wilden Tieren, Hygiene, Verkehrsmöglichkeiten auf dem Wasser u. a.), nicht zuletzt aber auch wegen der Fischerei, siedelten sich Menschen schon damals in Kärnten und in anderen Regionen Europas vielfach über den Spiegel von Seen und Flüssen an und errichteten dort ihre Pfahlbauten (z. B. am Keutschacher See).
Zum Fang von Flugwild und kleinen Säugetieren begann man schon in vorgeschichtlicher Zeit Netze zu verwenden. Dort lernte man sie auch zum Fischfang zu gebrauchen und knüpfte engmaschige Netze verschiedenster Art. Daneben wurden natürlich auch die traditionellen Jagdgeräte, Pfeil und Bogen, für den Fischfang benutzt (Muus & Dahlström 1993).
Im Hinblick auf die große Bedeutung der Angelfischerei an der gesamten Fischereiwirtschaft in der heutigen Zeit, erscheint die Entwicklung der **Angel** besonders interessant zu sein, die von Schremser (1983) nachvollzogen wurde: Der frühe Jäger und Fischer beobachtete, dass ins Wasser geworfene Nahrungsreste als Köder wirken und damit Fische angelockt werden können. Dies wäre besonders leicht mit einem an einer Leine befestigten Köder zu bewerkstelligen. Von dieser Entdeckung zum Fischknebel oder Schluckköder war es nur mehr ein kurzer Weg. Der Schluckköder war kein Haken, sondern ein schmales Stück Stein, Knochen, Holz oder Muschelschale, ca. 2 bis 3 cm lang und an beiden Seiten zugespitzt. Um die Mitte des Steines wurde eine Kerbe angebracht und die Schnur darin befestigt. Dieser Schluckstein wurde in ein Stück Fleisch oder Fisch gesteckt und im Wasser ausgelegt. Wurde der Köder angenommen, wartete der Angler bis der Fisch alles verschluckt hatte. Dann zog er an der Leine, wodurch der Schluckstein aus dem Köder herausgerissen wurde und sich im Schlund querlegte. Den ältesten bekannten Schluckstein fand man an der Somme in Frankreich. Sein Alter wird auf 7.000 bis 30.000 Jahre geschätzt. In der jüngeren Altsteinzeit kam der Bogenhaken zum Einsatz. Haken aus Stein, Knochen oder Perlmutt werden dabei zu den ältesten gerechnet. Es wäre aber auch denkbar, dass Haken aus Holz, vielleicht in natürlicher Form eines Aststückes mit Dorn, viel früher in Verwendung waren. Alle frühen bogenförmigen Angelhaken waren ohne Widerhaken; dieser wurde bei Bogenhaken erst zum Ausgang der Jungsteinzeit verwendet. Die Nachfahren der jungsteinzeitlichen Pfahlbauer waren es auch, die begannen, Angelhaken zunächst aus Kupfer und Bronze, später auch aus Eisen zu fertigen. Nun war es möglich auch Doppel-, Drilling- und Vierlinghaken herzustellen. Auch das Drahtvorfach, dass ein Abbeißen des Angelhakens von der Leine durch scharfzähnige Fische verhindern sollte, stammt bereits aus dieser Zeitepoche.
Die Anfänge der modernen Angelfischerei sind im Mittelalter zu suchen, obwohl ihre Wurzeln bereits durch erste Bilder von Rutenfischern aus ägyptischen Wandbildern bis um die 2.000 Jahre v. Chr. zurückreichen (Spindler 1995). Die Neuzeit der Fischereigeschichte beginnt aber in England im Jahre 1496 mit der Veröffentlichung des Buches „A Treatyse of Fisshynge Wyth an angle“, das von Wynkyn de Worde (richtig Jan van Wankin, aus dem Elsaß gebürtig) herausgegeben wurde. Obwohl das Buch keinen Autor aufweist, wird es Juliane Berners, Priorin des Benediktinerklosters von Sopwell bei St. Alban, zugeschrieben. Es beschäftigt sich eingehend mit der Form und Herstel-

lung der Angelrute und der Fliegenfischerei. Außerdem entdeckte Berners, dass der beste Fliegenköder jener ist, der die größte Ähnlichkeit mit dem jahreszeitlich am häufigsten vorkommenden Insekt hat (SCHREMSER 1983). Ca. 150 Jahre später kommen grundlegend neue Angelmethoden, als im Jahre 1653 das Buch von Izaak Walton „The Compleat Angler of the Contemplative Man's Recreation" (Der vollkommene Angler oder des beschaulichen Mannes Erholung) veröffentlicht wird. Walton gilt damit als Begründer des Anglerwissens von heute.
Im 18. Jahrhundert wurde die Rolle entwickelt, die bisher üblichen Roßhaarschnüre wurden zunehmend von Seidenschnüren verdrängt.
Im Archiv des Bistums Gurk befindet sich eine Notiz aus dem Jahre 1895. Der Brauereibesitzer Ferdinand Mayer aus Hirt hat demnach erstmals einen Huchen in der Gurk mit der Angel gefangen. Früher wurden alle Huchen mit dem Fischstecher erbeutet.
Heute gibt es eine große Vielfalt verschiedenster Angeln und dazugehöriger Schnüre und Haken, ein eigener Wirtschaftszweig hat sich entwickelt. Die Angelfischerei ist selektiv auf bestimmte Fischarten ausgerichtet, im Gegensatz zur Berufsfischerei, deren Fänge meist grob die Zusammensetzung des Fischbestandes des jeweiligen Gewässers widerspiegeln. Die Vielzahl von Fischereitechniken können in Grundangelei, Spinnfischerei, Schleppfischerei und Fliegenfischerei unterteilt werden.
In Österreich gibt es derzeit ca. 120.000 Jahreskartenfischer, dazu kommen noch ca. 35.000 Urlauber und Touristen, die nur zeitweise fischen (SPINDLER 1995). Im Bundesland Kärnten verzeichnet man insgesamt ca. 27.000 Fischer, davon ca. 9.000 einheimische Bezieher von Jahresfischerkarten.

Im **Mittelalter** spielten Süßwasserfische und Krebse als Nahrungsmittel eine weitaus größere Rolle als heutzutage. Dazu findet man, wie bereits in der Einleitung erwähnt, einige Hinweise in den Reisetagebüchern des Paolo Santonino aus den Jahren 1485 bis 1487. Die Gewässer waren noch nicht verbaut bzw. verschmutzt und beherbergten reiche Fischbestände; außerdem war es damals unmöglich, frische Seefische über weite Strecken zu transportieren. Ihren Höhepunkt erreichte die Binnenfischerei zu den Blütezeiten der Klöster, als sich durch die Tätigkeit der Mönche, v. a. des Benediktinerordens, in Mitteleuropa die Karpfenteichwirtschaft durchzusetzen begann. So haben sich auch in Kärnten Benediktinerklöster, vermutlich auch wegen des Fischfanges, an den größeren Gewässern angesiedelt (z. B. Millstatt, Ossiach, St. Paul im Lavanttal, St. Georgen/Längsee, siehe Abb. 136).
Verschiedene Süßwasserfische wurden im Mittelalter in hölzernen Versandfässern, deren Wasser an den jeweiligen Gasthöfen erneuert wurde, auch lebend transportiert. Außerdem wurden große Mengen an Fischen mit Salz konserviert oder auch geräuchert und als Zahlungsmittel (Pachtgebühren, Steuern, Zinsen usw.) verwendet. Vor allem bei größeren Fischarten war das Räuchern damals weit mehr üblich als heute, da der Transport von großen Fischen im frischen Zustand kaum durchführbar war. So berichtet etwa WAGNER (1955) von einem Transport von Huchen im Jahre 1705, „weliche nach Herrschaffts ordre geselcht und nachher Gräz gesandt worden".
Durch die Weiterentwicklung der Fischereitechniken konnten genügend Fische gefangen werden, um damit Handel zu betreiben. So sieht etwa auch BALON (1968) in der Entwicklung der Fischerei und der Nutzung des Fischreichtums der Donau einen der Hauptgründe für die Kolonisation des gesamten Donauraumes. Dies ist vor allem auf den Laichfischfang der großen Störe zurückzuführen, deren Rücken beim Schwimmen häufig aus dem Wasser ragten und somit leicht zu harpunieren waren.
ZAUNICK (1916) beschreibt das älteste deutsche Fischbüchlein aus dem Jahre 1498, dessen unmittelbare Quelle ein flämisches Fischbüchlein aus dem Jahre 1492 ist. Dabei handelt es sich um einen Erfurter Wiegendruck mit dem Titel: „(D)IS büchlei sagt wie ma fisch vn vogel fahen soll. Mit den hende und auch sust mit vil

Abb. 136: **Stift St. Georgen am Längsee.** (Foto: W. Honsig-Erlenburg)

bewerte recepte vn puckte. vn ist geteilt xxvij capitel. Dy her nach folgetvn sagt auch zum letzte in welcher tzeit vn monat im gantzen iar ein ieglicher visch am besten ist …"
In mehreren Kapiteln werden verschiedenste alte Fangmethoden angegeben. So im ersten Kapitel eine Methode, wie man die Fische mit den Händen fängt. Dazu benötigt man ein Lot Kampfer, ein Lot weißes Mehl, ein Lot von „reiger schmalt" (Reiherschmalz) sowie ein Lot von pulverisierten Reiherknochen. Das Ganze mischt man zusammen und macht eine Salbe heraus. Dazu nimmt man noch ein Lot Baumöl und „wa dv vische wilt" (was die Fische gern wollen). Mit der Salbe schmiert man sich die Hände vorne und hinten ein und fischt damit.

Die Berufs- oder Wirtschaftsfischerei erlebte im Mittelalter ihren Höhepunkt. In der Theißmündung wurden Überreste von Netzen aus der Eiszeit gefunden. Das Knüpfen und der Gebrauch von Netzen dürfte aber bereits weiter zurückliegen und mit der Errungenschaft, Leinen und Schnüre herzustellen, zusammenfallen.

Als revolutionäre Entwicklung gilt die Fertigung der Netze aus Kunststoff in der zweiten Hälfte des 20. Jahrhunderts. Mussten etwa früher die in erster Linie aus Hanf gefertigten Netze ständig getrocknet werden und waren auch nicht so lange haltbar, so ist dies bei den Kunststoffnetzen heute nicht mehr erforderlich, außerdem ist die Haltbarkeit wesentlich größer.

Manchmal wurden sogar Flüsse mit eigens konstruierten Zäunen zum Zwecke des Fischfanges abgesperrt. So benutzte etwa die Herrschaft Hollenburg in der Drau ständig zwei sogenannte Fischarchen (Wagner 1951, 1955; Honsig-Erlenburg 1997). Diese Art Zaun wurde über das ganze Flussbett gebaut, und zwar an Stellen, wo sich ständig viele Fische aufhielten oder auf ihren Wanderungen durchkamen. Sie besaßen an offenen Stellen Fangkästen, daher der Name „Archen".

Der Höhepunkt der berufsmäßig betriebenen Fluss- und Seefischerei im Mittelalter ist in erster Linie auf die sehr strenge Einhaltung der Fasttage zurückzuführen, so waren Fische und Krebse oft das einzige Eiweißnahrungsmittel für die 40-tägige Fastenzeit.

Der Hauptbestandteil der Kost in den meisten Klöstern waren daher meist Süßwasserfische. Dies ist etwa für das Zisterzienserkloster Viktring beschrieben (DEUER 1992). Gemäß einer Stiftung Herzog Bernhards aus dem Jahre 1245 sollte den Brüdern während der ganzen Quartemberzeit (Fastenzeit) täglich abwechselnd je ein Gericht Feigen oder Fisch gereicht werden. Eine Bestätigung dreier Hallegger Quartemberjahrtage von 1501 sicherten jedem Conventherren unter anderem pro Tag 3 Fische.

Die Bewirtschaftung der Gewässer erforderte zahlreiches und geschultes Personal. Für das Gebiet des Erzstiftes Salzburgs, zu dem nicht unerhebliche Bereiche des nördlichen Kärntens zählten, finden sich in den Fischereiregesten diesbezüglich genaue Angaben (FREUDELSPERGER 1915). Das Haupt des ganzen Fischereibetriebes war der Oberstfischmeister. Weiter gab es den Fischmeistereiverwalter, der die Verwaltung des Betriebes inne hatte und sehr häufig den Oberstfischmeister bei Seerechten, Inspektionen usw. vertrat. Dieser hatte auch alle in die Stadt gelieferten Fische in Empfang zu nehmen und darüber zu verfügen, was für den Hofbedarf behalten oder zum Verkauf freigegeben werden durfte. Als Marktaufseher fungierte ein Hoffischer, die Aufsicht über die hereingebrachten Fische hatten die militärischen Torsteher, welche jedem Fischer und Händler einen Schein über die eingeführten Fische und Krebse ausstellten. Den Fischereibetrieb auf dem Lande überwachten die See- und Fischereiinspektoren.

Die Fischer selbst waren entweder direkt von der Fischmeisterei angestellt und besoldet wie die Hoffischer, Fischhüter, Umführer, „Fischkäufel", Seeknechte und Hofkrebsenträger oder sie waren mit dem Erzstift im Pachtverhältnis, wie die Urbars- und Bestandfischer.

Aufgrund der großen Bedeutung der Fischerei an der Donau begannen bereits im 11. Jahrhundert die Donaufischer eine wichtige Berufssparte zu bilden, die sich wie die Handwerker in Zünften (Zechen) zusammenschlossen (WEBER 1989). So bestand das Gewerbe der Fischer aus Fischmeister, Lehrlingen, Gesellen (Fänger), „Fischkäufel" (Händler) und Fischschroter (Fischzerteiler). Um Fischmeister zu werden, war es notwendig, schon im Alter von 10–12 Jahren als Lehrling anzufangen, nach 3–4 Jahren wurde man Geselle und nach weiteren 3–6 Jahren Meister.

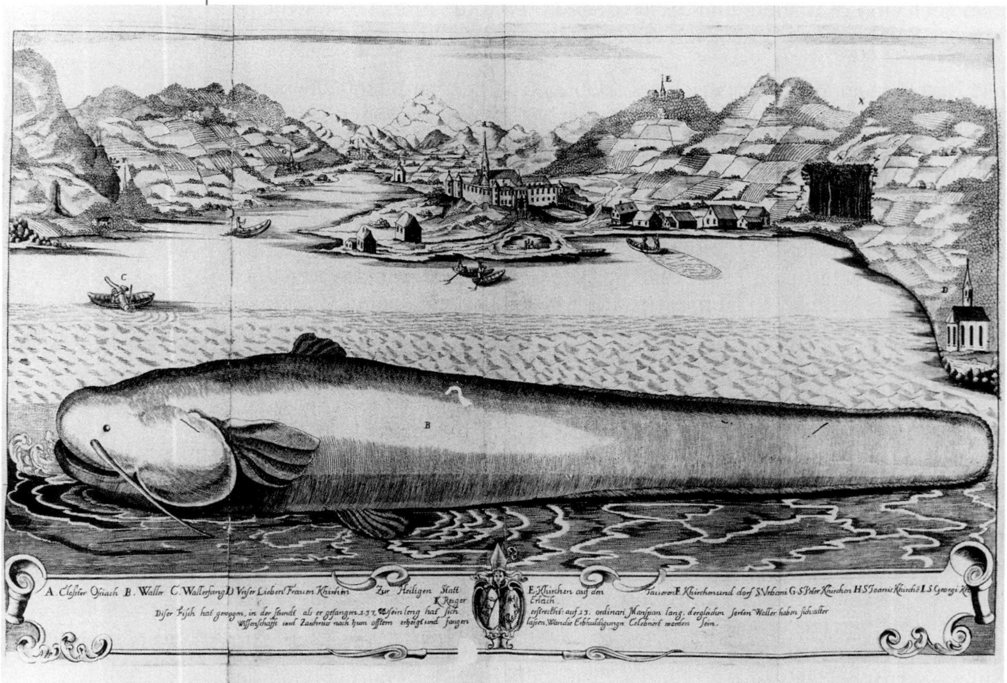

Abb. 137: Waller aus dem Ossiacher See aus den Erbhuldigungen 1666. (Foto: U. P. Schwarz)

Die fischereirechtliche Entwicklung

Die Fischerei wurde ursprünglich in Form des Gemeingebrauches ausgeübt, d. h., das Recht zu fischen stand ähnlich wie die Weide, die Viehtränke, die Jagd und das Beerensammeln allen zu (GLANTSCHNIG 1982).

Über die fischereirechtlichen Verhältnisse in Kärnten zur Zeit des Mittelalters berichtet WUTTE (1912). „Das Fischereirecht war im früheren Mittelalter ein Regal, stand also dem König zu. Von diesem wurde es schon frühzeitig an geistliche und weltliche Herrschaften übertragen. Im Laufe der Zeit erhielten auch alle jene Herren und Landleute, d. h. die zu den Landständen gehörigen Adeligen, die keine Herrschaft besaßen, das Recht, in den größeren fließenden Gewässern zu fischen, doch nur in eigener Person. Dieses Recht ist seit dem 16. Jahrhundert nachweisbar, gab aber Anlaß zu vielen Streitigkeiten, da sich einerseits derlei Adelige das Vergnügen und den Nutzen des Fischens nicht entgehen lassen, die Herrschaften andererseits aber begreiflicherweise dieses Recht soviel als möglich einschränken wollten. In einigen wenigen Gewässern oder in Teilen von solchen übten auch die umliegenden Bauerngemeinden die Fischerei aus. Das waren die sogenannten Freiwässer oder gemeinen Wässer. Gewässer, in welchen einzig und allein die Herrschaft fischereiberechtigt war, hießen Bannwässer."

Außerdem gab es auch schon sehr früh Fischereirechte, die von der Herrschaft Einzelpersonen verliehen wurden. So wird etwa bei FRESACHER (1968) die Verleihung des Fischereirechtes mit der „Seeg auf dem Wertsee zu säld" von Kaiser Friedrich III. als Landesfürsten und damaligen Inhaber der Herrschaft Glanegg, dem Michael Kreeweiss, „Gesessen zu Dellach", im Jahre 1472 beschrieben. Die „Seeg" war ein großes Zugnetz, welches aus 2 starken Wänden und einem Sack in der Mitte bestand. Im übertragenen Sinne bedeutet „Seeg" das Recht, mit einem solchen Gerät zu fischen und überhaupt das Recht zu fischen. Der Fischfang mit der Seege wurde von eigenen Gruppen von Berufsfischern auch schon sehr früh an der Donau durchgeführt. Der Name Saag am Wöthersee stammt vermutlich auch von dieser Art zu fischen. Der Wörthersee wurde damals und auch später noch „Wert"-See, was soviel wie „Insel"-See bedeutet, genannt.

Die Fischereirechte wurden vielfach gegen erhebliche Summen verpachtet, sodass die Fischpreise oft höher als die Fleischpreise waren. So mussten etwa Fischereipächter an der Drau im Mündungsgebiet der Mieß und des Feistritzbaches neben dem Pachtzins in Geld, der verhältnismäßig klein war, jährlich der Herrschaft im Schloss Bleiburg auch drei Essen Fisch, das sind etwa 70 Stück, abliefern. Auch die ständig bezahlten Fischer am Mießbach mussten dem Herrschaftspfleger wöchentlich durch das ganze Jahr ein Essen Fisch, das aus mindestens 24 Forellen oder Äschen bestand, ausfolgen (SVETINA 1966).

Immer wieder kam es auch zu Streitigkeiten wegen der Fischereirechte zwischen einzelnen Herrschaften untereinander sowie zwischen einzelnen Adeligen und deren Obrigkeit (WAGNER 1949, 1955). So wird bei WAGNER (1949) ein Streit um Fischereirechte in Gewässern bei Friesach beschrieben, wobei es um die Einräumung des Rechtes für den Adel und die „Landleute" ging, „mit der Schnurr und von Lustwegen mit eigner Handt" auch in Gewässern zu fischen, in welchen sie sonst nicht fischereiberechtigt waren. Das Recht des Adels, in gewissen Flüssen zu fischen, scheint älterer Herkunft gewesen zu sein.

Im Jahre 1577 erließ Erzherzog Karl von Innerösterreich für das Herzogtum Kärnten eine Landesgerichtsordnung, in der auch der Fischfang geregelt werden sollte. Das Recht für Adelige, „in eigener Person mit der Schnur und eigener Hand" zu fischen, sollte bis zu Landtagsverhandlungen einstweilen bestehen bleiben. Am Landtag im Jahre 1577 wurde dieses Fischereirecht für die Möll, Drau, Gurk und Gail beantragt, jedoch vom Landesfürsten nicht zugelassen. Bei WUTTE (1912) wird außer den Landtagsverhandlungen von 1577 auch die Fischereiordnung von 1632 erwähnt, worin das Fischereirecht des Adels auf Drau, Möll, Gail, Gurk, Lavant, Vellach, Lieser, Wimitz, Glan und Mieß ausgedehnt wird.

Neben der Nutzung von Fischwässern durch Marktgenossenschaften gab es aber auch noch freie Fischwässer, also solche, in denen jeder Mann fischen durfte (WAGNER 1955). So scheint bis zum Jahre 1582 ein Fischrecht für die Bewohner von Weitensfeld in der Gurk bestanden zu haben. Ähnliche Fischereirechte gab es in mehreren Orten Kärntens (Bad St. Leonhard, Wolfsberg u. a.), die jedoch bis auf wenige Reste verfielen. Ein erster Versuch, eine allgemeine Regelung des Fischereirechtes für Kärnten herbeizuführen, ist in der bereits erwähnten Landesgerichtsordnung von 1577 und später 1732 in der Städteverordnung zu erblicken.

Im Jahre 1577 gab es bereits eine Fischereiordnung an der Gurk. Die Fischereiordnung stellte ein Konzept für ein Fischereigesetz dar, das mehrere Grundbesitzer an der Gurk (im Raum Althofen) verfassten. Da diese Personen jedoch ohne höhere Autorität waren, trat das Gesetz vielleicht niemals in Wirksamkeit (WUTTE 1912). Im Jahre 1645 taucht diese Fischereiordnung beim Landesgerichtsverwalter in Maria Saal auf, der sie entweder an sich genommen hat, da 1645 eine Jagd- und Fischereiordnung für Kärnten bereits bestand oder die Fischereiordnung von der Gurk könnte diesem Gesetz als Vorlage gedient haben.

Die Einführung von „Fischordnungen" sollte eine Übernutzung der Fisch- und Krebsbestände verhindern, „da mit Ausödung (den übermäßigen Fang) der grossen und kleinen Fische nicht wenig Schaden geschieht". In den Bestimmungen war unter anderem das Fangen von Krebsen dem „gemeinen Manne" weiterhin verboten (HAUSER 1882). Schonzeiten werden auch bereits festgelegt: Für die Äsche vom 15. Februar bis sechs Wochen danach (bis 29. März) und für die Forelle (gemeint ist die Bachforelle, da die Regenbogenforelle erst vor ca. 100 Jahren aus Nordamerika bei uns eingebürgert wurde) 17 Tage vor und nach Michäli (29. September) d. i. vom 15. September bis 13. Oktober. Weiters durften Äschen, Ferchen (Forelle) und Huchen nur mehr mit der Schnur gefangen werden. Das Stechen der Fische bei Nacht und das Eisbrechen zum Zwecke des Fischfanges wurden verboten. Weitere Verbote galten dem „Reischenlegen" (Fischfang mittels Reusen), dem Fischen mit zu kleinmaschigen Netzen, „damit Huchen und Äschen nicht zu jung gefischt werden" (die Netzfischerei galt nur für Berufsfischer). Die Fischer müssen sich laut dieser Fischereiordnung durch die Wappen des Herrn erkenntlich machen. Also gab es schon damals eine Art Fischerkarte.

Die Wasserräder, die man gebaut hatte, um Fische beim Aufsteigen fangen zu können, wurden verboten. Außerdem mussten ab nun Fischkästen (Kalter) so gebaut werden, dass kleine Fische durchschwimmen können. Bei Mühlen sollten Rinnen gemacht werden, so dass die Fische aufsteigen können. Somit gab es damals schon Vorschreibungen zur Errichtung von Fischaufstiegshilfen. Das Fangen von Krebsen war weiterhin dem „gemeinen Manne" verboten.

Neben dem Fang war auch der Handel mit Fischen und Krebsen zu jener Zeit streng reglementiert. So ist in einer Urkunde aus dem Jahre 1611 laut FRESACHER (1966) zu entnehmen, dass die „Vischkheuffl" (Fischhändler) nur mit Zustimmung der Herrschaft Leonstein Fische und Krebse aus dem Wörthersee einkaufen durften. Die Fischhändler durften weder jenseits noch diesseits des Sees, weder oben noch unten am See, ohne Erlaubnis weder Fische noch „Kreussen" (Krebse) einkaufen. Wenn ein Fischkäufer „ohne Erlaubnis und Vergunung" einkaufte und dabei erwischt wurde, so sollte man ihm alles was er hat (Ross, Wagen, Geld, Fisch usw.) abnehmen und den ertappten Käufer zur Abstrafung ins Schloss bringen (FRESACHER 1968). In Klagenfurt ist heute noch am Benediktinerplatz ein stummer Zeuge aus dieser Epoche zu sehen. Die Steinplastik von Pacobellos, der „Steinerne Fischer",

aus dem Jahr 1606 ermöglicht uns eine lebendige Vorstellung des Handels mit Fischen und Krebsen im Mittelalter. In den Lagln (kleine hölzerne Gefäße) rechts und links hat der Fischer seinen Fang zum Verkauf bereit und vor ihm liegt die eiserne Schnellwaage zum Abwiegen der Ware. Auf dem Sockel der Steinfigur ist zu lesen: „So lang will ich da bleibn stan, bis mier meine Füsch und Khrebs abgan."
In der für ganz Kärnten erlassenen Jagd- und Fischereiordnung aus dem Jahre 1645 wird geregelt, dass das Fischen für jedermann nur in den größeren Flüssen erlaubt ist, und dies nur für den Eigenbedarf und nur mit der Schnur als Fangmethode.
In anderen Gewässern, wie z. B. in der Mieß, gab es zu Ende des 16. Jahrhunderts noch keinerlei Schonzeiten für Forellen und Äschen (SVETINA 1966).
Im Jahre 1732 wurde eine Fischereiordnung für ganz Kärnten vom Landtag beschlossen. Für ihre Aufrechterhaltung hatte der Landeshauptmann zu sorgen. Das Allgemeine Bürgerliche Gesetzbuch hat einerseits auf die zum Zeitpunkt seiner Entstehung gegebenen Feudalstrukturen Bedacht genommen, es hat aber andererseits die Begründung des Fischereirechtes auf privatrechtlicher Basis anerkannt und das Fischen zu den Feldservituten gezählt, woraus folgt, dass das Fischereirecht auch als Ausfluss des Eigentums an Grund und Boden entstehen konnte (GLANTSCHNIG 1982). Vor allem in der Zeit des Liberalismus nach dem Jahre 1867 bestanden chaotische Auffassungsunterschiede in Bezug auf die Rechtsnatur des Fischereirechtes.
Das Recht zum Fischfang stand nach dem Anhören der Grundherrschaft dort, wo spezielle Privatrechtstitel nicht nachweisbar waren, jedermann im Rahmen der fischereipolizeilichen Bestimmungen zu. Diese völlige Freiheit des Fischfanges wirkte sich auf den Fischbestand in den betroffenen Gewässern negativ aus, hatte doch niemand Interesse an einer nachhaltigen Bewirtschaftung dieser Fischwässer. Die relativ undurchsichtigen Verhältnisse in Bezug auf die Rechtsnatur des Fischereirechtes sollten mit dem Reichsfischereigesetz vom 25. April 1885 ein Ende finden. Dabei wurden die Befugnis zum freien Fischfang aufgehoben und die Fischereirechte zu privaten Rechten erklärt, da der freie Fischfang teilweise zur vollständigen Vernichtung von Fischbeständen geführt hatte. Das Reichsfischereigesetz war aber so gestaltet, dass sein Inkrafttreten mit dem Wirksamwerden der jeweiligen ausführenden Landesgesetze verknüpft wurde. Für Kärnten unterblieb bis zum Jahre 1931, also beinahe 50 Jahre, eine derartige Ausführung. Erst mit dem Gesetz vom 29. April 1931, betreffend die Regelung der Fischerei für Kärnten (Kärntner Fischereigesetz), wurden auch für den Bereich des Landes Kärnten erstmals die im Reichsfischereigesetz in Aussicht gestellten Bestimmungen hinsichtlich der Ausübung der Fischereirechte getroffen, jedoch musste auch auf die in der Zwischenzeit vor sich gegangenen Veränderungen Rücksicht genommen werden. Nach der Erlassung des Fischereigesetzes aus dem Jahre 1931 sind nur noch einige Novellen ergangen, und der Text des Fischereigesetzes wurde im Jahre 1951 wieder verlautbart. Das Fischereigesetz aus dem Jahre 2001 wird im Folgenden in einem eigenen Kapitel „Das neue Kärntner Fischereigesetz" behandelt.

Fischereiwirtschaft

Prinzipiell kann die Fischereiwirtschaft in Kärnten in drei Gruppen eingeteilt werden:

- Die Berufs- oder Wirtschaftsfischerei
- Die Teichwirtschaft
- Die Angel- oder Freizeitfischerei

Die **Berufs- oder Wirtschaftsfischerei** wird in Kärnten nur mehr in geringem Ausmaße betrieben. Dieser Zweig der Fischerei war jedoch in früheren Zeiten der wichtigste. So gab es an fast allen Seen Kärntens, aber auch an den Fließgewässern Berufsfischer. An den größeren Seen Kärntens waren es in erster Linie die Klöster, die die Berufsfischerei ausübten. Zur Ausübung dieser Art der Fischereiwirtschaft wurden und werden, ähnlich wie in der Seefischerei, neben Angeln auch Netze und Reusen verwendet. Das einfache Setz- oder Kiemennetz besteht aus einer Netzwand, in der sich die dagegen schwimmenden Fische mit den Kiemen, Flossen oder Schuppen verfangen. Außerdem gibt es noch Spiegelnetze, die im Prinzip aus einem dreifachen Setznetz (ein lose eingestelltes, engmaschiges Netz und zwei weitmaschige Umhüllungen) besteht. Versucht ein Fisch durch dieses Netz zu schwimmen, so zieht er das Maschengewebe des Innengarnes durch die große Masche der Umhüllung und verfängt sich in der dadurch entstehenden Netztasche.
Früher fanden weiters noch Zugnetze Verwendung, die hinter einem Boot nachgezogen wurden und in dem sich die Fische verfingen.
In der Flussfischerei wurden Reusen, Körbe und Fischfallen verwendet, was heute jedoch aufgrund der Regelung des Fischereigesetzes verboten ist.

Die Berufsfischerei- oder Wirtschaftsfischerei wurde zugunsten der Freizeitfischerei in Kärnten deutlich eingeschränkt. Wirtschaftsfischerei mittels Stellnetzen (Kiemennetze) wird heute nur noch zu Nebenerwerbszwecken am Millstätter See sowie am Wörthersee betrieben. Im Millstätter See war bis zum Jahre 1986 noch ein eigener Berufsfischer für den Fischereiberechtigten des größten Seeanteiles (Österreichische Bundesforste) hauptberuflich tätig. In Dellach am Millstätter See wird heute wieder von der Fischmeisterin, Frau Brugger, die auch die Berufsfischerei ausübt, eine eigene Fischzucht für Seefische zur Erbrütung von Reinanken, Seeforellen und Seesaiblingen betrieben.
Auch am Weißensee besteht bereits seit längerer Zeit eine Fischzuchtanlage in Neusach, in der unter anderem Seeforellen, die aus Eiern von eigenem Laichfischfang stammen, gezüchtet werden (siehe Kapitel „Seeforelle"). In Netzgehegen werden die Fische in weiterer Folge großgezogen.
Netzgehege sind quaderförmige Gehege unter Wasser, die in der Nacht beleuchtet werden. Dadurch wird Plankton angelockt, welches den Jungfischen im Gehege als Nahrung dient.

Die Berufsfischerei am Millstätter See und Wörthersee wird in erster Linie zum Zwecke des Fanges von Reinanken bzw. Maränen (Coregonen) ausgeübt, wie dies auch in Seen des Salzkammergutes betrieben wird. Diese Fische sind Bewohner des Freiwasserraumes und können in manchen Seen nur bedingt durch die Angelfischerei abgeerntet werden, obwohl der Anteil der Angelfischerei auf Reinanken (mittels sogenannter „Hegenenfischerei", siehe Kapitel „Reinanke") im letzten Jahrzehnt deutlich zugenommen hat.
Im Faaker See und im Ossiacher See wurde zugunsten der Angelfischerei auf eine Berufsfischerei mittels Netzen verzichtet.

Die **Teichwirtschaft** nahm ihren Ursprung in den alten asiatischen Kulturländern, wobei die Bewässerungskanäle und die großen Wasserreservoires Möglichkeit boten, verschiedene Fische zu züchten (Muus & Dahlström 1993). Die erste Abhandlung über die chinesische Fischzucht stammt aus dem Jahre 475 v. Chr. und behandelt den Karpfen. Wahrscheinlich reicht die Fischzucht noch weiter zurück und dürfte mit dem Zeitpunkt des Beginnes der Seidenraupenzucht um 2700 v. Chr. zusammenfallen.
Die Kenntnisse für eine rationelle Teichwirtschaft brachten die Römer nach Europa. So berichtete Cicero über große Fischbassins, in denen man Speisefische züchtete. Im Mittelalter waren es in erster Linie die Klöster, v. a. der Benediktinerorden, die sich mit der Karpfenteichwirtschaft zu beschäftigen begannen. Mit Beginn der Neuzeit erfolgte die Industrialisierung, wodurch viele Fließgewässer zunehmend durch Abwasser beeinträchtigt wurden und die Fischbestände zurückgingen. Die Produktion von Fischen wurde in zunehmendem Ausmaß von der Teichwirtschaft übernommen. Die Karpfenzucht erreichte im 17. Jahrhundert ihren Höhepunkt. In weiterer Folge kam es jedoch zu einem Niedergang der Teichwirtschaft, da zunehmend in einem Teich verschiedene Fischarten jeglichen Alters gehalten wurden, wodurch häufig Überbevölkerung eintrat und als Folge davon das Wachstum der Fische zurückging („Femel-Betrieb").
Die Karpfenteichwirtschaft erlebte in Österreich nach dem Zweiten Weltkrieg eine Renaissance, alte Teiche wurden in den Zentren der Karpfenteichwirtschaft, im Waldviertel und in der Südoststeiermark wieder aktiviert.
In Kärnten gab es ebenfalls einige größere Karpfenteiche (z. B. Sablatnigteich in der Nähe des Turnersees, Strußnigteich, Hörzendorfer Teich, Moosburger Teiche, Hallegger Teiche usw.), die jedoch im Laufe der letzten Jahrzehnte teilweise wieder aufgelassen wurden. Infolge des Reichtums an sauerstoffreichem, kühlem Wasser in Kärnten hat sich die Forellenteichwirtschaft gegenüber der Karpfenteichwirtschaft durchgesetzt.
Derzeit werden in Kärnten jährlich nur etwa 10 t Karpfen produziert (Gesamtösterreich: ca. 1.100 t/Jahr). Die größte Teichwirtschaft in Kärnten ist die Teichwirtschaft Strußnighof bei Moosburg. In Karpfenteichen werden auch Nebenfische wie Schleien, Zander, Hechte u. a. gezüchtet.

Der Gutsbesitzer Jacobi aus Lippe-Detmold stellte im 18. Jahrhundert erstmals Versuche und Beobachtungen über die künstliche Gewinnung und Befruchtung von Forelleneiern (Abb. 138) sowie über die Aufzucht der Forellenbrut an (Muus & Dahlström 1993). Seine Veröffentlichungen aus den Jahren 1763 und 1765 gerieten bald wieder in Vergessenheit. Erst um 1842 begannen dann zwei aus den Vogesen stammende Fischer, Remy und Gehin, erneut die künstliche Befruchtung und Erbrütung von Forelleneiern durchzuführen. Somit war der Grundstein für die Forellenteichwirtschaft gelegt.
Heute werden in Kärnten jährlich zwischen 900 t und 1.000 t Forellen produziert, was etwa 40 % der gesamtösterreichischen Produktion (ca. 2.500 t) ausmacht (Butz 2001). Dabei ist es in erster Linie die Regenbogenforelle, die als Speisefisch gezüchtet wird. Neben einigen größeren Forellenzucht- bzw. Forellenmastbetrieben, von denen die zwei größten bei Ferlach und Saager stehen, gibt es in Kärnten einige mittlere (ca. 20) und kleinere Betriebe und zahlreiche kleine Hobbyteiche. Die Zahl der Hobbyteiche liegt zwischen 1.000 und 2.000, wobei etwa 90 % davon der Forellenteichwirtschaft dienen. Allein durch diese werden jährlich etwa 100 t Forellen produziert.
Neben der Forellenproduktion zu Speisezwecken werden außer der Regenbogenforelle verschiedene andere Salmoniden wie Bachforelle, Äsche, Huchen und Saibling für Besatzzwecke in Teichen herangezogen. Die Teichwirtschaft ist international zunehmend, da die Fischfangausbeuten in den Meeren aufgrund der zunehmenden Umweltverschmutzung und Überfischung stark abgenommen haben.

Abb. 138: Gewinnung von Fischeiern durch Abstreifen der laichreifen Forellen. (Foto: N. Schulz)

Unter Anwendung der handelsüblichen Forellentrockenfutter lässt sich mit etwa 1,5 bis 2 kg Futter 1 kg Forellenfleisch produzieren. Die Leistungsfähigkeit einer Forellenteichwirtschaft hängt vor allem von der Wasserdurchflussleistung und gleichfalls von der Wassertemperatur ab, letztere erreicht aber bereits bei 18° C ihr Optimum. Theoretisch kann man mit ein Liter pro Sekunde sauerstoffgesättigtem Wasser über 100 kg Forellen versorgen, in der Praxis sollte der Besatz jedoch darunter bleiben, da ansonsten die Infektionsgefahr durch Krankheitserreger zu groß ist. Um Infektionsgefahren vorzubeugen, sollten nicht mehr als 50 kg verkaufsfertige Fische je Liter pro Sekunde Wasserzulauf im Teich vorhanden sein (bei Hobbyteichen, die nicht täglich kontrolliert werden können, sollte die Besatzzahl noch weiter darunter liegen). Die Setzlingszahl muss unter Berücksichtigung von etwa 10–20 % Verlusten jährlich entsprechend berechnet werden.

Die Forellenzucht teilt sich in zwei Aufgabengebiete, und zwar in die Zucht von Speisefischen und die Zucht von Besatzfischen, die möglichst autochthon (alteingesessen, ursprünglich bei uns beheimatet) und an die Gewässer angepasst sein sollten.

Der Weltertrag durch die Binnenfischerei wird auf jährlich 10 Millionen Tonnen geschätzt, wobei ca. 60 % aus der Fischzucht stammen. 70 % der in Zucht- bzw. Mastanlagen produzierten Fische stammen aus Asien (Gerstmeier & Romig 1998).

Der Pro-Kopf-Verbrauch an Fischen, Krebsen und Weichtieren in Österreich beträgt derzeit 5,33 kg pro Jahr, wobei der Süßwasserfischanteil 26 %

ausmacht (1,38 kg). Seit 1994 ist der Verbrauch an Süßwasserfischen inklusive Lachsen um 22 % gestiegen. Dieser wird durch steigende Importe bei nahezu gleichbleibender Produktion und gleichbleibendem Ausfang durch die Berufsfischerei gedeckt (BUTZ & IBEL 2001). Die Salmoniden dominieren beim Verbrauch mit 68 %. Durch die Fleischskandale in den letzten Jahren sind viele Konsumenten auf Fischwaren ausgewichen. Dadurch kam es vielerorts für einige Zeit zu einem Engpass in der Produktion, so auch in Kärnten. Trotzdem essen die Österreicher im Vergleich zu anderen europäischen Ländern (z. B. Deutschland: 13,3 kg/Kopf) zugunsten von Warmblüterfleisch (v. a. Schweinefleisch) relativ wenig Fischfleisch. Dabei ist Fischfleisch für die Ernährung des Menschen besonders wertvoll, da es einen hohen Anteil an biologisch vollwertigem Eiweiß enthält, einen hohen Nährwert, Vitamin- und Mineralstoffgehalt hat und leicht verdaulich ist. Zudem beugen einige, vor allem in fetterem Fisch enthaltene ungesättigte Fettsäuren, einem Herzinfarkt vor.

Bereits im Mittelalter betrieben die Menschen **Angel- und Freizeitfischerei** nicht nur zum Nahrungserwerb, sondern auch von „Lustswegen" (WAGNER 1949). In der Fischereiordnung für Kärnten aus dem Jahre 1732 wurde festgehalten, dass „jedweder Herr und Landmann in allen von der Natur besetzten, stehenden und fließenden Gewässern nach althergebrachter Gewohnheit mit eigener Hand und Schnur" zu fischen befugt war (WUTTE 1912). Die studierende Jugend war davon ausgeschlossen, damit sie, wie es ausdrücklich hieß, vom Studium nicht abgehalten werde.
Die Angelfischerei setzte sich jedoch erst so richtig nach dem Zweiten Weltkrieg durch und steht heute auf einem Höhepunkt. Die Zahl der Freizeitfischer nimmt noch weiter zu. Da das Fischen in den letzten Jahrzehnten immer mehr zur Freizeitbeschäftigung wurde, wurde der Begriff „Sportfischerei" durch den

Abb. 139: Geräucherte Forellen – eine Delikatesse. (Foto: N. Schulz)

Abb. 140: Rekordhecht aus dem Längsee mit 1,47 m Länge und 29 kg Gewicht.
(Foto: W. Honsig-Erlenburg)

Begriff Freizeitfischerei ersetzt, da der sportliche Aspekt im Verhältnis zu anderen Gesichtspunkten (Erholungswert, Naturerlebnis, gesellschaftliche Aspekte) zurücktritt.

Für viele Menschen bietet diese Form der Fischerei eine ideale Freizeitgestaltung und Erholungsmöglichkeit. Die Ausgabe der amtlichen Fischerkarten spiegelt in etwa die Zahl derer wider, die jährlich an Kärntens Gewässern fischen. Wurden etwa im Jahre 1964 ca. 12.000 Fischerkarten pro Jahr ausgegeben, so waren es im Jahre 1987 an die 23.000 und im Jahre 2001 insgesamt 27.600. Der Anteil der Jahresfischerkarten liegt dabei bei etwa 33 %. Die Zahl der Gastfischerkarten hat sich seit Inkrafttreten des neuen Kärntner Fischereigesetzes mit 1.1.2001 stark erhöht. Dies ist mit großer Wahrscheinlichkeit in der Tatsache begründet, dass vor dem Inkrafttreten des neuen Fischereigesetzes zahlreiche Erlaubnisscheine für Gastfischer ohne behördliche Fischerkarte ausgegeben wurden.

Die Zahl der „abwachsenden" Fische in einem Gewässer ist aufgrund des Nahrungsangebotes, der natürlichen Ausfälle sowie des Konkurrenzverhaltens der Fische untereinander begrenzt. Die Anzahl der Fischer steigt jedoch an bestimmten Gewässern ständig, dadurch kann es zur Überfischung der jeweiligen Gewässer kommen. Die Ausübung der Fischerei ist jedoch immer wieder an die Ökologie des Gewässers anzupassen. Durch Überbesatz, die Verfälschung der ursprünglichen Fischartenzusammensetzung, Hälterungswirtschaft und durch zu starke Beunruhigung sind nachhaltige Schäden im ökologischen Gleichgewicht der Gewässer vorprogrammiert. Das neue Kärntner Fischereigesetz nimmt auf die ökologischen Aspekte im Vergleich zum früheren wesentlich mehr Rücksicht (siehe Kapitel: „Das neue Kärntner Fischereigesetz"). Die Ziele des neuen Fischereigesetzes sind die Erhaltung, die Schaffung und erforderlichenfalls die Wiederherstellung eines der Beschaffenheit der jeweiligen Fischgewässer im Lande entsprechenden standortgerechten, artenreichen und gesunden Bestandes an Wassertieren sowie der natürlichen Lebensgrundlage für diese Wassertiere. Als standortgerecht sind Wassertiere anzusehen, die im jeweiligen Fischgewässer natürlich vorkommen (heimische Arten). Wassertiere, die durch menschliches Zutun in ein Fischgewässer gelangt sind (eingebürgerte Arten), gelten nur dann als standortgerecht, wenn durch sie der jeweilige Bestand an heimischen Arten nicht nachhaltig beeinträchtigt wird. Dies bedeutet, dass z. B. dort wo sich Äschen oder Bachforellen natürlich reproduzieren, Regenbogenforellen nicht mehr besetzt werden dürfen, da eine negative Konkurrenz der Regenbogenforelle für diese heimischen Arten eindeutig nachgewiesen ist. Sehr wohl können jedoch Regenbogenforellen in aufgestauten oder künstlich stark veränderten Gewässern weiterhin besetzt werden. In diesem Zusammenhang ist auch die Kärntner Wassertierverordnung von der Landesregierung erlassen worden, mit der festgelegt wird, welche Arten von Wassertieren (Fische, Neunaugen, Flusskrebse und Großmuscheln) im Land Kärnten als standortgerecht gelten.

Grundsätzlich ist die natürliche Reproduktion in den Gewässern zu fördern. Wenn in einem Gewässer die Produktion durch natürliche Nachkommenschaft gewährleistet ist, sollte keinesfalls ein Fischbesatz stattfinden, da dadurch das ökologische Gleichgewicht gestört wird und letzten Endes der Ertrag gemindert werden kann (vgl. Schmutz et al. 2000; Schmutz & Zauner 1999, Uiblein et al. 2001). Die natürliche Nachkommenschaft passt sich wesentlich besser als eine künstlich eingebrachte dem Gewässer an. Nur dann, wenn diese empfindlich gestört ist und andere Maßnahmen zur Verbesserung des Fischbestandes nicht mehr greifen, kann ein Fischbesatz durchgeführt werden. Dies bedeutet für die Praxis, dass kein Pflichtbesatz besteht, ja vielmehr, dass in intakten Gewässern kein Besatz stattfinden darf. Grundsätzlich ist auch jeder Fischbesatz dem zuständigen Fischereirevierausschuss bzw. dem Landesfischereiinspektor zu melden. Wenn besetzt wird, sollte danach getrachtet werden, dass solche Fischarten und Fische besetzt werden, die dem Gewässer angepasst sind. Dabei zeigt sich, wie immer in der Natur, dass sich Jungfische

Abb. 141: Jungfisch mit Dottersack. (Foto: N. Schulz)

besser und schneller anpassen können als bereits fangfähige. Auch das Fischereigesetz nimmt auf diese Tatsache Rücksicht, es dürfen nämlich nur Jungfische besetzt werden.
Nicht heimische Fisch- und Krebsarten dürfen nicht bzw. nur mit Bewilligung der Landesregierung besetzt werden.
Gesetzliche Schonzeiten und Brittelmaße (Mindestlängen) für Fische dienen der Hege und der Sicherung der natürlichen Nachkommenschaft eines Fischbestandes. Wesentlich dabei ist, dass sich diese Vorschreibungen an den natürlichen fischereibiologischen Verhältnissen einzelner Gewässer orientieren (z. B. Schonzeiten nach der Laichzeit der Fische dieses Gewässers). Für die Reproduktion sind vor allem die Rogner (Weibchen) von Bedeutung, da die befruchteten, meist zahlreichen Eier die Potenz für die sich daraus entwickelnden Fische darstellen. Brittelmaße sollten daher so geregelt sein, dass jedes Weibchen einer Fischart die Chance besitzt, zumindest einmal ablaichen zu können. Die Geschlechtsreife setzt außerdem bei den Rognern meistens um etwa 1 Jahr später ein als bei den Milchnern.
Die Aufgaben des Fischers heute sind vielfältiger geworden, wobei auch immer mehr die Aufgaben des Artenschutzes sowie der Pflege des natürlichen Lebensraumes der Fische von Bedeutung sind. Dies könnte durch die Mitarbeit bei der Erhaltung von gefährdeten Fischarten sowie bei der Wiedereinbürgerung bereits ausgestorbener oder vom Aussterben bedrohter Fischarten erfolgen, aber auch etwa durch die Regelung, bei der Schonstrecken und Begehungsstrecken am Fischwasser unterschieden werden. Die Schonstrecken sollen Ruhezonen für verschiedene Fischarten, aber auch andere Lebewesen am Wasser darstellen.
Ein ökologisch intaktes Gewässer besteht aus einer Vielzahl von Lebewesen, mit einer angepassten Fischfauna. Das Funktionieren der Lebensräume bzw. die Aufrechterhaltung der Artenvielfalt liegt in der Verantwortung des eingreifenden Menschen. Sicherlich kann der Mensch in gewisser Weise in das System eingreifen, um eine Wirtschaftlichkeit zu erzielen. Dieser Eingriff sollte jedoch niemals unüberlegt und zu groß sein, denn durch jeden menschlichen Eingriff reagiert die Natur, und dies meistens im Endeffekt negativ für die Menschen.
Beim Fischen selbst darf aber nicht der eigentliche, ursprüngliche Wert des Fischens vergessen werden. Früher war das Fischen ein Beuteerwerb für den Menschen, damit er überleben konnte. Heute sind vielfach die Vorzeichen geändert, es geht nicht mehr darum, durch den Beuteerwerb überleben zu können, sondern um das Überleben der Fische selbst. Für uns bedeutet dies, dass wir auch verpflichtet sind, die Kreatur um ihrer selbst willen und zur Erhaltung der Mannigfaltigkeit sowie um unseretwegen zu erhalten und zu fördern.

Fischerei und Naturschutz

Werner PETUTSCHNIG
Wolfgang HONSIG-ERLENBURG

Die Regenbogenforelle verdrängt heimische Fischarten, daher ist ein Besatz dieser Art in naturnahen Gewässern nicht erlaubt. (Foto: A. Rechberger)

Gefährdungsursachen

Wie bereits eingangs erwähnt gehören Gewässerbewohner zu den besonders gefährdeten Tiergruppen. Der Bestandsrückgang bei Fischen, Krebsen und Muscheln wird durch geringere Fangerträge und durch immer längerwerdende Rote Listen dokumentiert. Im Folgenden werden die wichtigsten Gefährdungsursachen und mögliche Schutzmaßnahmen für Wassertiere, sowie bereits erfolgte Schutzbemühungen vorgestellt.
Die Erhaltung ökologisch intakter, artenreicher Gewässer ist ein gemeinsames Anliegen der Fischerei und des Naturschutzes. Wenn auch so mancher fischfressende Vogel die Gemüter erhitzt und diesbezüglich nicht immer auf beiden Seiten die gleichen Ansichten vertreten werden, so sollten Fischer und Naturschützer gemeinsam auftreten, wenn es um den Erhalt bzw. Schutz der noch naturbelassenen Bäche, Flüsse, Seen und Teiche geht.
Der Nutzungsdruck auf die heimische Natur ist sehr hoch und es gibt kaum noch Landschaftsräume, die sich der gestalterischen Kraft des Menschen entziehen konnten. Die ursprünglichen Landschaftsverhältnisse Kärntens sind durch die Besiedlung und durch fortschreitende Nutzung des Landes für landwirtschaftliche, industrielle und Fremdenverkehrs-Zwecke heute bis auf geringe Reste, wie z. B. im Hochgebirge einschneidend verändert worden. Von diesen Veränderungen sind auch die fließenden und stehenden Gewässer unseres Landes nicht verschont geblieben.
In vergangenen Jahrhunderten war die Hauptursache für den Rückgang von Tierarten die direkte Verfolgung. Dies änderte sich grundlegend in den letzten hundert Jahren, in denen vorwiegend Veränderungen des Lebensraumes für den Rückgang vieler Arten verantwortlich sind. So wurden unsere Gewässer in der Vergangenheit durch häusliche, kommunale und industrielle Abwässer zunehmend belastet. Einige Abschnitte an den Flüssen Glan, Lavant, Gail, Gailitz und Vellach waren noch vor wenigen Jahren praktisch fischleer auf Grund der Gewässerverschmutzung und der Schwermetallbelastung (AMT DER KÄRNTNER LANDESREGIERUNG 1994). Durch die Eutrophierung der Seen infolge zu hoher Nährstoffeinträge (Abwasser, Landwirtschaft) in Kombination mit den daraus resultierenden Sauerstoffproblemen ist es außerdem zu einer Beeinträchtigung des Fischbestandes der Seen gekommen.

Abb. 143: Fischsterben im Gurkstausee Passering nach einer Stauraumspülung. (Foto: W. Honsig-Erlenburg)

Abb. 144: Technisch verbauter Abschnitt des Oselitzenbaches im Gailtal.
(Foto: W. Honsig-Erlenburg)

Neben der Gewässerverschmutzung bewirkten zahlreiche weitere Eingriffe in die Gewässer eine Monotonisierung bzw. Verarmung der Vielfalt der Gewässerlebensräume. Flächengewinn für Land- und Forstwirtschaft, Hochwasserschutz und andere wasserwirtschaftliche Maßnahmen, sowie Massentourismus und Freizeitaktivitäten sind einige Hauptursachen für den Artenschwund. Um den Wandel der Landschaft und die damit verbundenen Gefährdungen für den Naturhaushalt zu begreifen, ist ein hohes Verständnis für ökologische Prozesse erforderlich. Die vernetzten Beziehungen der Arten untereinander und die Lebensraumansprüche der jeweiligen Art sind auch für Fachleute nicht immer durchschaubar.
Ein verbautes Gewässer, eingezwängt in ein Steinkorsett, ist nicht mehr in der Lage die für viele Pflanzen und Tiere notwendigen Teillebensräume wie Schotterbänke, Seitenrinner oder Augewässer zu schaffen. Vor allem durch

Regulierungen für einen notwendig gewordenen Hochwasserschutz von Siedlungen und landwirtschaftlichen Flächen wurden Bäche und Flussläufe begradigt und in ein enges Bett gezwängt (Abb. 144). Noch bis ins 18. Jahrhundert konnten sich die Flüsse mit ihren zahlreichen Seitenarmen, Verästelungen, Mäandern, Altarmen und Autümpeln über große Teile des Talbodens frei entfalten. Die radikale Umgestaltung der Tallandschaften begann bereits im 19. Jahrhundert. Der Fluss wurde in ein monotones Bett geleitet, durch Dämme von der Aulandschaft abgetrennt und gleichzeitig die angrenzenden Überschwemmungswiesen der Talböden trockengelegt. Wie wenig Lebensraum für die Wassertiere übrig bleibt, zeigt das Beispiel der Glan im Zollfeld (siehe Abb. 149). Heute sind mit ganz wenigen Ausnahmen praktisch alle größeren Flüsse und Bäche unseres Landes durchgehend verbaut. Die weit verzweigten Fließgewässer- bzw. Augewässersysteme mit den ausgedehnten Sümpfen und Röhrichten sind weitgehend verschwunden und mit ihnen zahlreiche Bewohner dieser Wasserlandschaften, wie z. B. Fischotter, Biber, Steinbeißer, Flussseeschwalbe, Deutsche Tamariske, Zwerg-Rohrkolben u. v. a.

Abb. 145: Ausleitungsstrecke des Steirerbaches bei Hüttenberg. (Foto: W. Honsig-Erlenburg)

Vielen Seen des Landes erging es ähnlich wie den Fließgewässern: Natürliche Verlandungszonen mit Bruchwäldern, Streuwiesen, Röhrichten und Flachwasserzonen mussten mit dem Aufschwung des Fremdenverkehrs den Badeanlagen und Campingplätzen weichen (siehe Abb. 148).
Eine weitere große landschaftliche Veränderung mit nachhaltigen Folgen für die Gewässerlebewelt brachte die energiewirtschaftliche Nutzung der Flüsse und Bäche mit sich (JAGSCH 1992). Wasserkraftwerke können die Lebensbedingungen der aquatischen Lebewelt durch Stauhaltung, Ausleitung (Abb. 145), Ableitung und Schwallbetrieb grundlegend verändern. So wurde durch die Stauhaltung das Gewässerkontinuum unterbrochen und Fische wie Nasen, Barben, Huchen und Aalrutten können ihre Wanderungen flussaufwärts nicht mehr durchführen. Durch die Veränderung der Fließgeschwindigkeit infolge des Aufstaues kam es zu einer völligen Verschiebung des Fischartenspektrums, so z. B. in der unteren Drau von einer Äschen-Barbenregion hin zur Brachsenregion. In neuerer Zeit wird auch der Schwallbetrieb wieder intensiviert, wodurch der Wasserspiegel abgesenkt wird und Flachwasserbereiche trocken fallen. Die ökologischen Schäden

Abb. 146: Kanalisierter Bach.
(Foto: J. Petutschnig)

sind beträchtlich: Ausgetrocknete Fischeier und abgestorbene wenig mobile Wassertiere und deren Larven. Es leidet die natürliche Reproduktion der Fischfauna unter dem Schwallbetrieb, aber auch das Angebot an Nährtieren sinkt nicht unwesentlich durch die ständigen Wasserstandsschwankungen.
Im Rahmen von Kommassierungsprojekten erlagen kleinere Gewässer nicht selten der landwirtschaftlichen Intensivierung. Die typischen sich dahin schlängelnden Wiesen- und Waldbächlein sind in manchen Gegenden schon verschwunden, sie wurden teilweise verrohrt oder durch lebensfeindliche ausgepflasterte Kanäle ersetzt (Abb. 146).
Ein Problem stellt auch der Besatz von nicht heimischen Fischarten dar. So kam es zu beträchtlichen negativen Auswirkungen auf den Naturhaushalt durch den Besatz von Amurkarpfen oder Aal in einigen Gewässern Kärntens. Obwohl verboten bzw. bewilligungspflichtig werden leider heute noch immer fremdländische Fischarten wie Amurkarpfen, Zwergwels, Löffelstör, Zierfische etc. und ausländische Krebsarten ohne Erlaubnis in die Gewässer der freien Natur ausgesetzt.
Im Folgenden werden in Kürze die zehn wichtigsten **Gefährdungsursachen** für den Rückgang der Artenvielfalt in Gewässern zusammengefasst.

1. **Bauliche Gewässereingriffe** wie Laufbegradigung von Fließgewässern, Ufersicherung, Auspflasterung der Sohle, Verrohrung von Bächen, Unterbrechung des Gewässerkontinuums etc.
2. **Entwässerung** von Feuchtlebensräumen und Absenkung des Grundwasserspiegels und damit verbundener Verlust bzw. Austrocknung von Kleingewässern; dies betrifft vor allem Augewässer.
3. **Direkte Gewässervernichtung** durch z. B. Verfüllung von Kleingewässern und Gräben.
4. **Wasserkraftwerke:** Veränderung der Lebensbedingungen durch Stauhaltung, Ausleitung, Ableitung, Unterbrechung des Gewässerkontinuums, Schwallbetrieb etc.
5. **Gewässerverschmutzung** durch Eintrag von Schadstoffen, in letzter Zeit vor allem schwer abbaubare Stoffe wie Medikamentenrückstände.
6. **Gewässereutrophierung** durch übermäßigen Nährstoffeintrag, besonders bei Intensivierung der landwirtschaftlichen Nutzung des Umlandes.
7. **Verfälschung der Fauna und Flora** durch Einbringen von fremdländischen bzw. standortswidrigen Arten in ökologisch intakte Gewässer.
8. **Schotterentnahme** aus Fließgewässern führt zur Vernichtung von Laichplätzen.
9. **Intensive Freizeitnutzung:** Badebetrieb und die Ausübung von verschiedenen Wassersportarten führen zu einem Rückgang von Röhrichtzonen und Wasserpflanzenbeständen.
10. **Fischereiwirtschaftliche Fehler** wie falscher Besatz, Überfischung von Gewässern, falsche Fangmethoden oder nicht ausreichende Förderung der natürlichen Reproduktion.

Abb. 147: **Der Rote Amerikanische Sumpfkrebs (*Procambarus clarkii*) ist eine mit Krebspesterregern infizierte Art. Durch gedankenloses Aussetzen fremdländischer Krebse in verschiedene Gewässer wurden in der Vergangenheit zahlreiche heimische Krebsbestände vernichtet.**
(Foto: W. Köstenberger)

Rote Listen

Rote Listen sind wichtige Grundlagen des Naturschutzes zur Beurteilung der Gefährdungssituation von Lebensräumen, Tieren und Pflanzen. Die Einstufung einzelner Arten durch Experten gibt Aufschluss über die gegenwärtige Bestandssituation und im langjährigen Vergleich kann die Entwicklung der Bestände einer Tierart oder von Lebensräumen beurteilt werden. Ursachen für den Bestandsrückgang von Arten wurden bereits im vorangegangenen Kapitel ausführlich dargestellt.
Für jede im Buch vorgestellte Tierart wird die jeweilige Gefährdungsstufe im Kapitel über die Artbeschreibungen angeführt.
Fische zählen zu den am stärksten gefährdeten Tiergruppen. Derzeit sind in Kärnten ca. 60 Fischarten sowie eine Neunaugenart nachgewiesen. Von den 40 heimischen Fischarten (inkl. der Neunaugenart) gelten 27 als mehr oder wenig stark gefährdet (Honsig-Erlenburg & Friedl 1999b). Als positiv zu vermerken ist die Tatsache, dass in jüngster Zeit einige als verschollen geführte Arten wieder nachgewiesen werden konnten.
Bei den sechs vorgestellten Flusskrebsen scheinen alle drei heimischen Arten in der Roten Liste als mehr oder weniger stark gefährdet auf. Dabei trägt Kärnten für den Dohlenkrebs eine besonders hohe Verantwortung, da die Art österreichweit von Natur aus nur hier vorkommt.
Von den vier angeführten Muschelarten ist der Zustand der Gemeinen Flussmuschel besonders kritisch, sie ist vom Austerben bedroht; die Art kann wahrscheinlich nur mit Hilfe von gezielten Schutzmaßnahmen in Kärnten überleben. Die anderen drei Großmuschelarten werden auch als gefährdet eingestuft, jedoch existieren von ihnen noch einige intakte Bestände in verschiedenen Gewässern.

Gewässerschutz

Durch die Eutrophierung der Seen infolge zu hoher Abwasseremissionen kam der Badetourismus in Kärnten in arge Bedrängnis und bereits Anfang der 70-er Jahre des vorigen Jahrhunderts erfolgten die ersten Sanierungsmaßnahmen in Form von Ringkanalisationen rund um die wichtigsten Badeseen (SAMPL 1999; SAMPL et al. 1982). Auch im Hinblick auf die Produktion von Fischen ist der Gewässerschutz von äußerster Notwendigkeit.

In der Folge gab es bald auch deutliche Erfolge bei der Sanierung von stark belasteten Flüssen wie z. B. Vellach, Gail, Lavant, Gurk und Glan. Die Wasserqualität heimischer Gewässer ist weitgehend wieder in einem besseren Zustand als in den Jahrzehnten davor. Durch strengere Umweltvorschriften stellen die industriellen Abwässer heute nur noch in wenigen Fällen ein Problem dar und für die kommenden Jahre ist geplant, die noch ausständigen Kläranlagen für anfallende Siedlungsabwässer fertigzustellen.

Trotz des verbesserten Zustandes der Gewässerqualität leiden die meisten Bäche und Flüsse Kärntens heute unter den Spätfolgen von Regulierungsmaß-

Abb. 148: Schilf- und Wasserpflanzenbestände müssen den verschiedensten Nutzungsinteressen an den Badeseen weichen. (Fotoarchiv: Kärntner Medienzentrum)

Abb. 149: **Die verbaute Glan im Zollfeld.**
(Foto: W. Petutschnig)

nahmen und Kraftwerksbauten der Vergangenheit. Zumeist stellt daher der monotone Verlauf der Fließgewässer das größere Problem für den Naturhaushalt dar (Abb. 149). Unter dem Motto „Lebendige Flüsse brauchen Platz zum Leben“ wurde in jüngster Vergangenheit auf den lebensfeindlichen Gewässerverbau der vergangenen Jahrzehnte aufmerksam gemacht. Wollen wir den Artenreichtum im und am Gewässer erhalten bzw. verbessern, so müssen wir zunächst die Flüsse wieder lebendig machen, das heißt, dem Fluss wieder den nötigen Raum zurückgeben, damit er sich mit Hilfe seiner dynamischen Kräfte die notwendigen Lebensräume wieder selbst schaffen kann. Es genügt nicht, lediglich die Blocksteine durch Stecklinge als Uferschutz zu ersetzen. Der Ankauf von Ufergrundstücken für die Umgestaltung und die Verlegung der Sicherungen ins Hinterland sind zwei wesentliche Voraussetzungen zur Wiederherstellung intakter Flusslandschaften. Nur wenn wir die gestalterische Kraft des Wassers wieder zulassen, können Steilwände, Schotterbänke und Augewässer von Neuem entstehen (Abb. 150). Auch die jüngsten Hochwasserkatastrophen bestätigen allzu deutlich, dass die Bebauung der Flusslandschaften durch den Menschen die natürliche Grenzen überschreitet und daher ein Umdenken aus raumplanerischer und wasserwirtschaftlicher Sicht dringend erforderlich ist.

In Kärnten haben bereits Anfang der 1980-er Jahre die ersten Bemühungen angefangen, hart verbaute Fließgewässer im Rahmen von anfallenden Hochwasserschutzmaßnahmen wieder naturnäher zu gestalten (Honsig-Erlenburg & W. Petutschnig 1999; Pichler 1998). Jedoch fehlen bis heute vielfach die finanziellen Mittel bzw. werden seitens der öffentlichen Hand aus Wasserwirtschaftsgeldern nicht bereit gestellt um auch weiterreichende ökologische Maßnahmen unabhängig von schutzwasserwirtschaftlichen Erfordernissen durchzuführen.
Trotzdem, erste Erfolge können durch die Förderung des Landes Kärnten zur „ökologischen Gewässersanierung“ verzeichnet werden. Seit 1994 gibt es in Zusammenarbeit der Gewässerökologie, des Naturschutzes und der Wasserwirtschaft Projekte zur Revitalisierung von Fließgewässern. So konnten zahlreiche Fischaufstiegshilfen (siehe Abb. 151) an den Wehranlagen der Gewässer: Gurk, Gail, Vellach, Wimitz, Obermühlbach und Sablatnigmoor-Abfluss er-

Abb. 150:
Im Rahmen des LIFE-Projektes im Oberen Drautal entstanden wertvolle Laichplätze für Fische wie hier ein ca. 700 m langer Seitenarm der Drau.
(Foto: W. Petutschnig)

richtet werden und durch Flussaufweitungen und Altarmsanierungen entstanden neue Lebensräume an der Glan in Ebenthal, der Gail, der Möll bei Kolbnitz, der Gurk zwischen Schöttlhof und Launsdorf, am Ossiacher Seebach und an anderen Gewässern. Die Zusammenarbeit zwischen Ökologen und Wasserbauern ermöglichte weiters in letzter Zeit auch größere Gewässerrevitalisierungen, insbesondere mit Hilfe von EU-Fördergeldern konnte an der oberen Drau ein großes LIFE-Projekt umgesetzt werden.

Unter Revitalisierung kann man im Sinne einer Restrukturierung die Umgestaltung bzw. die Rückführung von naturfern verbauten Fließgewässern zu einer möglichst ursprünglichen Strukturierung verstehen. Dabei soll vor allem die Dynamik des Fließgewässers, also die Flussbettgestaltung durch Geschiebe- bzw. Sedimentumlagerungen, also die „Eigenbeweglichkeit" wieder ermöglicht werden. In den meisten Fällen ist eine vollständige Wiederherstellung der ursprünglichen Gewässerverhältnisse auf Grund fehlender Flächen praktisch nicht mehr möglich. Dafür ist der Anspruch des Menschen für verschiedenste Nutzungen an das Gewässerumland meist zu groß. Die bisher getätigten Restrukturierungen haben sich für die Fischfauna positiv ausgewirkt (Honsig-Erlenburg 1998). So zeigt sich etwa in einer

Abb. 151:
Im Zuge der Gewässersanierungsprojekte des Landes Kärnten konnten mehrere Fischaufstiegshilfen im Bereich von Kraftwerken wie z. B. an der Gurk bei Pölling errichtet werden.
(Foto: W. Honsig-Erlenburg)

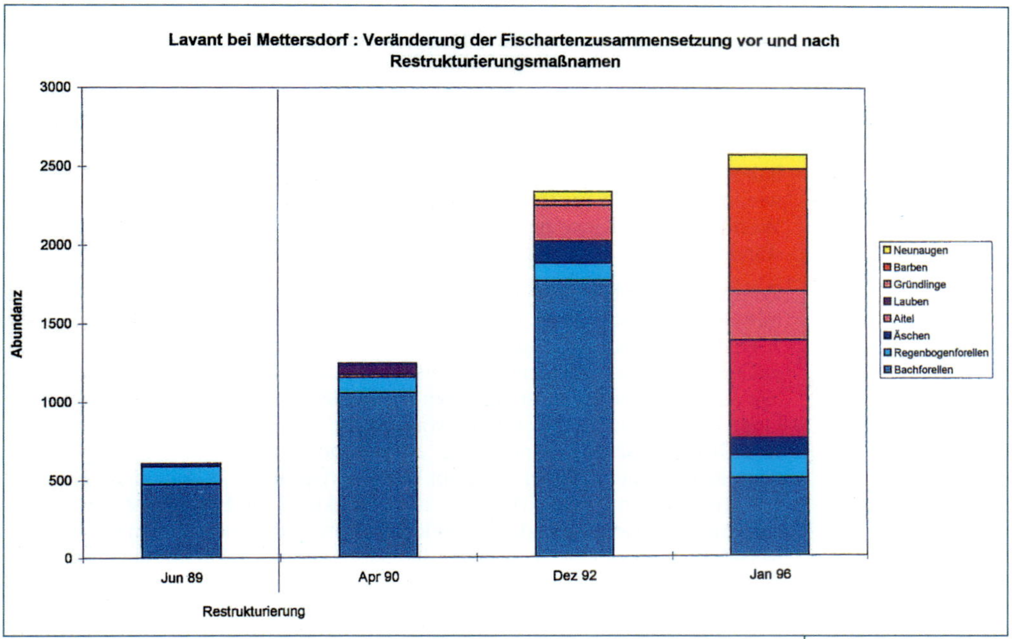

Abb. 152:
Am Beispiel der Lavant bei Mettersdorf wird deutlich wie durch Flussrenaturierungen die Fischbiomasse und -artenvielfalt erhöht werden kann.

kurzen Revitalisierungsstrecke an der Lavant bei Mettersdorf, dass sich seit der Massnahme im Jahre 1989 die Fischartenzahl verdoppelt und die Fischbiomasse versechsfacht hat (siehe Abb. 152).
Andererseits sind in Bezug auf Eingriffe in die Gewässer die gesetzlichen Rahmenbedingungen (Wasserrecht und Naturschutzgesetz) in den letzten 15 Jahren zu Gunsten ökologischer Erfordernisse verbessert worden. Z. B. sind Hochwasserschutzmaßnahmen entsprechend dem Gewässertypus möglichst naturnah unter Wahrung der ökologischen Funktionsfähigkeit durchzuführen. Auch angrenzende Feuchtflächen wie z. B. Röhrichte oder Auwälder sind gesetzlich geschützt und dürfen durch Maßnahmen nicht beeinträchtigt werden.
Nicht nur der Schutz wirtschaftlich interessanter Fischarten ist wichtig, sondern vielmehr der Erhalt eines intakten Naturhaushaltes im und am Gewässer sollte das Ziel der Schutzbemühungen sein. Wenn die Nährtiere und -pflanzen im Gewässer verschwunden sind, fehlt den Fischen die Nahrung und auch ein Fischbesatz wäre dann sinnlos. Artenreiche Gewässer brauchen dem Gewässertyp entsprechende Strukturen.
Wesentlich für die Fischgewässer ist die eigenständige Vermehrung der Fische. Wenn in einem Gewässer die Produktion durch natürliche Nachkommenschaft gewährleistet ist, sollte ein Fischbesatz keinesfalls stattfinden, da dadurch das ökologische Gleichgewicht gestört wird und letzten Endes auch der Ertrag gemindert werden kann. Die im Gewässer heranwachsenden Fische passen sich wesentlich besser an als künstlich eingebrachte. Ein Fischbesatz ist nur dann zielführend, wenn unzureichendes Naturaufkommen gegeben ist, etwa weil durch Eingriffe Laichplätze verloren gegangen sind. Aber auch dann müssten nur solche Fischarten besetzt werden, die dem Gewässer angepasst sind. Dabei zeigt sich, dass sich Jungfische besser und schneller anpassen als bereits fangfähige Fische.
Durch die Wiedereinbürgerung von bereits ausgestorbenen oder auch verschollenen Arten könnte außerdem ein Beitrag zum Artenschutz geleistet werden. So z. B. erfolgte 1982 ein Besatz mit Sterlets in den Stauräumen der Drau, die von Wildfängen aus der Donau im Bereich Budapest stammen. Im Rahmen des LIFE-Projektes „Auenverbund Obere Drau“ wurde der in Kärnten schon längere Zeit verschollene Steinbeißer wieder angesiedelt.

Viel wichtiger ist jedoch die Erhaltung von noch vorhandenen, jedoch stark gefährdeten Fischarten wie zum Beispiel die des Semlings oder des Huchens, beide wurden durch die Wegnahme des charakteristischen Lebensraumes immer mehr zurückgedrängt.
Außerdem müssen autochthone Fischbestände (Populationen) ein und derselben Art, die in einem bestimmten Gewässer vorkommen, in ihrer Eigenart erhalten bleiben. Dies gilt z. B. für die Seeforellenbestände im Millstätter See sowie im Weißensee, die ursprünglichen Reinanken-Populationen im Faaker See, Wörthersee und Klopeiner See, aber auch für die Äschen- und Bachforellenbestände in den einzelnen Fließgewässereinzugsgebieten.

Zum Schutz der heimischen Krebs- und Muschelarten ist darauf zu achten, dass mit Booten, Fischreusen oder Tauchgeräten unbeabsichtigt Krankheiten wie z. B. die Krebspest oder unerwünschte Arten (z. B. Wandermuscheln) nicht in andere Gewässer verschleppt werden können. Für Boote und Geräte, welche im Wasser benutzt werden, ist daher bei einem Gewässerwechsel eine ausreichend lange Zwischenlagerung an Land vorzusehen.
Der **Gewässerschutz** ist neben der ethisch-moralischen und hygienischen Bedeutung heute auch immer mehr ein Wirtschaftsproblem, v. a. auch im Hinblick auf Trinkwasserreserven. Auch für die Produktion von Fischen ist der Gewässerschutz in unserem Lande von äußerster Notwendigkeit, wenn man die starke Verschmutzung der Meere und der daraus stammenden, bei uns auf dem Markt angebotenen Fische berücksichtigt.
Im folgenden werden in Kürze die zehn wichtigsten **Gewässerschutzmaßnahmen** aufgezählt, die auch eine Verbesserung der Fischbestände mit sich bringen.

1. **Gesetzliche Bestimmungen beachten.**
2. **Erhaltung naturnaher Gewässer** durch Verzicht auf bauliche Eingriffe und sonstige den Lebensraum nachhaltig beeinträchtigende Maßnahmen.
3. **Gewässergüte erhalten** oder verbessern durch Verhinderung von Schmutzwassereinleitungen und indirekte Schadstoffeinträge wie Dünge- und Spritzmittel in das Gewässer.
4. **Naturaufkommen von heimischen Fischarten fördern** anstelle von Fischbesatz.
5. **Gewässerrückbau und -neuschaffung:** Vor allem bei stark verbauten Gewässern in Form von Entfernen harter Verbauungen durch Aufweitungen, Einbau von Fischtreppen, Entfernen von Sohlpflasterungen und Verrohrungen, Wiederherstellung von Augewässern (siehe Abb. 150) etc.
6. **Einrichten von Schongebieten** durch Nutzungsverzicht und Einschränkung von Freizeitaktivitäten (Besucherlenkung) im Bereich von ökologisch sensiblen Gewässerabschnitten wie z. B. Laichplätze von Fischen oder Vorkommen seltener Tier- oder Pflanzenarten.
7. **Wasserkraftwerke** dürfen nicht auf Kosten wertvoller Fließgewässer errichtet werden, bestehende Anlagen sind entsprechend der ökologischen Erfordernisse zu sanieren (Pflichtwasserabgabe) bzw. umzubauen und schwallartige Wassernutzung ist zu unterlassen oder nur mit entsprechenden schwalldämpfenden Maßnahmen zu betreiben.
8. **Gewässerinstandhaltung** ist nur unter Berücksichtigung bzw. Belassen von wertvollen Gewässerstrukturen wie Kolke, Totholz, Uferanrissen, Schotterbänken etc. durchzuführen.
9. **Biotopfremde Tierarten** dürfen nicht in Gewässer ausgesetzt werden, sie verdrängen heimische Arten.
10. **Ausübung von Freizeitaktivitäten** wie Campieren, Bootfahren, Baden u. a. im Bereich von Gewässern nur an den dafür vorgesehenen Plätzen.

Abb. 153: Neugeschaffenes Augewässer an der oberen Drau.
(Foto: J. Petutschnig)

Schutz von Wassertieren durch die Ausweisung von Natura 2000-Gebieten

Mit dem Beitritt zur Europäischen Union 1995 verpflichtete sich Österreich, geeignete Gebiete zum Schutz bestimmter Tier- und Pflanzenarten und deren Lebensräume entsprechend der Fauna-Flora-Habitatrichtlinie auszuweisen. In Kärnten sind bisher 29 Gebiete als sogenannte Europaschutzgebiete nominiert worden. Zahlreiche dieser Gebiete beinhalten auch verschiedene Gewässertypen und Tierarten von europäischer Bedeutung. Unter den hier im Buch behandelten Wassertieren befinden sich insgesamt 13 Arten gemäß der Fauna-Flora-Habitat-Richtlinie des Anhanges II und IV. Der Anhang II der FFH-Richtlinie listet alle Lebensraumtypen, Tier- und Pflanzenarten auf, für die geeignete Schutzgebiete für ein europäisches Schutzgebietsnetzwerk zu nominieren sind. Dazu gehören die Flussmuschel, der Dohlenkrebs, das Ukrainische Bachneunauge und die 10 heimischen Fischarten: Koppe, Steinbeißer, Huchen, Strömer, Bitterling, Semling, Streber, Steingreßling, Weißflossengründling und Frauennerfling (W. PETUTSCHNIG 1997; HONSIG-ERLEN-

BURG 1998a). Im Anhang IV findet man alle streng zu schützenden Tier- und Pflanzenarten von gemeinschaftlichem Interesse.
Die EU erstellt aus den Nennungen der Mitgliedsstaaten für jede biogeografische Region – Kärnten liegt zur Gänze in der alpinen Region – eine Liste mit den repräsentativsten Gebieten, welche voraussichtlich im Jahr 2003 vorliegen wird. In weiterer Folge verpflichten sich die Mitgliedsländer bis zum Jahr 2004 die Landschaftsteile als Europaschutzgebiete auszuweisen und die entsprechenden Schutzinhalte zur Erhaltung der Lebensräume und Arten festzulegen bzw. umzusetzen. Für Natura 2000-Gebiete – und damit auch für alle genannten Gewässer – besteht das Gebot zur Aufrechterhaltung des günstigen Zustandes der Schutzgüter, darunter versteht man die relevanten Lebensräume, Tier- und Pflanzenarten.

In Tabelle 2 werden die bisher für Kärnten nominierten Natura 2000-Gebiete mit Gewässern, in denen FFH-Arten vorkommen dargestellt.

Europaschutzgebiet	Zu schützende Arten (FFH-Richtlinie)
Hörfeldmoor	Koppe
Sablatnigmoor	Flussmuschel
Stappitzer See inkl. Seebach	Koppe
Großedlinger Teich	Bitterling
Völkermarkter Stausee	Bitterling, Frauennerfling
Neudenstein	Bitterling
Obere Drau	Ukrainisches Bachneunauge, Dohlenkrebs, Huchen, Strömer, Bitterling, Steinbeißer, Koppe
Görtschacher Moos-Oberm.	Ukrainisches Bachneunauge, Huchen, Strömer, Bitterling, Koppe
Gail im Lesachtal	Koppe
Gut Walterskirchen	Mairenke, Bitterling
Schütt-Graschelitzen	Ukrainisches Bachneunauge, Koppe, Huchen, Strömer
Möserner Moor	Dohlenkrebs
Untere Lavant	Ukrainisches Bachneunauge, Semling, Steingreßling, Streber
Reifnitzbach	Mairenke
Tiebelmündung	Ukrainisches Bachneunauge, Bitterling

Tab. 2: Europaschutzgebiete mit Wassertieren der FFH-Richtlinie

Ende 2000 ist eine neue Gewässerschutz-Richtlinie der EU in Kraft getreten, nämlich die Wasserrahmenrichtlinie. Die EU-Mitgliedstaaten verpflichten sich, innerhalb der nächsten 15 Jahre alle Gewässer in den guten Zustand zu überführen. Dadurch werden aus gewässerökologischer Sicht unter anderem die Errichtung von Fischaufstiegshilfen bei Wehranlagen und die Revitalisierung von hart verbauten Fließgewässern erforderlich. Der ökologische Zustand von Gewässer, die derzeit bereits als gut oder sehr gut eingestuft sind, darf nicht verschlechtert werden. Dabei spielen die Fische zur Beurteilung des ökologischen Zustandes eine wichtige Rolle.

Das neue Kärntner Fischereigesetz

Franz STURM

Das neue Fischereigesetz beinhaltet eine Vielzahl von Änderungen, die sich nicht nur auf die rechtlichen Bestimmungen der Europäischen Union beziehen.
(Foto: W. Köstenberger)

Die rechtlichen Regelungen für die Ausübung der Fischerei in Kärnten waren vor dem Inkrafttreten des (neuen) Kärntner Fischereigesetzes im Jahr 2001 in einer Mehrzahl von Rechtsvorschriften in Gesetzesrang enthalten: Die zentralen fischereirechtlichen Regelungen enthielt das Fischereigesetz 1951, LGBl. Nr. 43, in der Fassung der Gesetze LGBl. Nr. 18/1954 und 7/1960. Beim Fischereigesetz 1951 handelte es sich um keine Neuregelung, sondern eine Wiederverlautbarung des Gesetzes vom 29. April 1931 betreffend die Regelung der Fischerei in Kärnten (Kärntner Fischereigesetz), LGBl. Nr. 35/1931, in der Fassung der Gesetze LGBl. Nr. 53/1932, 37/1934, 26/1935, 74/1935, 15/1936, 50/1936 und 42/1951; dies bedeutet, dass die wichtigsten fischereirechtlichen Regelungen in Kärnten zu einem erheblichen Teil noch aus der Zeit der Ersten Republik stammten. Die Rechtsstellung der „Fischereischutzorgane" war im Gesetz vom 16. Juni 1872 betreffend die amtliche Stellung der zum Schutze einzelner Zweige der Landeskultur bestellten Wachpersonals, RGBl. Nr. 84/1972, geregelt. Fischereispezifische Anordnungen enthielten überdies etwa das Kärntner Naturschutzgesetz, LGBl. Nr. 54/1986, sowie das Kärntner Tierschutz- und Tierhaltungsgesetz 1996, LGBl. Nr. 77.

Neben diesen Rechtsvorschriften auf Gesetzesstufe bestanden zahlreiche Durchführungsverordnungen zum Fischereigesetz 1951, die zum einen teilweise noch aus der Zeit der Ersten Republik stammten und die zum anderen häufig novelliert worden sind. Der maßgebliche Fischereirechtsbestand in Kärnten war somit vor der Erlassung des (neuen) Kärntner Fischereigesetzes durch eine weitgehende Rechtszersplitterung und Unübersichtlichkeit gekennzeichnet. Hinzu kam noch zusätzlich, dass die einschlägigen Rechtsvorschriften aufgrund der langen Geltungsdauer seit ihrer erstmaligen Erlassung nicht (mehr) geeignet waren, den heutigen Anforderungen an zeitgemäße Regelungen für die Fischerei in rechtlicher Hinsicht Rechnung zu tragen.

Aus verfassungsrechtlicher Sicht ist beispielsweise auf den Umstand zu verweisen, dass der Kärntner Fischereirechtsbestand nicht (mehr) den nunmehr maßgeblichen umweltpolitischen Zielsetzungen entsprochen hat: Sowohl das Bundesverfassungsgesetz über den umfassenden Umweltschutz, BGBl. Nr. 491/1984, als auch das Kärntner Umwelt-Verfassungsgesetz, LGBl. Nr. 42/1986, enthalten nämlich ein Bekenntnis zur „Bewahrung der natürlichen Umwelt als Lebensgrundlage der Menschen vor schädlichen Einwirkungen". Beide Regelungen stellen sogenannte „Staatszielbestimmungen" dar, also Grundsätze und allgemein gefasste Richtlinien für das gesamte staatliche Handeln. Neben ihrer politischen Bedeutung als Ausdruck der Einigung maßgeblicher Gruppen im Staat über ein bestimmtes Ziel des staatlichen Handelns beinhalten Staatszielbestimmungen aber auch Gebote für den (jeweils) zuständigen Gesetzgeber, entsprechende rechtliche Mechanismen zur Erreichung der verfassungsrechtlich postulierten Ziele zu schaffen. Während die früher geltende Fischereirechtslage in Kärnten den Zielsetzungen des – verfassungsrechtlich vorgeprägten – Umweltschutzes in weiten Bereichen nicht ausreichend Rechnung getragen hat, berücksichtigt das (neue) Kärntner Fischereigesetz nachhaltig auch ökologische Gesichtspunkte.

Seit dem Beitritt der Republik Österreich zur Europäischen Union im Jahr 1995 darf das innerstaatliche Recht – und damit auch das Fischereirecht in Kärnten – den europarechtlichen Vorgaben nicht widersprechen. Die früher geltende Fischereirechtslage stand aber – weil zu einem großen Teil noch aus der Zeit der Ersten Republik stammend – in mehrfacher Hinsicht in einem ausgeprägten Spannungsverhältnis zu Rechtsakten im Rahmen der Europäischen Integration: So fehlten etwa in der Kärntner Rechtslage überhaupt Regelungen, die den besonderen Schutzvorschriften der Fauna-Flora-Habitat-Richtlinie für bestimmte wildlebende Tierarten Rechnung tragen. Die Anpassung des Kärntner Fischereirechts an das EU-Recht bildete daher ein wesentliches Anliegen des neuen Kärntner Fischereigesetzes.

Abb. 155:
Der Bitterling gehört zu jenen 10 Fischarten Kärntens, für die gemäß der EU-Naturschutzrichtlinie Europaschutzgebiete einzurichten sind.
(Foto: W. Köstenberger)

Nicht nur die Verfassungs- und Europarechtslage, sondern auch eine Vielzahl von einfachgesetzlichen Regelungen, die Bezüge zum Fischereirecht aufweisen, haben seit der Erlassung des früher geltenden Kärntner Fischereigesetzes im Jahr 1931 grundlegende Veränderungen erfahren. Beispielhaft ist im gegebenen Zusammenhang auf die – in die Bundeszuständigkeit fallenden – Rechtsmaterien des Wasserrechts und des Schifffahrtsrechts sowie auf die – in die Landesgesetzgebungszuständigkeit fallenden – Rechtsmaterien des Jagdrechts und des Naturschutzrechts hinzuweisen. Alle diese Rechtsmaterien haben sich im Lauf der Jahrzehnte, seitdem das frühere Fischereirechtsregime in Kärnten – weitgehend unverändert – in Geltung gestanden ist, in vielfacher Hinsicht gewandelt. Dieser Umstand ließ es zusätzlich unumgänglich erscheinen, das Fischereirecht in Kärnten auch an die Fortentwicklung dieser einfachgesetzlichen Rechtsmaterien anzupassen.

Im Hinblick auf diese Gegebenheiten sah sich der Kärntner Landtag veranlasst, am 12. Juli 2000 ein – grundlegend neu gestaltetes – Kärntner Fischereigesetz zu beschließen, das am 1. Jänner 2001 in Kraft getreten ist. Die Ausarbeitung neuer Rechtsgrundlagen für die Fischerei in Kärnten war von dem Bestreben geleitet, sachgerechte, praxisorientierte, transparente und leicht zu vollziehende Regelungen zu treffen. Alle wesentlichen fischereiwirtschaftlichen Fragen wurden vor der Beschlussfassung im Kärntner Landtag ausführlich mit den von diesem Landesgesetz berührten Kreisen erörtert; das Ziel dieser Beratungen lag in dem Bemühen, tragfähige Regelungen für die Fischereiwirtschaft in Kärnten unter Bedachtnahme auf ausgewogene Rechte und Pflichten von Fischereiberechtigten, Fischereiausübungsberechtigten und Freizeitfischern zu schaffen und dabei eine umfassende Berücksichtigung der Gesichtspunkte des Umwelt-, Natur- und Tierschutzes sowie der Weidgerechtigkeit sicherzustellen.

Die wesentlichen Neuerungen des Kärntner Fischereigesetzes gegenüber der früher geltenden Rechtslage können überblicksweise folgendermaßen skizziert werden:

- Das Kärntner Fischereigesetz legt als programmatische Zielsetzung „... die Erhaltung, die Schaffung und erforderlichenfalls die Wiederherstellung eines der Beschaffenheit der jeweiligen Fischgewässer im Land Kärnten entsprechenden standortgerechten, artenreichen und gesunden Bestandes an Wassertieren ..." fest (§ 1 Abs. 1 lit. a leg. cit.). Diese Zielbestimmung ist als allgemeine Richtlinie für die Vollziehung dieses Landesgesetzes zu sehen; sie gilt für die Erlassung sowohl von Bescheiden als auch von Verordnungen. Bei der Auslegung der Bestimmungen dieses Landesgesetzes sind die festgelegten Ziele als Auslegungskriterien heranzuziehen.
- Das Kärntner Fischereigesetz trifft für die Bildung von Fischereirevieren erheblich detailliertere Regelungen als die frühere Rechtslage; so werden nunmehr etwa ausdrückliche (fachliche) Kriterien für die Festlegung von Fischereirevieren normiert (vgl. § 5 Abs. 2 leg. cit.). Überdies wurde mit den „Gemeinschaftsrevieren" eine neue Art von Fischereirevieren geschaffen.
- Für die Bewirtschaftung von Fischereirevieren werden im Kärntner Fischereigesetz allgemeine Grundsätze festgelegt (vgl. § 20 leg. cit.), wobei vorrangig solche Bewirtschaftungsmaßnahmen zu setzen sind, „... die eine Selbstvermehrung eines standortgerechten, artenreichen und gesunden Bestandes an Wassertieren fördern"; nur insoweit solche Maßnahmen zur Unterstützung der natürlichen Reproduktion des Fischbestandes nicht ausreichen, hat der Fischereiausübungsberechtigte im Fischereirevier den erforderlichen Besatz mit Brut, Setzlingen oder Jungfischen durchzuführen (§ 22 leg. cit.).
- Die wesentlichste Neuerung des Kärntner Fischereigesetzes hinsichtlich der Ausübung des Fischfanges in Kärnten betrifft das Erfordernis, anlässlich der (erstmaligen) Ausstellung einer Jahresfischerkarte den Nachweis der erforderlichen praktischen und theoretischen fischereilichen Kenntnisse erbringen zu müssen (vgl. § 26 Abs. 4 leg. cit.); dieser Nachweis kann durch bestimmte – einschlägige – Berufsausbildungen, mehrjährige Ausübung des Fischfanges oder durch die Teilnahme an einer mindestens achtstündigen Unterweisung erbracht werden.
- Ein besonderer Stellenwert kommt nach dem Kärntner Fischereigesetz der sachgemäßen und weidgerechten Ausübung des Fischfanges zu: „Sachgemäß" ist die Ausübung des Fischfanges nur dann, „... wenn sie der Erhaltung eines standortgerechten, artenreichen und gesunden Bestandes an Wassertieren nicht abträglich ist und keine Gefährdungen oder sonstigen nachteiligen Auswirkungen auf andere Tierarten und Pflanzen oder auf Menschen zur Folge hat" (§ 35 Abs. 2 leg. cit). „Weidgerecht" ist die Ausübung des Fischfanges, „... wenn sie den fischereikundlichen Erkenntnissen entspricht und unter Verwendung geeigneter Fanggeräte, Fangvorrichtungen und Fangmittel sowie unter Anwendung zulässiger Fangmethoden ausgeübt wird" (§ 35 Abs. 3 leg. cit.). Welche Fanggeräte, Fangvorrichtungen, Fangmittel und Fangmethoden nicht als weidgerecht anzusehen sind, wird teils unmittelbar im Kärntner Fischereigesetz (vgl. § 35 Abs. 4 bis Abs. 6 leg. cit.), teils in (Durchführungs-)Verordnungen (vgl. § 35 Abs. 7 bis Abs. 10 leg. cit.) näher festgelegt.
- Deutlich erweitert wurden durch das Kärntner Fischereigesetz die Regelungen betreffend die Ausübung der Fischereiaufsicht: Die Fischereiaufsichtsberechtigten haben in den Fischereirevieren für eine regelmäßige, dauernde und ausreichende Ausübung der Fischereiaufsicht zu sorgen (§ 37 Abs. 1 und Abs. 3 leg. cit.). Die Fischereiaufsicht umfasst – neben dem

Schutz der Fischereireviere vor unbefugter Ausübung des Fischfanges – die gesamte Überwachung der Einhaltung der Bestimmungen des Kärntner Fischereigesetzes sowie der sonstigen landesgesetzlichen Bestimmungen zum Schutz von Wassertieren. Die Fischereiaufsicht ist von – besonders geschulten – Fischereiaufsichtsorganen auszuüben; ihre Aufgaben und Befugnisse sind im Einzelnen unmittelbar auf Gesetzesstufe festgelegt (vgl. insbesondere § 43 leg. cit.).

- Zur Vertretung der Interessen der Fischereiausübungsberechtigten und zur Besorgung der sich aus dem Zusammenhang der Fischereireviere ergebenden gemeinsamen Aufgaben und wirtschaftlichen Maßnahmen werden durch das Kärntner Fischereigesetz – jeweils für den Sprengel einer Bezirksverwaltungsbehörde – „Fischereirevierverbände" eingerichtet (§ 48 leg. cit.). Die Fischereirevierverbände sind Körperschaften öffentlichen Rechts; ihre Mitglieder sind die Fischereiausübungsberechtigten jener Fischereireviere, die zur Gänze oder überwiegend im Sprengel einer Bezirksverwaltungsbehörde gelegen sind. Den Fischereirevierverbänden sind von Gesetzes wegen zahlreiche Aufgaben, die früher von der öffentlichen Verwaltung besorgt worden sind, zur Wahrnehmung zugewiesen (vgl. § 49 leg. cit.); die Finanzierung ihrer Aufgabenbesorgung erfolgt durch die von den Fischereiausübungsberechtigten zu entrichtenden Revierbeiträge (vgl. § 42 leg. cit.).

Dieser kurze Überblick über die wichtigsten Neuregelungen zeigt, dass sich mit dem (neuen) Kärntner Fischereigesetz die Rechtsgrundlagen für die Ausübung der Fischerei in Kärnten grundlegend geändert haben. Für weitergehende – detailliertere – Informationen über den nunmehr maßgeblichen Fischereirechtsbestand in Kärnten darf auf die kommentierte Gesetzesausgabe des Kärntner Fischereigesetzes (Sturm 2001) im Verlag der Kärntner Druck- und Verlagsgesellschaft, Klagenfurt, verwiesen werden.

Anhang

Die Drau bei Kleblach bietet nach den Rückbaumaßnahmen wieder geeignete Lebensräume für gefährdete Fischarten.
(Foto: W. Petutschnig)

Dank

Wir danken allen Fischereiausübenden, Fischereiberechtigten und Mitgliedern der Fischereirevierausschüsse und -verbände für die vielen wertvollen Hinweise zur Verbreitung der Fisch-, Flusskrebs- und Muschelarten sowie die Mitteilungen über Fänge von kapitalen Fischen und außerdem für die Möglichkeit, Fischbestandsaufnahmen durchzuführen. Wegen der großen Anzahl der Personen ist es leider nicht möglich, alle hier namentlich aufzuzählen.

Für die Überlassung von Daten und die Hinweise zur Verbreitung von Fischarten herzlichen Dank auch an die Kollegen DI. Josef Farkas, Mag Uli Prochinig, Dr. Ernst Woschitz (Magistrat Klagenfurt), Dr. Gerald Arnold (Klagenfurt), den Kollegen vom Institut für Hydrobiologie, Fischereiwirtschaft und Aquakultur der Universität für Bodenkultur in Wien und dem Institut für Gewässerökologie, Fischereiwirtschaft und Seenkunde des Bundesamtes für Wasserwirtschaft in Scharfling/Mondsee.

Für die Bearbeitung der Verbreitungskarten und die Mithilfe bei der Erstellung der Fischdatenbank ergeht ein herzliches Dankeschön an Mag. Gabriele Wieser, Peter Wernig, Mag. Friedwin Sturm, Gabriel Honsig-Erlenburg und Gernot Winkler.

Dr. Thusnelda Rottenburg, Dipl.-Ing. Gisela Wolschner und Mag. Bettina Golob sei für das Korrekturlesen des Textes vielmals gedankt.

Unser Dank gilt ferner Dr. Josef Wanzenböck (Mondsee), Dr. Gerald Zauner (Engelhartszell) und Dr. Anton Lamboj (Wien) für die Verifizierung von systematisch schwierig abgrenzbaren Arten.

Literatur

ADAMICKA, P. (1987): Nahrungsuntersuchungen an der Koppe (*Cottus gobio* L.) im Gebiet von Lunz. – Österreichs Fischerei 40(1):8-10, Scharfling.

AHNELT, H. (1986): Zum Vorkommen des Dreistacheligen Stichlings (*Gasterosteus aculeatus*, Pisces: Gasterosteidae) im österreichischen Donauraum. – Anm. Naturhist. Mus. Wien 88/89:309-314, Wien.

AHNELT, H. (1989): Zum Vorkommen des asiatischen Gründlings (*Pseudorasbora parva*, Pisces: Cyprinidae) in Ost-Österreich. – Österreichs Fischerei 42:164-168, Scharfling.

AHNELT, H. & R. PATZNER (1992): Über ein Vorkommen des Neunstacheligen Stichlings (*Pungitius pungitius*, Teleostei: Gasterosteidae) In Österreich. – Österreichs Fischerei 45:48-50, Scharfling.

AHNELT, H., H. J. PAEPKE & E. AMANN (1994): „Vierstachelige" Stichlinge aus dem Rheintal in Vorarlberg (*Gasterosteus aculeatus*, Pisces: Gasterosteidae). – Österreichs Fischerei 47:125-132, Scharfling.

ALBRECHT, H. (1980): Untersuchungen zur Evolution und Systematik der europäischen Flußkrebse und ihrer Verwandten. – Diss. Univ. Marburg an der Lahn, 219 pp.

ALBRECHT, H. (1981): Die Flußkrebse des westlichen Kärntens. – Carinthia II, 171./91.:267-274, Klagenfurt.

AMANN, E. (1992): Zum Vorkommen des Dreistacheligen Stichlings (*Gasterosteus aculeatus*) in Vorarlberg. – Österreichs Fischerei 45:124-125, Scharfling.

AMT DER KÄRNTNER LANDESREGIERUNG (1994): Kärntner Umweltbericht 1994. – Amt der Kärntner Landesregierung, Abteilung 15-Umweltschutz, erstellt im Auftrag des Kärntner Landtages; Klagenfurt: 121-152.

ARNOLD, G. & H. FREI (1995): Wasserwelt Kärntens. – Verlag J. Heyn, 180 pp., Klagenfurt.

BALON, E. K. (1968): Einfluß des Fischfanges auf die Fischgemeinschaften der Donau. – Archiv für Hydrobiologie Suppl.XXXIV(3):228-249, Wien.

BALON, E. K. & T. PENCZAK (1980): The dwarfed charr of Dösener See, an alpine lake in Austria:773-794. – In: BALON, E. K., W. JUNK (Ed.): Charrs, Salmonid Fishes of the Genus *Salvelinus*. B. v. Publishers, The Hague.

BANARESCU, P. (1962): Phylletische Beziehungen der Arten und Artbildung bei der Gattung *Gobio* (Pisces, Cyprinidae). – Vest. Ceskolov. zool. spol. 26:38-64.

BAUCH, G. (1954): Die einheimischen Süßwasserfische. – Neumann Verlag, 2. Auflage: 200 pp., Radbeul, Berlin.

BAUMGARTNER, E. (1988): Vergleich von Wachstum und Kondition verschiedener Fischarten in den Draustauräumen Annabrücke und Rosegg. – Diplomarbeit Universität Graz: 92 pp., Klagenfurt.

BLATNIG, S. (1993): Fischereibiologische Untersuchungen der Weißensteiner Drauschleife unter besonderer Berücksichtigung des Aufkommens der Äsche. – Diplomarbeit Universität Graz, Kärntner Institut für Seenforschung: 131 pp., Klagenfurt.

BERG, R., S. BLANK, & T. STRUBELT (1989): Fische in Baden-Württemberg. – Ministerium für Ländlichen Raum, Ernährung, Landwirtschaft und Forsten, 158 pp., Stuttgart.

BLAB, J. (1993): Grundlagen des Biotopschutzes für Tiere. – Schriftenreihe für Landschaftspflege und Naturschutz, Heft 24; Greven, 480 pp., Kilda.

BREITENSTEIN, M. & A. KIRCHHOFER (1999): Biologie, Gefährdung und Schutz des Schneiders in der Schweiz (*Alburnoides bipunctatus*). – BA für Umwelt, Wald und Landschaft. Mitteilungen zur Fischerei Nr. 62: 46 pp, Bern.

BUTZ, I. (2001): Aquakulturproduktion in Österreich, Stand 2000. – Österreichs Fischerei 54:235-238, Scharfling.

BUTZ, I. & G. IBEL (2001): Der Fischbedarf in Österreich im Jahre 2000. – Österreichs Fischerei 54:267-270, Scharfling.

DEMOLL-MAIER, S. (1925): Handbuch der Binnenfischerei Mitteleuropas, Stuttgart.

DEUER, W. (1992): Asketische Weltflucht oder Ständische Repräsentation? Streiflicht zur Kulturgeschichte des Zisterzienserklosters Viktring. – In: Stift Viktring, Festschrift zum 850. Jahrestag, Universitätsdruckerei: 37-49, Klagenfurt.

DUJMIC, A. (1997): Der vernachlässigte Edelfisch: Die Äsche. Status, Verbreitung, Biologie, Ökologie und Fang. – Facultas-Univ.-Verlag, Wien.

EBERSTALLER, J., M. JUNGWIRTH & C. HAJNY (1994): Fischökologische Untersuchung. Arbeitspaket 13:47-60. – In: MICHOR, K. (Red.): Zusammenfassender Bericht des Gewässerbetreuungskonzeptes „Obere Drau". Im Auftrag des Amtes für Wasserwirtschaft Spittal/Drau und des Bundesministeriums für Land- und Forstwirtschaft, Lienz.

EGGER, R. (1947): Die Reisetagebücher des Paolo Santonino (1485–1487) – Aus dem Lateinischen übertragen, Verlag Ferd. Kleinmayr, 190 pp., Klagenfurt.
FALKNER, G. (1990): Binnenmollusken. – In: FECHTER, R. & G. FALKNER (Ed.): Weichtiere. Steinbachs Naturführer, Mosaik Verlag: 287 pp., München.
FALKNER, G., R. A. BANK & T. VON PROSCHWITZ (2001): Check-list of the non-marine Molluscan Species-group taxa of the States of Northern, Atlantic and Central Europe (CLECOM I). – Heldia, 4(1/2):1-76, München.
FARKAS, J. (1993): Zur Biologie der Aalrutte in der oberen Drau und ihren Nebengewässern. – Carinthia II, 183./103.:593-612, Klagenfurt.
FARKAS, J. & C. OLSACHER (1997): Vermehrtes Algenwachstum im Ossiacher See. Maßnahmen zur Wiederherstellung des ökologischen Gleichgewichtes. – Österreichs Fischerei 50:261-271, Scharfling.
FINDENEGG, I. (1948): Vorkommen und Verbreitung der Wirbeltiere in Kärnten. Die Fische. – Carinthia II, Sh. (Festschrift zum 100jährigen Bestehen des Naturwissenschaftlichen Vereines für Kärnten) 11:58-62, Klagenfurt.
FINDENEGG, I. & E. REISINGER (1950): Ergänzungen zu Vorkommen und Verbreitung der Wirbeltiere in Kärnten. – Carinthia II, 139.-140./58.-60.:129-131, Klagenfurt.
FINDENEGG, I (1953): Kärntner Seen naturkundlich betrachtet. – Carinthia II, Sh.15:1-101, Klagenfurt.
FINDENEGG, I. (1962): Limnologische und fischereibiologische Untersuchungen an einem durch Abwasser alkalisierten Alpensee, dem Millstätter See in Kärnten. – Z. f. Fischerei u. d. Hilfswiss. XI N. F. (1962–1963) 1/2:115-127.
FISCHER, S. (1998): Verteilung und Wanderverhalten der Mühlkoppe (*Cottus gobio* L.) in einem astatischen Bachabschnitt: 372-376. – In: Tagungsbericht der Jahrestagung der Deutschen Gesellschaft für Limnologie gemeinsam mit der SIL in Klagenfurt, 28. 9. bis 2. 10. 1998. Bd. I, Eigenverlag der DGL, Tutzing.
FISCHEREI SECTION FÜR KÄRNTEN (1881): Über den Krebs in unseren Gewässern. – Waidmanns Heil, illustrierte Zeitschrift für Jagd-, Fischerei- und Schützenwesen in den österreichischen Alpenländern, Jg. 1:63.
FRAUSCHER K. (1900): Blaue Krebse. – Carinthia II 90./10.:181-182, Klagenfurt.
FRESACHER, W. (1968): Etwas über die Fischerei in vergangenen Tagen. – Die Kärntner Landsmannschaft, Heft 3:7-9, Klagenfurt.
FREUDELSPERGER, H. (1915): Die Fischerei im Erzstift Salzburg. – Österreichische Fischerei-Zeitung XII:51-52 und 62-64, Scharfling.
FRIEDL, T. (1991): Zum Fischbestand der Leitha, der Kleinen Leitha, des Komitatskanals und des Wiesgrabens (Bgld.) – Kärntner Institut für Seenforschung, im Auftrag der ARGE Grün, unveröff. Bericht: 92 pp., Klagenfurt.
FRIEDL, T. (1995): Zur Verbreitung von Neunaugen in Kärntner Fließgewässern. Ein Zwischenbericht. – Fischökologie 8:31-42, Petersberg.
FRIEDL, T., W. HONSIG-ERLENBURG & J. PETUTSCHNIG (1995): Der Fischbestand des Stappitzer Sees. Untersuchungen im Rahmen der fischökologischen Exkursion des Naturwissenschaftlichen Vereines 1994. – Carinthia II, 185./105.:169-182, Klagenfurt.
FRIEDL, T. (1996a): Das Neunaugenvorkommen des Lavanttales. In: WIESER, G. (1996): Die Gewässer des Lavanttales. – Carinthia II, Sh. 54:97-116, Klagenfurt.
FRIEDL, T. (1996b): Fische (Pisces). – In: KRAINER, K., H. A. STEINER & C. WIESER (Hrsg.): Entwicklung im Flachwasserbiotop Neudenstein. Forschung im Verbund, Band 24:95-107, Klagenfurt.
FRIEDL, T., R. FRESNER, M. KONAR & M. MAIRITSCH (2000): Fischereiliche und gewässerökologische Untersuchungen des Laußnitzsees (Österreich, Kärnten). – Carinthia II, 190./110.:427-439, Klagenfurt.
GALLENSTEIN, H. VON (1884): Beiträge zur Flußmuschel-Fauna Kärntens. – Jahresber. d. Oberrealschule in Görz, XXIV:1-52, Görz.
GALLENSTEIN, H. VON (1892): Die Schalenformungen der Muscheln des Wörther Sees in Kärnten. – Nachrbl. d. malak. Ges., 27:63-72.
GALLENSTEIN, H. VON (1895): Die Bivalven- und Gastropodenfauna Kärntens. I. Teil: Bivalven. – Jahrb. Naturhist. Mus. Kärnten, 23:1-67, Klagenfurt.
GASSNER, H. & J. WANZENBÖCK (1999): Hydroakustische Fischbestandeserhebungen in vier Salzkammergutseen. – Österreichs Fischerei 52:122-128, Scharfling.
GERSTMEIER, R. & T. ROMIG (1998): Die Süßwasserfische Europas. – Kosmos-Naturführer: 368 pp., Stuttgart.
GLANTSCHNIG, G. (1982): Vorarbeiten zu einer Novellierung des Kärntner Fischereigesetzes; Erläuterungen. – Amt der Kärntner Landesregierung; Verfassungsdienst, unpubl.: 38 pp., Klagenfurt.
GLÖER, P. & C. MEIER-BROOK (1998): Süßwassermollusken. – 12. Auflage. 1-136. Deutscher Jugendbund für Naturbeobachtung, Hamburg.
GLOWACKI, J., Hrsg. (1885): Die Fische der Drau und ihres Gebietes. – 16. Jahresbericht des Steierm. Landes-Untergymnasiums zu Pettau.
GROSS, T., T. FRIEDL & E. SEMBACH (1998): Fischereiliche Untersuchung der Draustaue

Paternion und Kellerberg – Kärntner Institut für Seenforschung. Endbericht im Auftrag der Österreichischen Draukaftwerke: 136 pp., Klagenfurt.

GROSS, E., S. JACOMET & J. SCHIBLER (1990): Selbstversorgung in neolithischen Dörfern am Zürichsee: 109-111. – In: Die ersten Bauern 1, Pfahlbaufunde Europas, Schweizerisches Landesmuseum, Zürich.

HAFNER, W., HONSIG-ERLENBURG, W. & P. MILDNER (1986): Faunistischer Bericht über die Thermen in Warmbad Villach. – Carinthia II, 176./96.:231-239, Klagenfurt.

HAGER, J. (1996): Edelkrebse. – Leopold Stocker Verlag, 128 pp., Graz.

HAIDVOGL, G. & H. WAIDBACHER (1997): Ehemalige Fischfauna an ausgewählten österreichischen Fließgewässern. – Universität f. Bodenkultur Wien, Österr. Nationalbank: 85 pp., Wien.

HARTLIEB, R. (1966): Am Fischwasser in Österreich. Ein Handbuch für Sportfischer. – 2. Aufl., Hubertusverlag Richter und Springer: 285 pp., Wien.

HARTMANN, V. (1898): Die Fische Kärntens. – Seperat-Abdruck aus dem XXV. Jahrbuch des naturhistorischen Landesmuseums von Kärnten, Ferd. v. Kleinmayr, 48 pp., Klagenfurt.

HAUSER, C. (1882): Aus dem Archiv. Eine Fischordnung an der Gurk aus dem Jahre 1577. – Carinthia I, 1882:185-189, Klagenfurt.

HAWLITSCHEK, A. (1892): Über Angelsport. – A. W. Künast, 215 pp., Wien.

HECKEL, J. & R. KNER (1857): Die Süßwasserfische der Österreichischen Monarchie. – Breitkopf und Härtel, 388 pp., Leipzig.

HERZIG, A. & B. HERZIG-STRASCHIL (2001): Das Vorkommen des Aales (*Anguilla anguilla*) im Donaueinzugsgebiet – allochthon versus autochthon. – Österreichs Fischerei 54:230-234, Scharfling.

HIRSCH, A. (2001): Fischereiliche Bestandesaufnahme des Sonnegger Sees (Kärnten). – Diplomarbeit, Universität Graz, Kärntner Institut für Seenforschung: 100 pp., Klagenfurt.

HOCHLEITHNER, M. (1996): Störe – Verbreitung, Lebensweise und Aquakultur. – Österr. Agrarverlag, Klosterneuburg.

HOFMANN, J. (1980): Die Flußkrebse. – Paul Parey, 110 pp., Hamburg.

HOLČIK, J. (1986): The freshwater fishes of Europe. Vol. 1, Part. I: Petromyzontiformes. – Aula Verlag, Wiesbaden.

HONSIG-ERLENBURG, W. (1980): Fischbesatz mittels Hubschrauber in Hochgebirgsseen. – Österreichs Fischerei 33:149-154, Scharfling.

HONSIG-ERLENBURG, W., N. SCHULZ, G. DEISINGER & K. KANZ (1983): Erste limnologische Untersuchungen im Melniksee (Kärnten, Österreich). – Carinthia II, 173./93.:185-204, Klagenfurt.

HONSIG-ERLENBURG, W. & N. SCHULZ (1989a): Die Fische Kärntens. – Carinthia II, Sonderpublikation des Naturwissenschaftlichen Vereines für Kärnten, 112 pp., Klagenfurt.

HONSIG-ERLENBURG, W. & N. SCHULZ (1989b): Der Längsee und seine fischereiliche Situation. – Österreichs Fischerei 42:245-254, Scharfling.

HONSIG-ERLENBURG, W. & N. SCHULZ (1990): Ergänzung zur Fischfauna Kärntens: Der Zingel. – Carinthia II, 180./100.:123-125, Klagenfurt.

HONSIG-ERLENBURG, W., K. KRAINER, P. MILDNER & C. WIESER (1992): Zur Flora und Fauna des Webersees. – Carinthia II, 182./102.:159-173, Klagenfurt.

HONSIG-ERLENBURG, W. (1995): Zum Fischbestand des Friesacher Stadtgrabens. – Österreichs Fischerei 48 (10):216-217, Scharfling.

HONSIG-ERLENBURG, W. & T. FRIEDL (1995): Erstnachweis des Steingreßlings (*Gobio uranoscopus* Agassiz, 1828) in Kärnten. – Österreichs Fischerei 48:229-231, Scharfling.

HONSIG-ERLENBURG, W. (1996): Gefährdete und seltene Fischarten in Kärnten (Österreich). – Fischökologie aktuell 10:86-90, Petersberg.

HONSIG-ERLENBURG, W. & P. MILDNER (1996): Franz Xaver Freiherr von Wulfen als Ichthyologe. – Carinthia II 186./106.:349-360, Klagenfurt.

HONSIG-ERLENBURG, W. & N. SCHULZ (1996): Die Flußkrebse des Lavanttales. In: WIESER, G.: Die Gewässer des Lavanttales. – Carinthia II, Sh. 54:91-96, Klagenfurt.

HONSIG-ERLENBURG, W., N. SCHULZ & T. FRIEDL (1996): Die Fische des Lavanttales:117-129. In: WIESER, G.: Die Gewässer des Lavanttales. – Carinthia II, Sh. 54: 164 pp., Klagenfurt.

HONSIG-ERLENBURG, W. (1997): Fischfang. – In: Katalog, Landesausstellung Ferlach im Rosental, Kärnten 1997: „alles jagd…eine kulturgeschichte", Kärntner Druckerei: pp. 343-351, 663-671. Klagenfurt.

HONSIG-ERLENBURG, W. & T. FRIEDL (1997): Einfluß des Kormorans auf die Fischbestände in der mittleren Gail (Kärnten). – Österreichs Fischerei 50:113-117, Scharfling.

HONSIG-ERLENBURG, W. & G. WIESER; Hrsg. (1997): Die Gurk und ihre Seitengewässer. – Carinthia II, Verlag des Naturwissenschaftlichen Vereines für Kärnten, Sh. 55: 188 pp., Klagenfurt.

HONSIG-ERLENBURG, W., T. FRIEDL & B. MAIER (1997a): Erstnachweis des Weißflossengründlings (*Gobio albipinnatus* Lukasch, 1933) in Kärnten. – Carinthia II, 187./107.:119-122, Klagenfurt.
HONSIG-ERLENBURG, W., M. KONAR, T. HUBER, B. GUTLEB, G. WIESER, T. FRIEDL & P. MILDNER (1997b): Zoologische Exkursion des Naturwissenschaftlichen Vereines zur Kolpa (Slowenien). – Carinthia II, 187./107.:139-152, Klagenfurt.
HONSIG-ERLENBURG, W. (1998a): Verbreitung der Fischarten von gemeinschaftlichem Interesse gemäß der FFH-Richtlinie in Kärnten. – Kärntner Naturschutzberichte 3/98: 56-74.
HONSIG-ERLENBURG, W. (1998b): Ökologische Erfolgskontrolle von Restrukturierungsmaßnahmen an Kärntner Fließgewässern: 40-50. – In: Tagungsbericht der Jahrestagung der Deutschen Gesellschaft für Limnologie gemeinsam mit der SIL, Klagenfurt, 28.9.–2.10. 1998, Bd. I, Eigenverlag der DGL, Tutzing.
HONSIG-ERLENBURG, W., W. PETUTSCHNIG, F. PICHLER, E. GRAZE, D. STREITMAIER, G. WIESER, H. HUFNAGL, T. FRIEDL, G. WEISSEL, R. KÖLLER, T. PIECHL & T. ROTTENBURG (1998a): Lebende Fließgewässer in Kärnten. – Amt der Kärntner Landesregierung, 48 pp., Klagenfurt.
HONSIG-ERLENBURG, W., V. STEINER, T. FRIEDL & N. SCHOTZKO (1998b): Die Seeforelle des Weißensees (Kärnten, Österreich). Mögliche Ursachen ihres Aussterbens. – Verh. d. Gesellsch. f. Ichthyol. Band 1:75-85, Düsseldorf.
HONSIG-ERLENBURG, W. & T. FRIEDL (1999a): Zum Vorkommen des Sterlets (*Acipenser ruthenus* L.) in Kärnten. – Österreichs Fischerei 52:129-133, Scharfling.
HONSIG-ERLENBURG, W. & T. FRIEDL (1999b): Rote Liste der Rundmäuler und Fische Kärntens: 121-132. – In: ROTTENBURG, T., W. E. HOLZINGER, P. MILDNER, C. WIESER (Ed.): Rote Listen gefährdeter Tiere Kärntens. Schriftenreihe Naturschutz in Kärnten 15, Amt der Kärntner Landesregierung: pp. 121-132, Klagenfurt.
HONSIG-ERLENBURG, W. & W. PETUTSCHNIG (1999): Schutz der Fließgewässer: 41-44. – In: AMT DER KÄRNTNER LANDESREGIERUNG (Hrsg.): Lebende Fließgewässer in Kärnten. 48 pp., Klagenfurt.
HONSIG-ERLENBURG, W. & M. POVŽ (1999): First record of Kessler's gudgeon (*Gobio kessleri*) in Slovenia. – Folia Zool. 48 (2):153-156, Prague.
HONSIG-ERLENBURG, W. (2000): Fische (Pisces) und Großkrebse (Decapoda): 184-186. – In: NATURSCHUTZVEREIN HÖRFELD-MOOR (Hrsg.): Das Hörfeld-Moor; Naturjuwel in der Norischen Region, Kärntner Druck- und Verlagsges.m.b.H; Innsbruck, Klagenfurt.
HONSIG-ERLENBURG, W. & W. PETUTSCHNIG (Red.) (2000): Die Gewässer des Gailtales. – Carinthia II, 57. Sh: 1-255, Klagenfurt.
HONSIG-ERLENBURG, W. (2001a): Der Semling (*Barbus peloponnesius* Valenciennes, 1842), eine verschollene Fischart in Kärnten wiederentdeckt. – Österreichs Fischerei 54:120-122, Scharfling.
HONSIG-ERLENBURG, W. (2001b): Zur Verbreitung und Gefährdungssituation der Äsche (*Thymallus thymalus*) in Kärnten (Österreich.). – Verhandlungen der Gesellschaft für Ichthyologie 2:49-57, Düsseldorf.
HONSIG-ERLENBURG, W. (2001c): Zum Fischbestand des Warmbaches in Villach. – Carinthia II, 191./111.:135-140, Klagenfurt.
HUBMANN, C. (1996): Die Fischfauna des Afritzer Sees in Kärnten. – Diplomarbeit Universität Graz, Kärntner Institut für Seenforschung: 92 pp., Klagenfurt.
JAGSCH, A. (1992): Anthropogene Einflüsse auf Fische und Fischerei. – Fließgewässer und ihre Ökologie, Wiener Mitteilungen 105: 1-19.
JAS, S. (1996): Taksne ribe pa se ne. – Ribič 1/2:35.
JEREMKO, B. (1998): Keciga iz kanala Drave. – Ribič 5:120.
JUNGWIRTH, M. (1979): Pflanzenfressende Fische. Für und Wider. – Sportfischer in Österreich 4/79:19-20.
JUNGWIRTH, M., O. MOOG, S. SCHMUTZ & H. WIESBAUER (1990): Ökologie des aquatischen Lebensraumes, Teilgutachten 4:1-341. – In: BERNT, T. (Red.): Raum- und Umweltverträglichkeitsprüfung der Kraftwerksprojekte Obere Drau I Sachsenburg bis Spittal-Mauthbrücken. Im Auftrag des Amtes der Kärntner Landesregierung, Abt. 20-Landesplanung, Klagenfurt.
JUNGWIRTH, M., G. WOSCHITZ, G. ZAUNER & A. JAGSCH (1995): Einfluss des Kormorans auf die Fischerei. – Österreichs Fischerei 48:111-125, Scharfling.
KÄHSBAUER, P. (1961): Cyclostomata, Teleostomi (Pisces). – In: Catalogus Faunae Austriae, Teil Xxaa, Komm. Springer, Österr. Staatsdruckerei: 1-11, Wien.
KAINZ, E. & H. P. GOLLMANN (1989): Beiträge zur Verbreitung einiger Kleinfischarten in Österreichischen Fließgewässern; Teil 2: Bartgrundel oder Schmerle. – Österreichs Fischerei 42:240-245, Scharfling.
KAINZ, E. & H. P. GOLLMANN (1990): Beiträge zur Verbreitung einiger Kleinfischarten in Österreichischen Fließgewässern; Teil 3: Gründling (*Gobio gobio*; Cyprinidae). – Österreichs Fischerei 43:80-86, Scharfling.

KERSCHBAUMER, G. (1986): Untersuchungen zum Fischbestand des Keutschacher Sees (Kärnten, Österreich). – Diplomarbeit Universität Graz, Kärntner Institut für Seenforschung: 129 pp., Klagenfurt.

KERSCHBAUMER, G. & U. PROCHINIG (1999): Erstnachweis des Kessler-Gründlings (*Gobio kessleri* Dybowski, 1862) in Kärnten. – Carinthia II 189./109.:237-240, Klagenfurt.

KERSCHBAUMER, G., U. PROCHINIG, T. GROSS, R. HRADEZKY & M. KONAR (2002): Aquatische Fauna und Flora: 3-140. – In: PROCHINIG, U. (Hrsg.): Ökosystem Flusskraftwerk Rosegg – St. Jakob. Stand und Zukunftsperspektiven der Bewirtschaftung. Schriftenreihe der Forschung im Verbund, Bd. 79: 175 pp., Wien.

KLOS, C. & J. KROTTEN (2001): Fische und Flusskrebse des Saarlandes. – Fischereiverband Saar (Hrsg.), Atlantenreihe Band 1, Ministerium für Umwelt des Saarlandes: 111 pp.

KÖCK, H. (1978): Der Silberlachs (*Oncorhynchus kisutch*). – Österreichs Fischerei 31:11-12, Scharfling.

KOFLER, A. (1980): Zum Vorkommen von Fischen in Osttirol. – Carinthia II, 170./90.:495-516, Klagenfurt.

KOHL, F. (1996): Kormorane und Fische, Naturschutz und Fischerei. Österreichisches Kuratorium für Fischerei und Gewässerschutz: 47 pp., Brunn am Gebirge.

KOTTELAT, M. (1997): European freshwater fishes. – Biologia, 52, Suppl. 5: 271 pp., Bratislava.

LATZEL, R. (1876): Beiträge zur Fauna Kärntens. – Jahrbuch des naturhistorischen Landesmuseum von Kärnten, 12:102-119, Klagenfurt.

LEE, D. S, C. R. GILBERT, C. H. HOCUTT, R. E. JENKINS, D. E. MCALLISTER & J. R. STAUFFER (1980): Atlas of North American Freshwater Fishes. – North Carolina State Museum of Natural History, Publication 1980/12 of the North Carolina Biological Survey.

LELEK, A. (1987): *Zingel zingel*. In: The freshwater fishes of Europe. – Aula Verlag: 300-302, Wiesbaden.

LEON, F. (1881): Ein weißer Krebs. – Waidmanns Heil, illustrierte Zeitschrift für Jagd-, Fischerei- und Schützenwesen in den österreichischen Alpenländern, Jg. 1:174.

MACHINO, Y. & L. FÜREDER (1996): Der Kärntner „Sumpfkrebs" im Gailtal. – Österreichs Fischerei, 49 (4):93-97, Scharfling.

MACHINO, Y. (1997): New white-clawed crayfish *Austropotamobius pallipes* (Lereboullet, 1858) occurrences in Carinthia, Austria. – Bull. Fr. Peche Piscic. 347:713-720.

MAIER, B. (1997): Fischbestandsaufnahme im Stauraum Lavamünd. – Diplomarbeit an der Karl-Franzens-Universität und am Kärntner Institut für Seenforschung: 120 pp., Graz.

MILDNER, P. & J. TROYER-MILDNER (1992): Zum Bestand der Gemeinen Flußmuschel *Unio crassus* Philipsson, 1788 (Mollusca: Bivalvia: Unionidae) in Kärnten. – Carinthia II, Teil 1, 182./102.:101-112, Klagenfurt.

MILDNER, P. (1995): Angaben zur Verbreitung der Gemeinen Teichmuschel *Anodonta anatina* Linné in Kärnten. – Carinthia II, Teil 1, 185./105.:405-406, Klagenfurt.

MILDNER, P. (1996): Weichtiere (Mollusca). – In: KRAINER, K., H. A. STEINER & C. WIESER: Entwicklung im Flachwasserbiotop Neudenstein. Schriftenreihe der Forschung im Verbund, 24:41-44, Wien.

MILDNER, P. & U. RATHMAYR (1999): Weichtiere (Mollusca: Gastropoda und Bivalvia). – In: ROTTENBURG, T., C. WIESER, P. MILDNER, W. E. HOLZINGER (Red.): Rote Listen gefährdeter Tiere Kärntens. Naturschutz in Kärnten, Bd. 15:643-662, Klagenfurt.

MILDNER, P. (2001): Zur Verbreitung der Schnecken- und Muschelarten von gemeinschaftlichem Interesse gemäß der FFH-Richtlinie in Kärnten. – Kärntner Naturschutzberichte, 5:51-61, Klagenfurt.

MUUS, B. J. & P. DAHLSTRÖM (1993): Süßwasserfische Europas. Biologie, Fang, wirtschaftliche Bedeutung. – BLV, 7. Auflage: 223 pp., München.

MOJSISOVICS VON MOJSVAR, A. (1897): Das Thierleben der österreichisch-ungarischen Tiefebene. – Wien.

NELSON, J. S. (1984): Fishes of the world, 2nd edition. – John Wiley & sons: 401 pp., New York.

NESEMANN, H. & N. NAGEL (1990): Die Flußmuscheln (Bivalvia: Unionacea) im Einzugsgebiet der Loire (Zentralfrankreich) – eine erste Bestandserfassung. – Mitt. d. Deutschen Malakozool. Ges., 44-45:1-15, Frankfurt/Main.

NESEMANN, H. (1993): Zoogeographie und Taxonomie der Muschel-Gattungen *Unio* Philipsson 1788, *Pseudanodonta* Bourguignat 1877 und *Pseudunio* Haas 1910 im oberen und mittleren Donausystem (Bivalvia: Unionidae, Margaritiferidae) (mit Beschreibung von *Unio pictorum tisianus* ssp.). – Nachrbl. der Ersten Vorarlberger Malakologischen Gesellschaft, 1:20-40, Rankweil.

NÜMANN, W. (1967): Markierungsversuche an Bach- und Regenbogenforellen im Bodensee, als Beitrag zur systematischen Eingliederung von Forellen. – Schweiz. Z. Hydrol. 29:269-283.

OIDTMANN, B. & R. W. HOFFMANN (1998): Die Krebspest. – In: EDER, E & W. HÖDL (Hrsg.): Flußkrebse Österreichs. – Oberösterreichisches Landesmuseum, Stapfia 58:187-196, Linz.

PARTL, P. (1988): Die Drau – der beste Huchenfluß Europas. – Fisch & Fang 29:24-25.

PAULUZZI, G. (2000): Die Ökologie des Sonnenbarsches (*Lepomis gibbosus*) im Copacabana-Freizeitsee. – Diplomarbeit, Universität Graz und Kärntner Institut für Seenforschung: 117 pp., Klagenfurt.

PAYR, M. (2001): Vergleich der Aufzucht von ausgewählten Seesaiblingsstämmen (*Salvelinus alpinus* L.). – Diplomarbeit an der Universität f. Bodenkultur, Abt. Hydrobiologie, Fischereiwirtschaft und Aquakultur: 113 pp., Wien.

PECHLANER, R. (1966): Salmonideneinsätze in Hochgebirgsseen und -tümpel der Ostalpen. – Verh. Int. Ver. Limnol. 16:1182-1191.

PEDROLI, J.-C., B. ZAUGG & A. KIRCHHOFER (1991): Verbreitungsatlas der Fische und Rundmäuler der Schweiz. – Documenta Faunistica Helvetiae 11: 207 pp., Neuchâtel.

PERGER, N. (1998): Fisch als Nahrung des Kormorans in alpinen Gewässern. – Diplomarbeit an der Karl-Franzens-Universität, Graz.

PETER, A. (1997): Untersuchungen zur Konkurrenz zwischen Bachforelle und Regenbogenforelle im Einzugsgebiet des Bodensees. – Forschungsarbeit am Forschungszentrum für Limnologie, Kastanienbaum.

PETUTSCHNIG, J. (1993): Das Steinkrebsvorkommen im Einzugsgebiet des Trattenbaches. – Jb. d. Oberöster. Musealver., Bd. 138/1:279-307.

PETUTSCHNIG, J. (1997): Der Kamberkrebs (*Orconectes limosus*) im Kärntner Weißensee. – Unveröffentl. Manuskript, 21 pp., Klagenfurt.

PETUTSCHNIG, J. (1999a): Rote Liste der Flußkrebse in Kärnten. – In: ROTTENBURG, T., P. MILDNER, C. WIESER, W. E. HOLZINGER (Hrsg.): Rote Listen gefährdeter Tiere Kärntens. – Schriftenreihe Naturschutz in Kärnten 15:521-524, Klagenfurt.

PETUTSCHNIG, J. (1999b): Flußkrebse in Klagenfurt. – Unveröffentl. Studie im Auftrag der Stadt Klagenfurt, 45 pp. mit Karte.

PETUTSCHNIG, J. & W. HONSIG-ERLENBURG (1999): Erstnachweis des Dreistacheligen Stichlings (*Gasterosteus aculeatus*) in Kärnten. – Carinthia II, 189./109.:259-262, Klagenfurt.

PETUTSCHNIG, J., S. AIGNER, G. EGGER & T. KUCHER (1999): Kärntner Fließgewässererhebung. Grundlagenerhebung für die Kärntner Fließgewässertypisierung und Charakterisierung. – Im Auftrag des Amtes der Kärntner Landesregierung, Abt. 20, Uabt. Naturschutz, 110 pp., Klagenfurt.

PETUTSCHNIG, J. (2000a): Flusskrebse. – In: LEUTE, G. H., H. D. POHL & H. ZWANDER (Hrsg.): Der Klagenfurter Wochenmarkt am Benediktiner Platz. Sonderpublikation des Naturwiss. Ver. f. Kärnten, Klagenfurt.

PETUTSCHNIG, J. (2000b): Verbreitung der Flusskrebse in Kärnten. – Unveröff. Grundlagenstudie für ein Artenschutzprogramm in Kärnten. Forschungsprojekt des Nationalpark Jubiläumsfonds, 96 pp., Klagenfurt.

PETUTSCHNIG, J. (2000c): Grundlagenstudie für ein Dohlenkrebsartenschutzprojekt in Kärnten. – Unveröffentl. Studie im Auftrag des Amtes der Kärntner Landesregierung, Unterabteilung Naturschutz, 40 pp. + Karten, Klagenfurt.

PETUTSCHNIG, J. (2001a): Flusskrebsvorkommen in Kärnten. – Rudolfinum, Jahrbuch des Landesmuseums für Kärnten 2000:291-304, Klagenfurt.

PETUTSCHNIG, J. (2001b): Artenschutzprojekt Dohlenkrebse. – Kärntner Naturschutzberichte 6:25-34, Klagenfurt.

PETUTSCHNIG, W. (1997): EU-Naturschutz. In Kärnten vorkommende Lebensräume und Arten von gemeinschaftlichem Interesse gemäß der FFH-Richtlinie und ihre Verbreitung in den bisher genannten Natura 2000-Gebieten. – Hrsg.: Amt der Kärntner Landesregierung, Abt. 20, Uabt. Naturschutz. Kärntner Naturschutzberichte Bd. 2:91-95, Klagenfurt.

PICHLER, F. (1998): Schutzwasserbau und Revitalisierung von Fließgewässern in Kärnten. – In: Tagungsbericht der Jahrestagung der Deutschen Gesellschaft für Limnologie gemeinsam mit der SIL, Klagenfurt, 28.9.-2.10.1998, Bd. 1, Eigenverlag der DGL:51-57, Tutzing.

PICHLER-SEMMELROCK, F. (1988): Der Einfluß des Wachstums auf den Bau der Kiemenfilter und die Nahrungsaufnahme des Silberkarpfens. – Dissertation Universität Graz.

POSCH, M. (1977): Neue Blüte der nassen Waid: 31-37. In: TRENKWALDER, H. G.: Fischerparadies Kärnten. – Kärntner Druck- und Verlagsgesellschaft, Klagenfurt.

POVŽ, M. & B. SKET (1990): Naše sladkovodne ribe. Založba Mladinska knjiga. Ljubljana.

PRETZMANN, G. (1994): Rote Liste der zehnfüßigen Krebse (Decapoda) und Schwebgarnelen (Mysidacea) Österreichs: 279-282. – In: GEPP, J.: Rote Listen gefährdeter Tiere Österreichs. Grüne Reihe des Bundesministeriums für Umwelt, Jugend und Familie, Bd. 2 (5. Auflage), Styria Medienservice, Graz.

PROCHINIG, U. (1997): Untersuchung zur Entwicklung des Fischbestandes des Speichers Koralpe. – Diplomarbeit Karl-Franzens Universität Graz und Kärntner Institut für Seenforschung: 142 pp., Klagenfurt.

PROCHINIG, U., R. ROTTER & E. LORENZ (2001): Fischereiliche Untersuchungen des Völkermarkter Staues. – Kärntner Institut für Seenforschung, unpubl. Bericht: 126 pp., Klagenfurt.

REISINGER, E. (1952): Zur Fischfauna Kärntens. – Carinthia II, 142./62.:52-56, Klagenfurt.

RIEHL, R. (1991): Können einheimische Fische anhand ihrer Eier durch Wasservögel verbreitet werden? – Zeitschrift f. Fischkunde 1:79-82, Solingen.

RIEHL, R. & H. A. BAENSCH (1991): Aquarium Atlas. – Mergus: 992 pp., Melle.

ROSKER, C. (2001): Untersuchungen zur Uferstruktur und zum Fischbestand des Völkermarkter Stauraumes. – Diplomarbeit Karl-Franzens Universität Graz und Kärntner Institut für Seenforschung: 94 pp., Klagenfurt.

ROSSMAESSLER, E. A. (1835): Iconographie der Land- und Süßwasser-Mollusken, mit vorzüglicher Berücksichtigung der europäischen noch nicht abgebildeten Arten. – II. Heft:1-26, Dresden und Leipzig.

SAMEK, M. (2000): Die Ökologie des Steinbeißers (*Cobitis taenia*) im Copacabana-Freizeitsee. – Diplomarbeit, Karl-Franzens-Universität Graz und Kärntner Institut für Seenforschung: 97 pp., Graz und Klagenfurt.

SAMPL, H. & P. MILDNER (1974): Die Wandermuschel (*Dreissena polymorpha* Pallas) in Kärnten. – Carinthia II, 163./83.:489-491, Klagenfurt.

SAMPL, H. (1976a): Aus der Tierwelt Kärntens: Die Fische. – In: KAHLER, F. (Ed.): Die Natur Kärntens, Bd. 2:101-112, Verlag Heyn, Klagenfurt.

SAMPL, H. (1976b): Die Thermen von Warmbad Villach. – In: KAHLER, F. (Ed.): Die Natur Kärntens, Bd. 2:262-263, Verlag Heyn, Klagenfurt.

SAMPL, H. (1976c): Die Seen der Tallagen. – In: KAHLER, F. (Hrsg): Die Natur Kärntens Bd. 2. Verlag Heyn, Klagenfurt.

SAMPL, H., R. E. GUSINDE & H. TOMEK (1982): Seenreinhaltung in Österreich. Limnologie, Hygiene, Maßnahmen, Erfolge. – BMLF, Schriftenreihe Wasserwirtschaft, Heft 6a:1-175, Wien.

SAMPL, H. (1999): Kärnten ein Land der Seen: 63-90. – In: MILDNER, P & H. ZWANDER (Hrsg.): Kärnten – Natur. Die Vielfalt eines Landes im Süden Österreichs. Verlag des Naturwissenschaftlichen Vereines für Kärnten. 2. erweiterte Auflage: 496 pp., Klagenfurt.

SCHÄPERCLAUS, W. (1935): Die Ursache der pestartigen Krebssterben. – Zeitschr. f. Fischerei 33:343-367.

SCHMUTZ, S. & G. ZAUNER (1999): Bewirtschaftung von Fließgewässern. Besatz versus Revitalisierung. – Tagungsbericht: Bewirtschaftung von Fischgewässern. Österr. Kuratorium für Fischerei und Gewässerschutz, Forum Mattsee, Jänner 1998:129-146.

SCHMUTZ, S., M. KAUFMANN, B. VOGEL & M. JUNGWIRTH (2000): Grundlagen zur Bewertung der fischökologischen Funktionsfähigkeit von Fließgewässern. – Bundesministerium für Land- und Forstwirtschaft, Umwelt und Wasserwirtschaft: 213 pp., Wien.

SCHMUTZ, S., G. ZAUNER, J. EBERSTALLER & M. JUNGWIRTH (2001): Die „Streifenbefischungsmethode“: Eine Methode zur Quantifizierung von Fischbeständen mittelgroßer Fließgewässer. – Österreichs Fischerei 54:14-27, Scharfling.

SCHOLZ, A. (1992): Die Großmuscheln (Unionidae) im Regierungsbezirk Detmold. Verbreitung, Biologie und Ökologie der ostwestfälischen Najaden. – Naturschutz und Landschaftspflege im Reg. Bez. Detmold, Sonderheft:1-73, Detmold.

SCHREMSER, M. (1983): Fischerei (Sport- und Angelfischerei) einst und jetzt. – In: Katalog Fischerei einst und jetzt, Ausstellung des Landes Niederösterreich, Schloss Orth/Donau: 89-142.

SCHULZ, N. & G. PIERY (1982): Zur Fortpflanzung des Huchens (*Hucho hucho* L.). Untersuchung einer Laichgrube. – Österreichs Fischerei 35:241-249, Scharfling.

SCHULZ, N. & W. KIRCHLEHNER (1984): Der Steinkrebsbestand (*Astacus torrentium* Schrank) im Spintikbach (Kärnten, Österreich). – Österreichs Fischerei 37 (2/3):47-57, Scharfling.

SCHULZ, N., W. HAFNER, W. HONSIG-ERLENBURG, E. POLZER, K. TRAER & E. WOSCHITZ (1986): Fischereiliche Untersuchungen in den Flußstauräumen der Drau. – Kärntner Institut für Seenforschung, Endbericht KD 1, Gesellschaft zur Förderung der Kärntner Wirtschaft, Amt der Kärntner Landesregierung: 292 pp., Klagenfurt.

SCHULZ, N., G. DEISINGER, W. HAFNER & W. HONSIG-ERLENBURG (1988): Limnologische Untersuchungen am Goaßelesee (Kärnten, Österreich). – Carinthia II, 178./98.:569-585, Klagenfurt.
SCHULZ, N. (1989): Der Huchen – eine gefährdete Fischart. – Carinthia II, 179./99.:131-139, Klagenfurt.
SCHULZ, N., K. TRAER, E. POLZER, G. WIESER, L. SCHULZ, J. GRUBER, J. FARKAS & E. WOSCHITZ (1989): Obere Drau I, Generelles 4-Stufen Projekt Sachsenburg-Spittal-Mauthbrücken. Beweissicherung der Ökologie des aquatischen Lebensraumes. – Unveröffentl. Bericht, Kärntner Inst. f. Seenforschung, Klagenfurt.
SCHULZ, N. & G. WIESER (1991): Der Dösener See. – Alpenvereinsnachrichten 2/91:54-58, Graz.
SCHULZ, N., G. DEISINGER, J. EISNER, P. SCHABER, K. TRAER & G. WIESER (1996): Fische unter den Entwicklungsvoraussetzungen in hochgelegenen Speicherseen der Alpen. – Schriftenreihe der Forschung im Verbunde, Bd. 23, Wien.
SCHUSTER, B. (2001): Wildkarpfen in der March. Symposium am 5. Juli 2001, Bericht. – Österreichs Fischerei 54:238-239, Scharfling.
SCHWARZ, M. (1998): Biologie, Gefährdung und Schutz des Strömers (*Leuciscus souffia*) in der Schweiz. – Bundesamt für Umwelt, Wald und Landschaft (BUWAL), Mitteilungen zur Fischerei Nr. 59: 60 pp., Bern.
SCHWEVERS, U. & B. ADAM (1999): Gewässerstrukturgüte und Fischfauna. – Natur und Landschaft, Bd. 74 (9):355-360.
SEMBACH, E. (2000): Zusammenhang zwischen benthischer Besiedlung und der Nahrungsauswahl typischer Fischarten in den Laufstauen Paternion und Kellerberg (Obere Drau, Kärnten, Österreich). – Diplomarbeit, Karl-Franzens-Universität Graz und Kärntner Institut für Seenforschung: 77 pp., Klagenfurt.
SPINDLER, T. (1991): Wiedereinbürgerung von Wildkarpfen in Flußsysteme – Determination und Besatzgewinnung. – Österreichs Fischerei 44:236-237, Scharfling.
SPINDLER, T. (1995): Fischfauna in Österreich. – BMJUF, Umweltbundesamt Wien, Monographien, Band 53: 136 pp., Wien.
SPINDLER, T., G. ZAUNER, E. MIKSCHI, H. KUMMER, A. WAIS & R. SPOLWIND (1997): Gefährdung der heimischen Fischfauna. – In: SPINDLER, T.: Fischfauna in Österreich. BMUJF, Umweltbundesamt Wien, Monographien, Band 87:54-75, Wien.
SPITZY, R. (1973): Crayfish in Austria, history and actual situation. In: ABRAHAMSSON, S. (Ed.): Freshwater crayfish. – Bd. I:8-14, Lund.
STEINER, H. (1977): Die Fischgewässer Kärntens: 31-37. In: TRENKWALDER, H. G. (Hrsg.): Fischerparadies Kärnten. – Kärntner Druck- und Verlagsgesellschaft, Klagenfurt.
STROUHAL, H. (1934): Biologische Untersuchungen an den Thermen von Warmbad Villach. – Archiv für Hydrobiologie 26:323-385 und 495-583.
STOCH, F., S. PARADISI & M. B. DANCEVICH (1992): Carta ittica del Friuli-Venetia-Giulia. – Ente tutela pesca del Friuli-Venetia-Giulia: 285 pp., Udine.
STURM, F. (1991): Die Fischfauna des Feldsees in Kärnten. – Diplomarbeit Universität Graz, Kärntner Institut für Seenforschung: 82 pp., Klagenfurt.
STURM, F. (2001): Das Kärntner Fischereigesetz. Kommentierte Gesetzesausgabe – Kärntner Druck- und Verlagsgesellschaft, 211 pp., Klagenfurt.
SVETINA, A. (1966): Jagd und Fischerei im Mießtal Ende des 16. Jahrhunderts. – Der Anblick, 21:304, Graz.
TAURER, M. (2002): Die Großmuscheln in den Stillgewässern Kärntens. – Naturwissenschaftlicher Verein für Kärnten, Carinthia II, Sh. 59, Klagenfurt.
TEROFAL, F. (1984): Süßwasserfische in europäischen Gewässern. – In: G. STEINBACH (Hrsg.), Mosaikverlag: 288 pp., München.
TORKE, W. (1993): Die Fische am prähistorischen Federsee. – Archäologisches Korrespondenzblatt 23:56-65.
TRAER, K. & E. WOSCHITZ (1988): Limnologie stehender Gewässer im Nationalpark Nockberge, Kärnten. – Kärntner Institut für Seenforschung, unveröffentl. Bericht: 93 pp., Klagenfurt.
TSCHAUKO, H. (1923): Über unsere Fischerei. – In: Kärntner Südmarkkalender 1923:98-105, Klagenfurt.
TURNOWSKY, F. (1976): Hochgebirgsseen. – In: KAHLER, F. (Hrsg.): Die Natur Kärntens, Bd. 2:225-245. J. Heyn Verlag, Klagenfurt.
UIBLEIN, F., A. JAGSCH, G. KÖSSNER, S. WEISS, P. GOLLMANN & E. KAINZ (2000): Untersuchungen zur lokalen Anpassung, Gefährdung und Schutz der Äsche (*Thymallus thymallus*) in drei Gewässern in Oberösterreich. – Österreichs Fischerei 53:87-165, Scharfling.
UIBLEIN, F., A. JAGSCH, W. HONSIG-ERLENBURG & S. WEISS (2001): Status, habitat use, and vulnerability of the European grayling in Austrian waters. – Journal of Fish Biology 59 (Supplement A):223-247.
UIBLEIN, F., T. FRIEDL, W. HONSIG-ERLENBURG & S. WEISS (2002a): Lokale Anpassung,

Gefährdung und Schutz der Äsche in drei Gewässern in Kärnten. – Österreichs Fischerei 55:112-140, Scharfling.
UIBLEIN, F., T. FRIEDL & U. PROCHINIG (2002b): Fischökologischer und fischereilicher Managementplan für das Natura 2000-Gebiet „Obere Drau". – Kärntner Institut für Seenforschung: 78 pp., Klagenfurt.
UNFER, G. & S. SCHMUTZ (1998): Fischökologische Untersuchung der Besiedlung des Marchfeldkanal-Systems in den ersten fünf Jahren seit der Flutung. – Vortrag im Rahmen der DLG und SIL Jahrestagung in Klagenfurt, 28.9.-2.10.1998, Tutzing.
WAGNER, H. (1947): Heimatgeschichte um einen Fisch. – Carinthia I, 134.-135.:97-102, Klagenfurt.
WAGNER, H. (1948): Einiges vom Seesaibling (*Salmo salvelinus* L.). – Carinthia II, 137.-138./57.:93-101, Klagenfurt.
WAGNER, H. (1949): Ein Beitrag zur Kärntner Fischereigeschichte. – Carinthia I, 139.:360-363, Klagenfurt.
WAGNER, H. (1950): Beobachtungen am Bachsaibling (*Salmo fontinalis*) in Kärnten. – Carinthia II, 139.-140./58.-60.:131-134, Klagenfurt.
WAGNER, H. (1951): Die Archfischerei im Gebiete der Freiherrschaft Hollenburg. – Carinthia I, 141:450-458, Klagenfurt.
WAGNER, H. (1955): Zur Geschichte der Fischerei und Jagd in Kärnten. – Carinthia I, 145:622-647, Klagenfurt.
WANZENBÖCK, J., H. KOVACEK & B. HERZIG-STRASCHIL (1989): Zum Vorkommen der Gründlinge (Gattung *Gobio*, Cyprinidae) im Österreichischen Donauraum. – Österreichs Fischerei 42:118-128, Scharfling.
WASSERMANN, G. (2001): Untersuchungen zur Reproduktion der Fischfauna in Neudenstein: 97-99. In: KRAINER, K., H. A. STEINER & C. WIESER (Red.): 10 Jahre Flachwasserbiotop Neudenstein. Ergebnisse des floristischen und faunistischen Monitorings im Jahr 2000. – Schriftenreihe der Forschung im Verbund, Bd. 70: 121, Wien.
WEBER, E. (1971): Künstliche Vermehrung des Weißen Amur (*Ctenopharyngodon idella*). – Österreichs Fischerei 24(11/12):178-179, Scharfling.
WEBER, E. (1984): Die Ausbreitung der Pseudokeilfleckenbarben im Donauraum. – Österreichs Fischerei 37:63-65, Scharfling.
WEBER, E. (1989): Entwicklung der Donaufischerei von Wien bis zur Marchmündung vor und nach der Donauregulierung von 1880–1900. – Studie Internat. Arbeitsgem. Donauforschung, Wien.
WINTERSTEIGER, M. R. (1985): Flußkrebse in Österreich. Studie zur gegenwärtigen Verbreitung der Flußkrebse in Österreich und zu den Veränderungen ihrer Verbreitung seit dem Ende des 19. Jahrhunderts. – Diss. Uni. Salzburg, 180 pp.
WOSCHITZ, G., M. JUNGWIRTH, S. SCHMUTZ & G. ZAUNER (1995): Ökologische Analyse der Landesfischereigesetze Österreichs. – Im Auftrag des Bundesministeriums für Umwelt, Jugend und Familie; Univ. BOKU Wien, pp. 39, Wien.
WUTTE, M. (1912): Alte Fischereiordnungen in Kärnten. – Österreichische Fischerei-Zeitung IX. Jg.(8):131-134, Scharfling.
ZAUNER, G. (1997): Acipenseriden in Österreich. – Österreichs Fischerei 50:183-187, Scharfling.
ZAUNER, G. (1998): Der Semling – eine verschollene Fischart wurde wiederentdeckt. – Österreichs Fischerei 51:218, Scharfling.
ZAUNER, G. (1999): Einfluss des Kormorans auf die fischökologischen Verhältnisse der steirischen Enns zwischen Liezen und Johnsbach. – Studie im Auftrag des Amtes der Steiermärkischen Landesregierung, Rechtsabteilung 6 – Naturschutz, Universität für Bodenkultur: 58 pp., Wien.
ZAUNICK, R. (1916): Das älteste deutsche Fischbüchlein vom Jahre 1498. – P. Parey, Berlin.

Autorenverzeichnis

Mag. Thomas FRIEDL, Jahrgang 1966, Studium der Biologie in Graz, Amtssachverständiger für Gewässerökologie beim Amt der Kärntner Landesregierung mit Schwerpunkt Fischerei und Gewässerökologie; Flatschacherstraße 70, A-9020 Klagenfurt, e-mail: thomas.friedl@ktn.gv.at
Beiträge: Fische und Neunaugen, Methodik der Fischerei.

Dr. Wolfgang HONSIG-ERLENBURG, Jahrgang 1954; Studium der Biologie und Erdwissenschaften, sowie Fischereiwirtschaft in Wien, 1981 bis 1987 Mitarbeiter beim Kärntner Institut für Seenforschung, seither Amtssachverständiger für Gewässerökologie und Fischerei beim Amt der Kärntner Landesregierung, Landesfischereiinspektor, Fachgruppenleiter Zoologie beim Naturwissenschaftlichen Verein für Kärnten; Flatschacherstraße 70, A-9020 Klagenfurt, e-mail: wolfgang.honsig-erlenburg@ktn.gv.at
Beiträge: Redaktion, Koordination, Einleitung, Gewässerlebensräume, Fische und Neunaugen, Fischereiwirtschaft, Fischerei und Naturschutz.

Mag. Gerald KERSCHBAUMER, Jahrgang 1967; Studium der Zoologie und Limnologie in Graz, Mitarbeiter beim Kärntner Institut für Seenforschung mit Schwerpunkt auf Fischereibiologie und -ökologie, Flatschacherstraße 70, A-9020 Klagenfurt, e-mail: g.kerschbaumer@ktn.gv.at
Beitrag: Bestimmungsschlüssel Fische.

Dr. Paul MILDNER, Jahrgang 1955, Studium der Zoologie in Wien, Kustos für Zoologie am Landesmuseum für Kärnten, Museumgasse 2, A-9020 Klagenfurt, e-mail: paul.mildner@landesmuseum-ktn.at
Beitrag: Großmuscheln.

Dipl.-Ing. Jürgen PETUTSCHNIG, Jahrgang 1965, Studium der Forstwirtschaft (Wildbach- und Lawinenverbauung) in Wien, Gesellschafter des Institutes für Ökologie und Umweltplanung, Klagenfurt; Arbeitsschwerpunkte: Gewässerökologie und Umweltplanung, seit 1992 in der Flusskrebsforschung tätig; Vorstandsmitglied im Naturwissenschaftlichen Verein für Kärnten; Bahnhofstraße 39/2, A-9020 Klagenfurt, e-mail: oekuplan@aon.at
Beitrag: Flusskrebse.

Mag. Dr. Werner PETUTSCHNIG, Jahrgang 1964; Studium der Biologie und Erdwissenschaften in Graz, seit 1991 Amtssachverständiger für Naturschutz in der Abt. 20-UAbt. Naturschutz beim Amt der Kärntner Landesregierung, Vorstandsmitglied im Naturwissenschaftlichen Verein für Kärnten (Schriftleiter: Sonderhefte); Wulfengasse 13-15, A-9020 Klagenfurt, e-mail: werner.petutschnig@ktn.gv.at
Beiträge: Redaktion, Koordination, Gewässerlebensräume, Fischerei und Naturschutz.

Dr. Franz STURM, Jahrgang 1961; Studium der Rechtswissenschaften in Wien, Verfassungsjurist beim Amt der Kärntner Landesregierung, Herausgeber der kommentierten Gesetzesausgabe des Ktn. Fischereigesetzes; Amt d. Ktn. LReg., Abt. 2V, Wulfengasse 13, A-9010 Klagenfurt, email: franz.sturm@ktn.gv.at
Beitrag: Fischereigesetz.

Mag. Dr. Markus TAURER, Jahrgang 1960; Studium der Medizin und Biologie in Wien und Graz, praktizierender Arzt (Internist) in Villach; Lind ob Velden 2, A-9220 Velden am Wörthersee, e-mail: schwauk@hotmail.com
Beitrag: Großmuscheln.

Hauptfotoautor
Werner Köstenberger, Jahrgang 1962, Unterwasser-Fotograf und seit 1983 Mitarbeiter der Kelag; Schlattenweg 30, A-9065 Ebenthal/Gurnitz, email: uwf.koeste@utanet.at.
Homepage: www.8ung.at/unterwasserwelt.

Schriftenverzeichnis

Naturwissenschaftlicher Verein für Kärnten

A-9021 Klagenfurt • Museumgasse 3
Tel.: 0463/536-30574 • Fax 0463/536-30540
E-Mail: nwv@landesmuseum-ktn.at

VERÖFFENTLICHUNGSVERZEICHNIS

Nr.	Autor	Titel	Preis/€
3		CANAVAL-Festschrift, 1935	7,30
8	TURNOVSKY Fritz	Die Seen der Schober-Gruppe in den Hohen Tauern, 1946	3,60
9	PEHR Franz	Zur Vegetationsgeschichte des Glantales und der Wimitzer Berge, 1946	4,40
10	THURNER Josef	Die Schmetterlinge Kärntens und Osttirols, 1948	5,80
11/1		Festschrift zum 100jährigen Bestehen des Naturwissenschaftlichen Vereins für Kärnten, 1948	5,80
11/2	PASCHINGER Viktor	Pasterzenstudien, 1948	5,80
13	PAUSINGER-FRANKENBURG Felix	Vom Blütenstaub der Wegwarten, 1951	1,50
14	TOLLNER Hans	Wetter und Klima im Gebiete des Großglockners, 1952	4,40
19	HÖLZEL Emil	Heuschrecken und Grillen Kärntens, 1955	4,40
20		Festschrift Franz ANGEL 70 (Mineralogische, petrographische, geologische Beiträge aus dem Ostalpenraum), 1956	7,30
22	SCHULZ Oskar	Die Blei-Zink-Vererzung der Raibler Schichten im Bergbau Bleiberg-Kreuth (Grube Max), 1960	3,60
24		Bericht über die 8. internationale Tagung für alpine Meteorologie in Villach, 1964	10,90
25	FLÜGEL Erik	Algen aus dem Perm der Karnischen Alpen, 1966	3,60
26	HECKE Helmut	Die Vegetation des Wollaniggebietes bei Villach, 1965	4,40
27	KAHLER Franz	Symposium über Paläontologie und Stratigraphie der Karnischen Alpen, Graz, 1969	2,20
28		Festschrift zum 70. Geburtstag von Hon.-Prof. Hofrat Dr. Franz KAHLER, 1970	7,30
29	FRITZ Adolf	Die pleistozäne Pflanzenwelt Kärntens mit einem Beitrag zur pleistozänen Verbreitungsgeschichte der Rotbuche, *Fagus sylvatica* L., in Europa, 1970	3,60
30	HARTL Helmut	Südliche Einstrahlungen in die Pflanzenwelt Kärntens, 1970	2,20
31		Festschrift zum 75. Geburtstag von Hon.-Prof. Dr. Ingo FINDENEGG, 1971	4,50
32	HOLLER Herbert	Eine Monographie des Bleiberger Bruches, 1974	3,10
33	HOLLER Herbert	Geologisch-tektonische Aufnahme westlich der Bleiberger Lagerstätte (1947-1955), 1977	4,20
34	SCHULZ Oskar	Tektonische Gefügeanalyse der Blei-Zink-Lagerstätte Bleiberg-Kreuth (Kärnten), 1978	2,90
35	WARCH Adolf	Perm und Trias der nördlichen Gailtaler Alpen, 1979	5,20
36	FLÜGEL Erik	Die Trogkofel-Stufe im Unterperm der Karnischen Alpen, 1980	11,60
37	LEUTE Gerfried	Florula Montis Magdalenae. Ein Beitrag zur Gefäßpflanzenflora des Magdalensberges in Kärnten, 1980	5,50
38	MILDNER Paul	Zur Ökologie von Kärntner Landgastropoden, 1981	4,60
39	HALBWACHS Gottfried	Das immissionsökologische Projekt Arnoldstein, 1982	16,—
41	KAHLER Franz	Fusuliniden aus Karbon und Perm der Karnischen Alpen und der Karawanken, 1983	7,80
42	KAHLER Franz	Biostratigraphie von Oberkarbon und Unterperm der Karnischen Alpen mit Hilfe der Fusuliniden, 1985	7,80
43	KOREN Armin	Die Chilopoden-Fauna von Kärnten und Osttirol, Geophilomorpha, 1985	6,50

Nr.	Autor	Titel	Preis/€
44	KOSTELKA Ludwig / WEISS Alfred (Hrsg.)	Friedrich MOHS Geognostische Reise durch einige Provinzen der k.k. Staaten im Jahre 1836, 1986	6,50
45	HASENHÜTL Klaus / SCHERABON Bernhard	Zwerge unter den Tausendfüßern; Neue Zwergtausendfüßer aus Kärnten, 1987; Die Skorpione Österreichs in vergleichender Sicht, 1987	9,40
46		Denkschrift Roman PUSCHNIG. Sieben zoologische Beiträge, 1987	10,90
47	HERZOG Ulrich	Das Paläozoikum zwischen Poludnig und Oisternig in den Östlichen Karnischen Alpen, 1988	10,18
48	MÜNICHSDORFER Friedrich (Reprint)	Geschichte des Hüttenberger Erzberges (Klagenfurt 1870), Reprint 1989	13,10
49	FRITZ Adolf /BOERSMA Miente / KRAINER Karl	Steinkohlezeitliche Pflanzenfossilien aus Kärnten, 1990	20,70
50	REIF Roland	Zur Gefäßpflanzenflora des oberen Görtschitztales in Kärnten, 1991	9,40
51	KOREN Armin	Die Chilopoden-Fauna von Kärnten und Osttirol, Lithobiomorpha, 1992	9,40
52	HAFNER Franz	Das Steinhuhn in Kärnten. Ökologie, Verhalten, Lebensraum, 1994	13,10
53	LEUTE Gerfried H. & ZWANDNER Helmut (Hrsg.)	8. Österreichisches Botanikertreffen Pörtschach/Wörthersee 1995 (57 Beiträge)	7,30
54	WIESER Gabriele (Hrsg.) et al.	Die Gewässer des Lavanttales, 1996	13,10
55	HONSIG-ERLENBURG Wolfgang, WIESER Gabriele (Hrsg.) et al.	Die Gurk und ihre Seitengewässer, 1997	13,10
56	KLEMUN Marianne	Werkstatt Natur – Pioniere der Forschung in Kärnten. Katalog zur Ausstellung „150 Jahre Naturwissenschaftlicher Verein für Kärnten", 1998	8,70
57	HONSIG-ERLENBURG Wolfgang & PETUTSCHNIG Werner et al.	Die Gewässer des Gailtales (Festschrift zum 60.Geburtstag von Vereinspräsident Univ.-Prof. Dr. Hans Sampl), 2000	13,10
58	FRANZ Wilfried Robert	Die Hopfenbuche (*Ostrya carpinifolia* Scop.) in Kärnten und Nordslowenien, 2002	24,—
59	TAURER Markus	Die Großmuscheln in den Stillgewässern Kärntens, 2002	22,—

Sonderpublikationen:

Titel/Autoren	ISBN-Nr.	Preis/€
Nationalpark Nockberge – Geologie, Botanik, Zoologie, 1992		13,80
Verbreitungsatlas der Farn- und Blütenpflanzen Kärntens (HARTL et al.), 1992		26,20
Die Gletscher Kärntens (LANG Helmut & LIEB Gerhard), 1993	3-85328-001-3	13,10
Naturführer Sablatnigmoor (WIESER Christian, KOFLER Alois & MILDNER Paul (Hrsg.), 1995	3-85328-002-1	13,10
Mineralien Kärntens (NIEDERMAYR Gerhard & PRAETZEL Ingeborg), 1995	3-85328-003-X	21,80
Bergsturz Landschaft Schütt – Dokumentation und Naturführer (JUNGMEIER Michael & SCHNEIDERGRUBER Markus (Hrsg.)), 1998	3-85328-011-0	13,10
Das Sichelhuhn – Geheimnisvoller Urwaldvogel im Osten Sibiriens (HAFNER Franz & ANDREEV Alexander V.), 1998	3-85328-014-5	17,40
KÄRNTEN NATUR – Die Vielfalt eines Landes im Süden Österreichs (ZWANDNER Helmut & MILDNER Paul (Hrsg.)), 2. Auflage 1999	3-85328-018-8	34,90
Die Vögel Kärntens (FANTUR Roman), 2000	3-85328-022-6	13,10
Der Hochobir – Aus Natur und Geschichte (KLEMUN Marianne et al.), 1999	3-85328-017-X	13,10
Der Klagenfurter Wochenmarkt (LEUTE Gerfried H., POHL Heinz-Dieter & ZWANDER Helmut et al.), 2000	3-85328-020-X	28,30
Vegetationskarte von Kärnten (HARTL Helmut & SEGER Martin), 2001	3-85328-024-2	13,10
Paradieslilie und Höllenotter – Bergwiesenlandschaft Mussen (WIESER Christian & KOMPOSCH Christian et al.), 2002	3-85328-026-9	15,—

Jahresbände der CARINTHIA II ab Jahrgang 1930 sind auf Anfrage beim Naturwissenschaftlichen Verein für Kärnten erhältlich, einige Jahrgänge sind jedoch vergriffen. Ebenfalls vergriffen sind jene Sonderhefte, deren Nummern in der obigen Liste nicht angeführt sind.